微电网与智慧能源丛书

交直流混合微电网运行控制

李霞林　刘一欣　郭　力　著

科学出版社

北　京

内 容 简 介

交直流混合微电网已广泛用于解决高海拔、海岛、偏远、无电等地区的用电供能难题，能实现高比例新能源友好接入与用户侧高可靠供电，将是新型电力系统的重要组成部分。本书旨在介绍团队近年来在交直流混合微电网稳定控制和优化运行方面的创新工作，以期推动相关技术发展与工程应用。全书按照交直流混合微电网的稳定控制与优化运行两大问题展开，其中在稳定控制方面，又分别从交流侧电压和频率稳定与控制、直流侧电压稳定与控制，以及交直流柔性互联功率协调控制三方面所面临的问题和解决方法展开论述。

本书既可供交直流混合微电网运行控制、变流器和协调控制装备研发，以及交直流混合微电网实验室、工程建设相关领域的科技工作者阅读，也可作为高等院校电力系统及其自动化专业相关研究领域的高年级本科生和研究生的参考书。

图书在版编目(CIP)数据

交直流混合微电网运行控制 / 李霞林, 刘一欣, 郭力著. —北京:科学出版社，2025.6
　(微电网与智慧能源丛书)

ISBN 978-7-03-077702-7

Ⅰ.①交… Ⅱ.①李… ②刘… ③郭… Ⅲ.①电网-电力系统运行-协调控制 Ⅳ.①TM727

中国国家版本馆CIP数据核字(2023)第253219号

责任编辑：范运年　王楠楠 / 责任校对：王萌萌
责任印制：师艳茹 / 封面设计：赫　健

科 学 出 版 社 出版
北京东黄城根北街 16 号
邮政编码：100717
http://www.sciencep.com

北京九州迅驰传媒文化有限公司印刷
科学出版社发行　各地新华书店经销
*
2025 年 6 月第 一 版　开本：720×1000 1/16
2025 年 6 月第一次印刷　印张：19
字数：375 000
定价：138.00 元
(如有印装质量问题，我社负责调换)

丛书编委会

学术顾问：杨学军　罗　安　余贻鑫

主　　编：王成山

执行主编：张　涛

副 主 编：韦　巍　陈燕东

编　　委（按姓氏拼音）：

曹军威　慈　松　郭　力　华昊辰

贾宏杰　雷洪涛　李霞林　刘亚杰

彭勇刚　帅智康　孙　凯　谭　貌

王　锐　夏杨红　张化光

"微电网与智慧能源丛书"序

微电网是由分布式电源、储能系统、能量转换装置、监控和保护装置、负荷等汇集而成的小型发、配、用电系统，是具备自我控制和能量管理能力的自治系统，既可以与外部电网并网运行，也可以独立运行，可用于有效解决海岛、高原等偏远地区供电问题，也可以克服大规模分布式能源接入对电网运行造成的不利影响，是我国未来新型电力系统建设的重要组成部分。同时，随着人工智能时代的到来，互联网、信息技术将与能源系统高度融合，大幅提高能源系统智慧化水平，这将为能源转型发展带来新的契机。

在国家 973、863 和重点研发计划等项目支持下，近十年我国微电网和智慧能源技术迅猛发展。为推动技术落地，《关于推进新能源微电网示范项目建设的指导意见》和《关于推进"互联网+"智慧能源发展的指导意见》等文件相继发布，通过相关支持政策的制订，推动了微电网和智慧能源技术的广泛应用，已成功建成一批适应各种场景需求的微电网和智慧能源系统实际工程。

在技术发展与工程实施过程中，一些大学、科研单位和企业取得了大量研究成果，部分技术已经走在了国际前列。为促进微电网和智慧能源领域技术研究和应用的持续发展，推动相关领域优秀科研成果与技术的广泛应用，我们策划并组织了"微电网与智慧能源丛书"。值得欣慰的是，这一丛书还入选了科学出版社2021 年度的重大出版项目。

丛书围绕微电网与智慧能源的基础理论和关键技术，结合已经完成或正在实施的相关领域国家重大研究项目前沿课题，以一线科研人员的优秀成果为依托，分成微电网技术基础、规划设计、保护控制、能量管理、经济运行与智慧能源等部分，力求反映我国微电网与智慧能源领域最新的研究成果，突出科研工作的自主创新性，旨在为学科发展和人才培养贡献力量。

相信丛书的出版将为我国大规模分布式能源的智慧化应用发挥积极的推动作用，助力科研工作更好地为国家能源战略需求服务。

2022 年 4 月 12 日

前　言

"十四五"是碳达峰的关键期,在构建新型电力系统目标下,因地制宜发挥微电网的作用,促进微电网与配电网的协调发展,提高新型电力系统整体运行效率已成为发展和研究的重点。从电能汇集母线和供配电方式的角度,微电网主要可分为交流微电网、直流微电网和交直流混合微电网三类。相比单一的交流微电网或直流微电网,交直流混合微电网由于同时具备交流子网与直流子网,能灵活兼顾源-储-荷特性和供电需求,电能转换效率更高、控制灵活性更强、运行稳定性更高,将是未来新型电力系统和分布式智能电网发展的重要方向和关键组成部分。

本书作者团队不仅长期从事交直流混合微电网运行控制相关领域的基础理论和关键技术研究,更具有丰富的交直流混合微电网工程建设经验,在实际的运行控制中发现系统在交流频率、直流电压稳定、交直流互联功率协调控制,以及系统级运行调度等方面面临诸多技术挑战和难点。本书的主要目的就是针对这些实际工程中所关心的问题,提供较为全面的基本概念、建模和分析方法以及丰富的实验结果,为将理论应用于实践提供坚实的基础。

全书共 10 章。

第 1 章介绍交直流混合微电网的研究背景和典型拓扑结构,综述交流电压/频率构建与稳定控制、直流微电网宽频振荡机理分析、交直流混合微电网柔性互联与协调控制,以及优化运行等相关方向的国内外研究现状。

第 2 章介绍交流微电网三相四线制储能变流器并联组网分层协调控制方法,定量讨论不平衡负载条件下,储能变流器正、负、零序虚拟阻抗设计对于变流器之间电流均分精度、交流母线电压质量和系统稳定性的影响,提出一种基于低带宽通信的交流母线电压不平衡补偿方法。

第 3 章介绍一种低惯量交直流混合微电网频率稳定性提升控制技术,解决含高比例新能源的低惯量交直流混合微电网正常情况下的暂态功率平衡问题和紧急工况下的运行模式无缝切换问题。

第 4 章介绍柴储微电网虚拟惯量和阻尼系数的可行域分析方法,为柴储微电网虚拟惯量和阻尼系数的系统化设计提供了一种新的思路,并有望为未来以新能源为主体的新型电力系统频率稳定与控制提供理论方法支撑。

第 5 章介绍基于等效电路模型的直流微电网宽频振荡机理分析方法,建立简洁有效的数学模型，揭示直流微电网存在的低频动态及高频振荡两类典型小扰动稳定问题的失稳机理。

第 6 章介绍直流微电网高频振荡稳定性提升方法，解决直流微电网在大功率扰动下的直流电压稳定控制问题。

第 7 章介绍一种应用于交直流混合微电网的互联 DC-AC 变流器统一控制技术，解决交直流混合微电网多子网之间的快速相互支撑以及多运行模式间的无缝切换难题。

第 8 章介绍多模式统一控制技术在交直流混合微电网集群柔性互联中的应用，在无互联通信、运行状态检测以及控制算法切换的条件下，能实现多微电网间功率协调快速互济及多运行模式无缝切换。

第 9 章介绍柔性互联微电网分布式优化调度技术。

第 10 章介绍氢能直流微电网多时间尺度优化调度技术，提出基于长周期跨时间尺度源荷功率/能量匹配特性评估的氢-热-电直流互联系统多场景经济调度方法。

本书的撰写与出版得到国家重点研发计划项目"可离网型风/光/氢燃料电池直流互联与稳定控制技术"子课题四"适用并离网的综合能量管理与协同调度技术"(2020YFB1506804)和国家自然科学基金项目"互联多微电网的中压柔性直流配电系统灵活功率控制与稳定性研究"(51977142)、"直流微电网分层分布式协同控制及稳定性研究"(51507109)等的支持。本书得以成稿，需要感谢课题组研究生李鹏飞、刘睿、李志旺、赵梓含、冯怿彬、师浩琪、路畅、安赢东、王智等的辛勤付出。同时，特别感谢长期关心与支持本书撰稿推进与出版的天津大学王成山教授、国防科技大学张涛教授。

本书内容是我们团队在交直流混合微电网运行控制领域近十年科研成果的总结，希望对学术界和工业界的广大同行有一定的参考作用。因交直流混合微电网运行控制涉及面太广，且作者水平和经验有限，书中难免存在不妥之处，恳请各位专家和广大读者批评指正。

李霞林

2024 年 12 月 25 日

目　　录

"微电网与智慧能源丛书"序

前言

第1章　绪论 ………………………………………………………………… 1

1.1　研究背景 ……………………………………………………………… 1

1.2　典型拓扑结构 ………………………………………………………… 2

1.2.1　交流耦合型拓扑 ……………………………………………… 2

1.2.2　直流耦合型拓扑 ……………………………………………… 3

1.2.3　交直流耦合型拓扑 …………………………………………… 4

1.3　稳定控制研究现状 …………………………………………………… 5

1.3.1　交流电压/频率构建与稳定控制 …………………………… 5

1.3.2　直流微电网宽频振荡机理分析 ……………………………… 8

1.3.3　交直流混合微电网柔性互联与协调控制 ………………… 11

1.4　优化运行研究现状 ………………………………………………… 15

参考文献 …………………………………………………………………… 16

第2章　三相四线制储能变流器并联组网 ……………………………… 21

2.1　多储能变流器并联协调控制框架 ………………………………… 21

2.1.1　两级式三电平储能变流器 ………………………………… 21

2.1.2　储能变流器并联及分层控制框架 ………………………… 23

2.2　储能变流器 $P\text{-}f$ 和 $Q\text{-}U$ 下垂控制 …………………………… 24

2.2.1　基于分序虚拟阻抗的 $P\text{-}f$ 和 $Q\text{-}U$ 下垂控制 ………… 24

2.2.2　分序虚拟阻抗对并联控制性能的影响分析 ……………… 27

2.3　微电网三相电压平衡与恢复控制 ………………………………… 38

2.3.1　三相电压不平衡补偿控制 ………………………………… 39

2.3.2　关键控制参数的影响分析 ………………………………… 40

2.4　仿真与实验验证 …………………………………………………… 42

2.4.1　仿真验证 …………………………………………………… 42

2.4.2　实验验证 …………………………………………………… 46

2.5　本章小结 …………………………………………………………… 48

参考文献 …………………………………………………………………… 49

第 3 章　低惯量交直流混合微电网暂态功率平衡‥‥‥‥‥‥‥‥‥‥‥‥‥50
　3.1　概述‥‥‥‥‥‥‥‥‥‥‥‥‥‥‥‥‥‥‥‥‥‥‥‥‥‥‥‥‥‥‥50
　3.2　低惯量交直流混合微电网结构‥‥‥‥‥‥‥‥‥‥‥‥‥‥‥‥‥‥‥50
　3.3　交流频率-直流电压动态一致性控制‥‥‥‥‥‥‥‥‥‥‥‥‥‥‥‥52
　3.4　建模与关键参数影响分析‥‥‥‥‥‥‥‥‥‥‥‥‥‥‥‥‥‥‥‥‥53
　　3.4.1　系统数学模型‥‥‥‥‥‥‥‥‥‥‥‥‥‥‥‥‥‥‥‥‥‥‥53
　　3.4.2　关键参数对系统动态性能的影响‥‥‥‥‥‥‥‥‥‥‥‥‥‥‥55
　　3.4.3　柴发退出时分布式储能的稳态功率分配‥‥‥‥‥‥‥‥‥‥‥‥58
　3.5　仿真验证‥‥‥‥‥‥‥‥‥‥‥‥‥‥‥‥‥‥‥‥‥‥‥‥‥‥‥‥59
　　3.5.1　仿真工况 1‥‥‥‥‥‥‥‥‥‥‥‥‥‥‥‥‥‥‥‥‥‥‥‥60
　　3.5.2　仿真工况 2‥‥‥‥‥‥‥‥‥‥‥‥‥‥‥‥‥‥‥‥‥‥‥‥62
　　3.5.3　仿真工况 3‥‥‥‥‥‥‥‥‥‥‥‥‥‥‥‥‥‥‥‥‥‥‥‥62
　　3.5.4　仿真工况 4‥‥‥‥‥‥‥‥‥‥‥‥‥‥‥‥‥‥‥‥‥‥‥‥63
　3.6　本章小结‥‥‥‥‥‥‥‥‥‥‥‥‥‥‥‥‥‥‥‥‥‥‥‥‥‥‥‥64
　参考文献‥‥‥‥‥‥‥‥‥‥‥‥‥‥‥‥‥‥‥‥‥‥‥‥‥‥‥‥‥‥64

第 4 章　柴储微电网虚拟惯量和阻尼系数可行域‥‥‥‥‥‥‥‥‥‥‥‥‥66
　4.1　柴储微电网与储能虚拟同步发电机控制‥‥‥‥‥‥‥‥‥‥‥‥‥‥66
　4.2　虚拟惯量和阻尼系数可行域分析‥‥‥‥‥‥‥‥‥‥‥‥‥‥‥‥‥68
　　4.2.1　柴储微电网频率稳定性分析模型‥‥‥‥‥‥‥‥‥‥‥‥‥‥‥68
　　4.2.2　虚拟惯量和阻尼系数可行域构建‥‥‥‥‥‥‥‥‥‥‥‥‥‥‥71
　　4.2.3　仿真验证‥‥‥‥‥‥‥‥‥‥‥‥‥‥‥‥‥‥‥‥‥‥‥‥‥78
　4.3　振荡机理分析及抑制‥‥‥‥‥‥‥‥‥‥‥‥‥‥‥‥‥‥‥‥‥‥‥86
　　4.3.1　等效数学模型‥‥‥‥‥‥‥‥‥‥‥‥‥‥‥‥‥‥‥‥‥‥‥86
　　4.3.2　振荡机理及抑制策略‥‥‥‥‥‥‥‥‥‥‥‥‥‥‥‥‥‥‥‥88
　　4.3.3　仿真分析‥‥‥‥‥‥‥‥‥‥‥‥‥‥‥‥‥‥‥‥‥‥‥‥‥90
　4.4　实验验证‥‥‥‥‥‥‥‥‥‥‥‥‥‥‥‥‥‥‥‥‥‥‥‥‥‥‥‥90
　4.5　本章小结‥‥‥‥‥‥‥‥‥‥‥‥‥‥‥‥‥‥‥‥‥‥‥‥‥‥‥‥93
　参考文献‥‥‥‥‥‥‥‥‥‥‥‥‥‥‥‥‥‥‥‥‥‥‥‥‥‥‥‥‥‥94

第 5 章　直流微电网宽频振荡机理‥‥‥‥‥‥‥‥‥‥‥‥‥‥‥‥‥‥‥95
　5.1　概述‥‥‥‥‥‥‥‥‥‥‥‥‥‥‥‥‥‥‥‥‥‥‥‥‥‥‥‥‥‥95
　5.2　小扰动稳定问题的基本分析方法‥‥‥‥‥‥‥‥‥‥‥‥‥‥‥‥‥95
　　5.2.1　基于详细状态空间模型的分析方法‥‥‥‥‥‥‥‥‥‥‥‥‥‥96
　　5.2.2　基于详细阻抗模型的分析方法‥‥‥‥‥‥‥‥‥‥‥‥‥‥‥‥97
　5.3　由直流电压控制主导的低频动态机理‥‥‥‥‥‥‥‥‥‥‥‥‥‥100
　　5.3.1　系统介绍‥‥‥‥‥‥‥‥‥‥‥‥‥‥‥‥‥‥‥‥‥‥‥‥100

　　　　5.3.2　降阶建模 ··· 102
　　　　5.3.3　理论分析 ··· 106
　　　　5.3.4　实验验证 ··· 110
　　5.4　由电磁振荡回路主导的高频振荡稳定机理 ·············· 113
　　　　5.4.1　系统介绍 ··· 113
　　　　5.4.2　降阶建模 ··· 114
　　　　5.4.3　理论分析 ··· 118
　　　　5.4.4　实验验证 ··· 125
　　5.5　本章小结 ·· 129
　　参考文献 ·· 129

第6章　直流微电网高频振荡稳定性提升 ································ 132
　　6.1　直流微电网小信号稳定性分析模型 ························· 132
　　　　6.1.1　直流微电网基本结构 ·· 132
　　　　6.1.2　直流微电网小信号建模 ··· 133
　　6.2　直流微电网稳定性分析 ··· 137
　　　　6.2.1　关键参数影响分析 ·· 138
　　　　6.2.2　仿真验证 ··· 140
　　　　6.2.3　实验验证 ··· 145
　　6.3　高频振荡有源阻尼 ··· 150
　　　　6.3.1　基于低通滤波的有源阻尼方法 ·································· 150
　　　　6.3.2　仿真与实验验证 ··· 152
　　6.4　直流电压鲁棒下垂控制 ··· 154
　　　　6.4.1　理论分析 ··· 154
　　　　6.4.2　仿真与实验验证 ··· 159
　　6.5　本章小结 ·· 162
　　参考文献 ·· 162

第7章　交直流混合微电网互联DC-AC变流器多模式统一控制 ······ 164
　　7.1　互联DC-AC变流器控制功能需求分析 ·················· 164
　　7.2　互联DC-AC变流器多模式统一控制 ···················· 166
　　　　7.2.1　基本控制结构 ··· 167
　　　　7.2.2　交直流混合微电网互联功率自治控制模式 ·············· 170
　　　　7.2.3　直流微电网支撑交流微电网控制模式 ··················· 172
　　　　7.2.4　交流微电网支撑直流微电网控制模式 ··················· 174
　　7.3　仿真验证 ··· 175
　　　　7.3.1　仿真系统描述 ··· 175

　　　　7.3.2　仿真分析 ··· 179

　7.4　实验验证 ··· 183

　　　　7.4.1　实验平台描述 ··· 183

　　　　7.4.2　实验分析 ··· 183

　7.5　本章小结 ··· 187

　参考文献 ··· 187

第8章　交直流混合微电网柔性互联与多模式统一控制 ························· 189

　8.1　概述 ··· 189

　8.2　柔性互联交直流混合微电网多模式统一控制 ······················· 189

　　　　8.2.1　系统介绍 ··· 189

　　　　8.2.2　多模式统一控制技术 ·· 192

　　　　8.2.3　仿真验证 ··· 197

　8.3　基于共母线的交直流混合微电网多模式统一控制 ·················· 204

　　　　8.3.1　离网型交直流混合微电网多模式统一控制 ······················ 204

　　　　8.3.2　并网型交直流混合微电网多模式统一控制 ······················ 227

　8.4　本章小结 ··· 242

　参考文献 ··· 242

第9章　柔性互联微电网分布式优化调度 ······································· 244

　9.1　概述 ··· 244

　9.2　柔性互联微电网分布式优化模型 ································· 244

　　　　9.2.1　柔性互联微电网架构 ·· 244

　　　　9.2.2　分布式优化建模 ·· 245

　9.3　模型求解方法 ··· 249

　　　　9.3.1　交替方向乘子法 ·· 249

　　　　9.3.2　分布式协调优化求解流程 ·· 251

　9.4　仿真案例 ··· 252

　9.5　本章小结 ··· 258

　参考文献 ··· 258

第10章　氢能直流微电网多时间尺度优化调度 ································· 259

　10.1　概述 ··· 259

　10.2　氢能直流微电网跨时间尺度源荷匹配及能量优化 ················ 259

　　　　10.2.1　氢能直流微电网架构 ·· 259

　　　　10.2.2　源荷功率/能量匹配及多目标优化 ································· 260

　　　　10.2.3　求解方法 ·· 263

　10.3　氢能微电网并网随机优化调度方法 ································· 264

　　10.3.1　场景生成及削减 ··· 264
　　10.3.2　日前随机优化 ··· 265
10.4　氢能微电网离网长周期滚动优化 ·· 269
　　10.4.1　离网风险评估 ··· 270
　　10.4.2　离网滚动优化 ··· 272
10.5　仿真案例 ··· 275
　　10.5.1　并网运行优化调度 ··· 276
　　10.5.2　计及非计划离网风险的运行优化调度 ··· 280
　　10.5.3　离网滚动优化调度 ··· 285
10.6　本章小结 ··· 288
参考文献 ·· 288

第1章 绪 论

本章从交直流混合微电网的研究背景入手，对其作一般描述，然后给出应用于不同场景的典型结构。从稳定控制与优化运行两方面，介绍了相应问题与研究现状，这将有助于为以后各章节对相应问题的详细讨论奠定基础。

1.1 研 究 背 景

2020 年 9 月 22 日国家主席习近平在第七十五届联合国大会一般性辩论上提出"中国将提高国家自主贡献力度，采取更加有力的政策和措施，二氧化碳排放力争于 2030 年前达到峰值，努力争取 2060 年前实现碳中和"[①]。2021 年 3 月 15 日和 2022 年 4 月 26 日的中央财经委员会第九、十一次会议分别提出"构建以新能源为主体的新型电力系统"和"发展分布式智能电网"，为我国能源电力行业的未来发展指明了方向。微电网技术代表了未来分布式能源供应系统的发展趋势，是智能配用电系统的重要组成部分，对实现"双碳"目标、构建新型电力系统和实现能源可持续发展具有重要意义。

根据国际相关机构的统计，到 2030 年，全球微电网市场规模预计将达到 2243.4 亿美元，2024～2030 年的复合年增长率为 17.1%[1]。其中，北美和亚太地区是世界两大微电网市场，约占全球微电网总容量的三分之二，容量占比分别为 36% 和 30%。虽然两者在容量占比上相近，但应用场景却有显著区别。北美地区的微电网以并网型为主，多应用于工商业，亚太地区则以偏远地区的小规模微电网为主[2,3]。在其他主要地区中，拉丁美洲、中东/非洲、欧洲地区的容量占比分别为 14%、11% 和 9%。国家能源局于 2015 年发布的《关于推进新能源微电网示范项目建设的指导意见》[4]，将新能源微电网的建设上升至国家战略层面，并于 2017 年联合国家发展改革委公布了 28 个新能源微电网示范项目。此外，国家能源局发布的首批 23 个多能互补集成优化示范工程以及 55 个"互联网+"智慧能源(能源互联网)示范项目中不少也与微电网技术相关。工业和信息化部于 2020 年 1 月发布的 22 个智能光伏试点示范项目中，5 个示范项目和微电网直接相关。整体而言，"十四五"是碳达峰的关键期，在构建新型电力系统目标下，因地制宜发挥微电

---

① 新华社. 习近平在第七十五届联合国大会一般性辩论上发表重要讲话. (2020-09-22)[2024-11-05]. https://www.gov.cn/xinwen/2020-09-22/content_5546168.htm.

网作用，促进微电网与配电网的协调发展，提高电力系统整体运行效率已成为发展和研究的重点。

伴随着微电网关键技术的发展和分布式电源投资成本的降低，微电网正逐步从实验研究、示范工程向商业化应用方向发展，而且微电网的能源构成、规模、组网形式也逐步向多能互补、交直流混合等方向转变。从电能汇集母线和供配电方式的角度，微电网主要可分为交流微电网、直流微电网和交直流混合微电网三类。当系统内负荷或新能源种类以交流形式为主时可组成交流微电网，若以直流形式为主则可组成直流微电网。在单一的直流微电网或交流微电网内，接入多种不同特性的负荷或分布式电源时，需配置额外的交直流功率变换装备，不仅增加了成本，而且多级功率变换也使得系统整体运行效率降低。交直流混合微电网由于同时具备交流子网与直流子网，可充分考虑分布式电源及储能系统的输出特性以及负荷的供电需求，能够减少不必要的电能变换环节。交直流混合微电网的控制灵活性也更强，直流子网与交流子网若均含有分布式储能及电源，则每个子网既能独立运行，亦能通过双向直流-交流(DC-AC)变流器进行相互支撑和全局协调控制，可极大地提高系统供电可靠性。若多个地理位置上毗邻的微电网以集群的形式互联运行，通过多微电网之间的功率协调控制和紧急功率支撑，则能更有效地应对系统内可再生能源和负荷的不确定性、单一微电网平衡单元备用容量不足等各种复杂工况，能更大程度地提高微电网集群内分布式可再生能源发电系统和分布式储能单元能效，增强系统整体供电可靠性、灵活性与运行稳定性。

1.2　典型拓扑结构

1.2.1　交流耦合型拓扑

以交流耦合型拓扑为主的微电网典型结构如图 1.1 所示，其特征是系统中的大部分分布式电源、储能单元、负荷接入交流母线，接入直流微电网内的电源、负荷所占比重较少。在并网模式下，交流侧电压和频率由电网决定，但在大容量微电网接入弱交流系统情况下，微电网可以采取相应控制策略对电网侧电压和频率进行主动支撑控制[5]。

在离网独立运行模式下，一般由交流侧储能单元建立和维持交流电压和频率。若是集中储能单元，储能变流器可采用恒压/恒频控制(即 U/f 控制)策略；若是由若干容量相当的分布式储能单元组网，通常采用下垂对等控制策略，相比主从控制策略，其更能提升大功率扰动下的运行稳定性。直流母线电压一般由交直流双向 DC-AC 变流器进行控制。

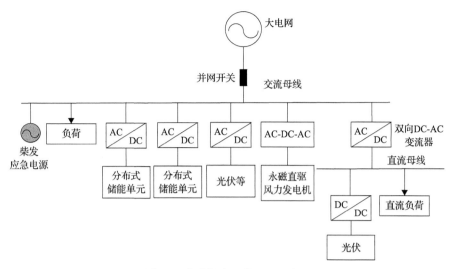

图 1.1　交流耦合型微电网示意图

1.2.2　直流耦合型拓扑

以直流耦合型拓扑为主的微电网典型结构如图 1.2 所示,其特征是系统中的大部分分布式电源、储能单元、负荷接入直流母线,适合于直流型电源和负荷所占比重较大,以及未来直流充电型新能源电动汽车、光储直流耦合系统、光储直柔建筑等应用较为普及的地区。直流母线与交流母线之间通过双向 DC-AC 变流器进行互联。若单个模块化 DC-AC 变流器容量无法满足直流侧容量需求,或从提升

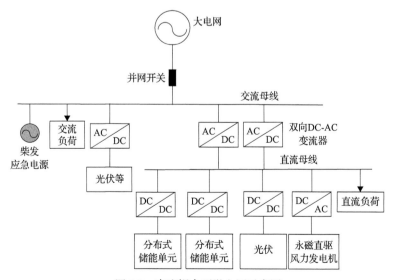

图 1.2　直流耦合型微电网示意图

供电可靠性角度考虑，可以灵活配置多个 DC-AC 变流器进行并联运行。在偏远、海岛等远离大电网的地区，为保证交直流混合微电网在离网模式下的长周期稳定运行，通常还会配置柴油发电机(简称柴发)，其接入模式一般有直接并入交流母线和通过 DC-AC 变流器接入直流微电网两种。

1.2.3 交直流耦合型拓扑

交直流耦合型混合微电网是指网络中同时含有交流和直流母线，交、直流侧均含有分布式电源、储能单元及相应负荷，各子网既能独立运行，又能互联相互支撑的小型发/配/用电系统，图 1.3 给出了一类典型的交直流耦合型混合微电网的结构示意图。输出为非工频交流电的交流型分布式电源或输出为直流电的直流型分布式电源可以通过 AC-DC 整流装置或 DC-DC 变流器接入直流母线，直接向直流负荷供电；直流微电网通过单台或多台双向 DC-AC 变流器与交流母线相连，进而并入交流微电网系统。交直流混合微电网结构可充分考虑分布式电源及储能系统的输出特性以及负荷的供电需求，采用较少的能量变换装置分别满足直流和交流负荷需求，整个系统具备较高的能量传输效率，具有较高的经济性和可靠性。图 1.3 所示交直流耦合型混合微电网既可以应用于并网运行场景，也可应用于高海拔、海岛、偏远、无电等地区独立供电场景。

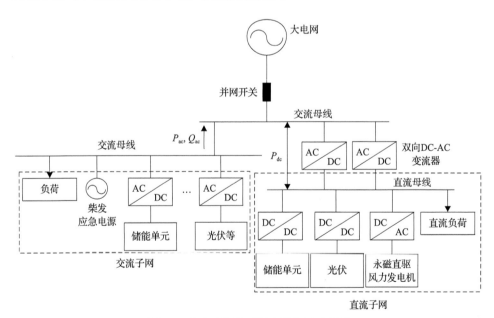

图 1.3 交直流耦合型混合微电网示意图

P_{ac}、Q_{ac}-交流微电网与大电网之间的有功功率和无功功率；P_{dc}-直流微电网与大电网之间的有功功率

1.3　稳定控制研究现状

1.3.1　交流电压/频率构建与稳定控制

1. 交流电压/频率构建研究现状

交直流混合微电网在独立运行模式下，交流电压/频率构建是实现系统稳定运行的根本前提。相比采用单一集中大容量储能构网，多个分布式储能单元共同组网更能提高微电网的稳定性和可靠性。多储能变流器组网的协调控制方法主要包括主从控制、瞬时平均电流均分控制和下垂控制等。如何实现系统电压和频率控制；如何实现系统功率快速平衡，保证变流器之间功率按额定容量分配，满足大功率负荷扰动对暂态稳定的要求；如何提高负荷供电电能质量，成为各种协调控制方法所要解决的共同问题。

(1) 主从控制[6]。主从控制通常将一台储能变流器选为主机，采用恒压/恒频控制以建立和维持系统的电压和频率；其余变流器作为从机，通过锁相环(phase-locked loop，PLL)获取微电网电压的幅值和相位，若以主机实时输出电流作为参考实现电流源型控制，便可达到主、从机功率均分的目的。但该策略依赖快速通信，且主机一旦故障，需要有相应的策略快速切换另外一台从机的控制模式，上述特点均将导致微电网的运行可靠性降低。

(2) 瞬时平均电流均分控制[7,8]。瞬时平均电流均分(instantaneous average current sharing，IACS)控制的基本思路是通过协调控制器向各变流器单元下发电压参考指令，变流器依据电压参考指令实现无差控制，参与系统电压和频率调节。为了实现电流均分，各变流器单元向总线发送输出电流信息，通过协调控制器计算得出瞬时平均电流并反馈至变流器单元，实现各变流器对于瞬时平均电流的跟踪，在保证电压调节和系统稳定的前提下提高了暂态电流均分能力，同时谐波电流的均分能力明显提升。然而，这种方法对于通信可靠性及带宽要求较高，降低了多机并联系统的灵活性和冗余度。

(3) 下垂控制[9,10]。下垂控制类似于同步发电机的运行原理，通过计算自身输出的有功功率和无功功率，根据有功功率-频率(P-f)和无功功率-电压(Q-U)下垂特性曲线，调整输出电压的频率和幅值，从而实现多变流器的并联运行以及负载功率均分。下垂控制不需要变流器之间的通信，具有"即插即用"的特性，提高了并联系统的冗余性和可靠性。

线路阻抗不匹配时变流器间的无功功率和不平衡功率的分配是下垂控制面临的一个重要问题。国内外学者围绕三相三线制系统和三相四线制系统中基于 P-f 和 Q-U 下垂控制的改进方法进行了大量的研究。在三相三线制系统中，一类常用的方法是通过重塑变流器在基频处的输出阻抗使其远大于线路阻抗，从而降低线路阻抗不匹配对均流精度造成的影响[11]；另一类方法则通过变流器间功率数据的双向交互实现虚拟阻抗的自适应调节[12,13]。文献[14]将三相四线制逆变器的并联控制问题转化为单相逆变器并联控制问题，同时针对不平衡负载接入导致三相电压频率、相角和幅值出现偏差提出了相应的二次控制方法，但该方法需要不同控制环路带宽之间的解耦，导致动态响应较慢。上述研究验证了通过设置远大于线路阻抗值的各序虚拟阻抗值，能够在不用交换功率信息的前提下实现不平衡电流的均分。然而，当不对称负载接入时，如果负序和零序虚拟阻抗设置过大，将会导致轻载相电压的过调制现象。直流电压对于虚拟阻抗设计的约束在其他研究中考虑较少。此外，现有研究主要针对特定需求对分序虚拟阻抗进行设计，如何综合定量分析分序虚拟阻抗对于均流精度、微电网公共连接点(point of common coupling，PCC)电能质量以及系统稳定性的影响，并指导实际工程中虚拟阻抗的设计有待进一步研究。

当系统接入不对称负载时，线路阻抗、负序和零序虚拟阻抗将会导致PCC电压产生较大的不平衡度。针对三相三线制系统中电压幅值与不平衡补偿控制，一类方法通过调节指定变流器提供正序无功功率和负序功率进行补偿[15]；另一类方法则依据安装在PCC的电压补偿器下发的补偿信号，对各个变流器的电压参数进行调节[16]。在三相四线制系统中，现有研究通过虚拟阻抗自适应能够实现PCC及关键节点电压不平衡的补偿[17]，但造成了负序和零序电流均分精度的下降。如何在维持电流均分精度的条件下，实现PCC电压不平衡的补偿有待进一步研究。为了实现三相四线制系统中零序电压的补偿，一种直接的思路是参考文献[16]中对负序补偿量的处理方法，将零序电压补偿信号转换为同步旋转坐标系中的直流量，通过低带宽通信进行传输。关于低带宽通信及补偿控制器的相关参数设计，本书将进行详细讨论。

2. 低惯量微电网稳定性提升研究现状

高海拔、海岛、边防、无电等地区交直流混合微电网若遇连续阴雨或晚上新能源出力不足、储能放电达到极限等工况，开启柴发，保证重要负荷供电，并同时给储能进行充电。此类含同步发电机的交直流混合微电网，系统惯量低、频率稳定性差，易受到新能源、负荷的冲击影响。此时，储能可用于提升系统的电压和频率暂态稳定性。在交直流混合微电网中，储能单元可集中接入交流微电网或直流微电网，亦可分布式接入交、直流侧。下面将根据储能单元不同接入形式下提升低惯量交直流混合微电网动态稳定性控制方法进行综述。

若储能单元集中接入交流母线，则其可通过直接量测平衡单元的输出功率或检测交流母线频率变化进行功率平滑控制。尽管通过直接量测平衡单元输出功率进行功率平滑控制[18]最直接，但为达到理想的功率平滑控制效果，不仅需要增加高精度量测传感器，还需进行快速通信，不利于提升控制系统的灵活性和可靠性。储能单元基于频率变化信号实施有功功率平滑控制是最常用的一种思路。目前储能单元在具体控制实现上主要有两种技术方案：一是采用恒功率控制模式，但采用附加频率控制环路，利用频率变化信号生成额外有功功率参考调整值[19]，文献[20]针对中压独立微电网，提出一种多尺度分层频率稳定控制策略，附加功率中包含 P-f 下垂控制项及基于频率微分控制的阻尼功率项；二是采用基于下垂控制或虚拟同步控制策略的电压源型控制模式[21]，使储能单元模拟同步发电机特性，当系统发生功率波动时，在不用检测系统频率的情况下可自动快速进行惯性响应和频率支撑，实现功率平滑控制目的。

若高比例新能源主要接入直流微电网内，则可考虑在直流侧配置集中式储能系统。基于储能单元平抑系统内的功率波动在直流微电网、舰船直流系统及电动汽车等方面获得广泛应用。在含多储能单元的功率平滑应用中，文献[22]提出考虑荷电状态(SOC)均衡的多储能单元自适应暂态功率分担与平滑控制方法。在含柴发的交直流混合微电网中，直流侧储能采用上述控制方法可以维持直流系统动态功率平衡，有效平滑直流系统内的不确定性功率冲击。在此基础上，将直流系统等效为集中式储能单元，双向 DC-AC 变流器采用附加频率控制或下垂控制、虚拟同步机控制[23]等方法，便能平抑交流侧负荷扰动，平滑柴发输出功率。

若集中储能系统出现故障，将会导致交直流混合微电网的功率平滑控制能力、频率稳定性降低。文献[24]指出，舰船独立供电系统中的储能配置也有从集中配置逐渐转向分布式配置的趋势。为提升舰船交直流混合微电网交流频率和直流电压稳定性，文献[25]提出基于交流频率和直流电压下垂特性的分布式储能协调控制策略。但所提方法具有如下局限性：①需要快速通信以获得全局直流电压及交流频率等信息；②控制结构和关键控制参数优化设计复杂；③交流侧分布式储能变流器及交直流双向 DC-AC 变流器本质上采用的是基于附加功率参考的跟网型控制技术，无法实现非计划场景下的控制模式无缝切换。

3. 低惯量微电网储能虚拟同步发电机关键参数分析与设计研究现状

储能虚拟同步发电机(virtual synchronous generator, VSG)中的虚拟惯量及虚拟阻尼系数分别用来模拟同步发电机的惯量和阻尼，能够显著影响低惯量系统的惯量及频率动态特性。因此，VSG 虚拟惯量及虚拟阻尼系数的设计是至关重要的。柴发特性、VSG 的最大功率和能量约束以及系统的频率动态性能指标要求都可能影响 VSG 虚拟惯量及虚拟阻尼系数的设计。

针对独立柴储微电网系统，文献[26]和[27]建立了详细的小信号状态空间模型，通过特征值和参与因子分析了下垂控制参数对系统稳定性的影响，但其仍无法给出具体的虚拟惯量及虚拟阻尼系数设计方法。针对基于 VSG 控制的独立光柴储微电网系统,文献[28]在忽略柴发特性基础上,建立了储能 VSG 的二阶功率响应分析模型,仅通过最优阻尼比指标对虚拟惯量和虚拟阻尼系数整定进行举例说明。由于未考虑柴发有功功率-频率特性,文献[28]所建立的模型无法有效反映独立柴储微电网整体的频率稳定性和动态响应特性。文献[29]提出用于改善柴储微电网频率动态响应特性的 VSG 强化惯量控制策略,但未给出相应的分析模型和参数选择方法。文献[30]提出虚拟惯量和虚拟阻尼系数自适应调整方法,以最小化功率扰动过程中柴储微电网的最大频率偏差及储能充/放电暂态支撑功率。文献[31]构建了基于最小化微电网各电源输出频率与额定频率之间偏差的平方和积分的最优二次型性能指标,优化设计虚拟同步化微电网惯量、阻尼系数,以实现扰动后系统能量不平衡量最小,提升微电网频率稳定性。

文献[30]和[31]的主要思路是构建相应的优化数学模型,预先给定虚拟惯量和虚拟阻尼系数的最大和最小限值,然后根据相应的优化目标确定其最优值。然而,其忽视了"所给定的虚拟惯量及虚拟阻尼系数的限值范围是否实际可行?"这样一个基本问题。在 VSG 进行暂态功率支撑的过程中,这两个参数的选择通常会受到 VSG 最大功率和能量约束的限制。此外,在不同的独立柴储微电网应用场景中,柴发的特性不同,设备或用电负荷对微电网频率稳定指标的要求可能不同,以及各种特殊定制化动态性能需求也可能不同,这些都会影响到这两个关键参数的选择,而这也是上述研究所未考虑的。因此,系统性地分析和构建满足上述约束条件的 VSG 虚拟惯量和虚拟阻尼系数的可行域往往更具有工程指导价值,且在该可行域基础上再进行优化设计更具有可行性。

1.3.2 直流微电网宽频振荡机理分析

目前在多个实际的直流微电网工程或实验室中发现了宽频振荡现象,如江苏苏州同里柔性直流配电示范工程中的低压直流母线曾出现 4Hz 左右的低频动态[32];天津大学直流微电网实验系统中出现过 312Hz 左右的高频振荡现象和 10Hz 左右低频动态问题[33];文献[34]、[35]发现不同下垂控制模式下,恒功率负荷突变可能会导致直流微电网出现 3.3Hz 左右低频动态问题;文献[36]在基于两电平 DC-AC 变流器控制直流母线电压的直流系统中也发现了 2.9Hz 左右及 797Hz 左右的不同模态振荡失稳现象。针对上述不同频段下的小扰动稳定问题,建立简洁有效的数学模型,揭示其失稳机理,对提升交直流混合微电网稳定性具有重要意义。

目前国内外学者针对上述问题已开展了大量研究工作并取得了丰硕的研究成果。本节将简要介绍直流微电网小扰动稳定问题的研究现状,主要包含基于详细状态空间模型以及详细阻抗模型的两种建模分析方法,以及直流微电网降阶建模方法。

1. 基于详细状态空间模型的小扰动稳定问题研究现状

文献[36]研究了基于两电平 DC-AC 变流器的直流配电系统低频稳定问题，表明直流电压控制环节及直流电容对系统主导低频模态影响较大，通过特征值分析发现随着直流电压控制比例系数减小，低频模态主导特征值（2.9Hz 左右）向右半平面移动，系统稳定裕度减小。文献[37]则在研究基于 DC-DC 变流器直流微电网高频稳定问题时发现，尽管在一定范围内增大下垂系数可提升多源均流效果，但同时会使系统高频模态特征值向右半平面移动，降低系统高频振荡模态的阻尼，可能导致系统高频谐振失稳。此外，增大直流电压控制比例系数会降低系统高频振荡模态的阻尼。可见，下垂控制、直流电压控制等控制动态将影响直流互联系统的高、低频多时间尺度稳定性，且在不同频段的影响机理也有所不同。然而由于详细状态空间模型的高阶特性，尽管可以通过特征值变化规律、参与因子法等分析直流电压控制单元控制动态对系统稳定性的影响，但仍然难以直观揭示造成不同频段稳定问题的机理。

高比例具有负电阻特性的恒功率负荷（constant power load，CPL）接入也是恶化直流微电网小扰动稳定性的重要原因之一。文献[38]研究了 CPL 控制带宽对系统稳定性的影响，指出当 CPL 控制带宽足够大时，可近似等效为负电阻，而当控制带宽较小时，或者与所研究稳定问题的时间尺度接近时，应考虑 CPL 详细控制动态的影响。文献[39]、[40]研究了负载电压双环控制策略下的电动汽车充电站接入对直流配电系统稳定性的影响，发现系统低频模态主要与电动汽车充电站控制动态相关，高频模态则与充电站 LC 滤波参数相关，且互联充电站数量增加，主导特征值将向右半平面移动，系统稳定性降低。

基于状态空间的参与因子分析虽然能够辨识影响系统主导模态的相关因素，反映源-网-荷交互对主导模态的共同作用程度，但也仅能提供相关数值结果，无法清晰揭示源-网-荷交互作用对直流微电网稳定性的影响机理。

2. 基于详细阻抗模型的小扰动稳定问题研究现状

文献[41]针对用于多电飞机的直流微电网，发现直流电压控制单元下垂系数增大，将导致源输出阻抗增大，负荷输入阻抗减小，两者在低频段发生交叉，可能影响系统低频稳定性。此外，直流电压控制带宽过小或过大，均有可能使源荷阻抗频率特性交互，影响系统稳定性。文献[42]发现直流电压控制单元并联数量增加时，其等效输出阻抗减小，源输出阻抗频率特性将远离负荷输入阻抗，系统稳定性增强。文献[43]从阻抗建模角度探究了主从控制和下垂控制两种模式对交直流混联配电系统稳定性的影响，发现主从控制模式源变流器输出阻抗较大，负载变流器输入阻抗较小，负阻抗稳定边界较小；当采用下垂控制时，源变流器输出阻抗变小，负载变流器输入阻抗较大，负阻抗稳定边界范围较大。可见，基于阻抗的分析方法是将直流电压控制单元对系统稳定性的影响直接反映在源侧输出阻抗 Z_o 上，进而通过观测输出阻抗 Z_o 幅值/相位特性及奈奎斯特(Nyquist)曲线变化规律观测、评估系统稳定性，但无法清晰阐明导致系统失稳的本质机理。

不同于共母线结构的直流微电网，多母线或环状等复杂网络系统往往不存在某一明显的源荷分界点，因此无法直接沿用经典的基于阻抗的稳定性判据分析系统稳定性。为研究复杂网络系统小扰动稳定性，文献[44]、[45]采用模块化建模思路，首先对系统内电源、负荷等接入设备进行戴维南/诺顿等效，并结合直流网络，得到图 1.4 所示全系统等效电路模型。

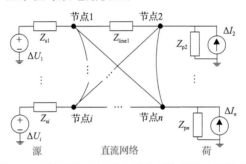

图 1.4　复杂网络直流微电网全系统等效电路模型

$Z_{s1}\sim Z_{si}$-等效输出阻抗；Z_{line1}-线路阻抗；$Z_{p2}\sim Z_{pn}$-等效阻抗；$\Delta I_2\sim\Delta I_n$-等效电流源；$\Delta U_1\sim\Delta U_i$-等效电压源

文献[46]在图 1.4 所示等效电路模型基础上，得到全系统节点导纳/阻抗矩阵，进而利用节点导纳/阻抗矩阵分析系统稳定性。文献[47]针对主从模式直流微电网，通过分析由节点导纳矩阵得到的特征函数的极点评估系统稳定性，所提方法本质上仍是通过求解特征值分析系统稳定性，因此直流微电网稳定机理以及关键参数对系统稳定性的影响并不是很清晰。文献[46]基于电压源换流器(VSC)序分量动态向量谐波分析模型，建立了全系统等效电路模型，进而得到如下形式的系统节点阻抗矩阵：

$$Z=\begin{bmatrix} Z_{11} & Z_{12} & \cdots & Z_{1n} \\ Z_{21} & Z_{22} & \cdots & Z_{2n} \\ \vdots & \vdots & & \vdots \\ Z_{n1} & Z_{n2} & \cdots & Z_{nn} \end{bmatrix} \tag{1.1}$$

进而分别通过系统节点阻抗矩阵 Z 中的自阻抗 Z_{ii} 和互阻抗 $Z_{ij}(i\neq j)$ 分别分析端口自身谐振特性及端口间交互作用对系统高频谐振的影响。

3. 基于降阶模型的小扰动稳定问题研究现状

为降低建模复杂度、减小计算量，对低压直流互联系统进行降阶建模是一种有效的方法。文献[48]在研究基于 DC-DC 变流器的直流微电网稳定性时,忽略具有快动态的直流电压控制影响,提出了仅考虑下垂控制动态的降阶状态空间模型。文献[49]通过参与因子分析,辨识影响直流电压稳定的主导模态的强相关变量,忽略弱相关变量影响,实现 DC-AC 变流器模型降阶,最终得到主从控制直流配电系统降阶状态空间模型。上述降阶状态空间模型虽然可有效降低模型复杂度和计算量,但所提方法仍无法清晰揭示系统小扰动稳定机理。

文献[50]提出一种适用于下垂控制的直流微电网简化阻抗模型,从零极点角度研究多源交互对直流微电网低频稳定性的影响机理,研究表明每个直流电压控制单元等效输出阻抗中均含有低频模态的零点,因此若有多个这类特性的等效输出阻抗并联,可能导致系统综合阻抗中出现含低频模态的极点。但所提降阶方法建立在等效负荷输入阻抗较小的基础上,进而取系统总阻抗近似等于源侧输出阻抗。但当等效负荷输入阻抗无法忽略时,所提降阶方法将失效。文献[51]针对基于 DC-AC 变流器的直流配电系统,通过参数灵敏度分析,忽略电压电流双环控制中积分系数的影响,最终降阶得到系统高频段振荡模态的解析表达式。文献[52]依据输入阻抗、输出阻抗频率特性在交叉点附近的阻抗特性,将其分别等效为 RC、RL 电路模型,进而得到系统二阶特征方程,评估系统主导高频模态的阻尼特性。文献[53]采用类似的方法,研究了基于 DC-DC 变流器的直流配电系统的低频谐振机理。但上述方法没有建立系统参数与等效电路间的直接联系,对于这样近似处理的缘由,以及导致源荷阻抗分别在不同频段呈现不同感、容特性的根本原因并不清晰,且未明确阐述关键控制参数对系统低频、高频振荡特性的影响机理。

1.3.3 交直流混合微电网柔性互联与协调控制

1. 点对点柔性互联交直流混合微电网与协调控制研究现状

发展交直流混合微电网柔性互联系统,能够充分发挥系统内多微电网功率协同互济和分布式储能单元的相互支撑作用,使之能够平滑高比例新能源出力或负荷随机性、波动性功率对单一微电网的暂态冲击,提升新能源消纳能力和增强系统整体运行稳定性。图 1.5(a)示意了一类交直流混合微电网柔性互联结构,多微电网之间通过相应的双向 DC-AC 变流器或 DC-DC 变流器进行柔性互联;图 1.5(b)给出了一个包含两个直流微电网和一个交流微电网的混合微电网柔性互联结构,其中具有不同电压等级的两个直流微电网通过双向 DC-DC 变流器互联,直流微电网和交流微电网之间通过双向 DC-AC 变流器互联。

一般来说,如图 1.5 所示独立交直流混合微电网具有如下 3 种运行模式:①正常运行模式,即系统内各单元均正常运行,其通过各自平衡单元建立电压(或频率),互联装置运行接收上层功率指令,运行在功率调度控制模式;②直流微电网

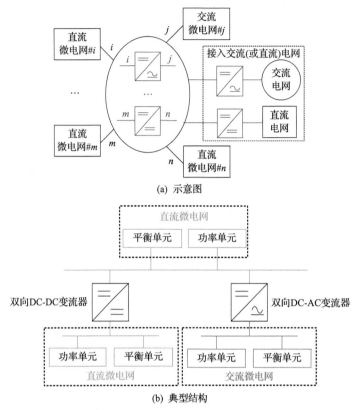

(a) 示意图

(b) 典型结构

图 1.5　点对点柔性互联交直流混合微电网

支撑模式，即某直流微电网内的平衡单元故障退出，需要其他微电网建立支撑该直流子网稳定的直流电压，维持此微电网内的功率平衡；③交流微电网支撑模式，即交流微电网内的平衡单元故障退出，需要其他微电网建立支撑该交流子网稳定的电压与频率，维持此微电网内的功率平衡。

　　在第一种运行模式下，文献[54]、[55]提出了一种应用于互联 DC-AC 变流器的功率自主控制方法，微电网内平衡单元采用下垂控制实现电压或频率的控制，互联 DC-AC 变流器工作在恒功率(PQ)控制下，通过功率控制保证互联装置两端子网直流电压与交流频率的标幺值相等。文献[56]采用一种二阶段改进下垂控制，以实际直流电压和交流频率来确定互联 DC-AC 变流器的运行模式，再依据改进下垂控制直流电压与交流频率的关系决定互联 DC-AC 变流器的功率参考进而实现互联功率流动。上述控制方法存在一个明显的弊端，PQ 控制下的互联 DC-AC 变流器难以适应微电网运行工况的变化，其稳定控制也要依赖于两侧微电网内平衡单元的正常运行，当某个微电网平衡单元故障时将难以实现对故障子网的支撑。

在直流微电网支撑模式下，文献[57]利用互联 DC-AC 变流器与直流微电网内的平衡单元共同控制直流母线电压，即使直流微电网平衡单元故障，交流微电网正常运行时仍可保障直流微电网电压的稳定。文献[58]在直流电压下垂控制中加入交流频率信息，这样一来互联 DC-AC 变流器既可以控制直流电压又可以实现对交流微电网中频率扰动的支撑。上述这些控制方法，只能在交流微电网稳定的前提下才适用，如果交流微电网内平衡单元故障，系统将失去建立稳定直流电压或交流频率的单元，从而导致系统崩溃。

在交流微电网支撑模式下，文献[59]利用下垂控制与虚拟阻抗结合的方法解决多 DC-AC 变流器对交流电压与频率的协调控制。文献[60]的交直流混合微电网中，互联 DC-AC 变流器与交流微电网内的平衡单元均采用下垂控制，协同建立交流电压与频率，除此之外为了使互联 DC-AC 变流器具备调节直流微电网功率的功能，还在互联 DC-AC 变流器中加入直流母线电压信息从而调节互联装置的输出功率。文献[61]在多端直流系统中使互联 DC-AC 变流器具备惯性调节功能，改善交流系统的频率/电压动态。上述控制方法仅适用于交流微电网稳定的运行工况，当交流微电网故障时，同样难以保证系统的稳定运行。

上述国内外现有研究工作的解决思路主要存在如下两方面问题：①全局快速协调控制和交、直流子网相互支撑控制的实现高度依赖高带宽物理通信网络，通信系统单点故障将严重影响交直流混合微电网稳定控制能力和供电可靠性；②交直流混合微电网运行方式和控制策略多样，现有大部分工作均是一种运行模式对应一种具体的控制策略，因此在非计划运行模式切换时，系统控制模式切换涉及状态感知、通信延时、控制器切换等操作，较难实现系统在非计划工况下的多运行控制模式之间的平滑切换。

2. 基于公共直流母线柔性互联的交直流混合微电网与协调控制研究现状

基于公共直流母线柔性互联的交直流混合微电网结构如图 1.6 所示，其中根据储能单元配置方案不同，又可分为集中式和分布式两种储能配置方案，如图 1.6 所示。在图 1.6(a) 所示集中式储能配置方案中，储能单元集中构成储能微电网，通过接口变流器与公共直流母线互联。相比图 1.6(a) 所示集中式储能配置，储能单元也可如图 1.6(b) 所示采用分布式配置，即分散接入各个微电网。两者配置方案简要对比如下：①储能单元接入方面，在集中式储能配置中，储能系统需要接入较高电压等级公共直流母线，因此储能单元需要有足够串联数量以匹配储能接口变流器，或采用多级变流器接入方式，然而储能单元串联较多不利于储能单元管理，且将降低系统可靠性，多级变流器接入则会降低系统效率；若采用分布式储能配置，储能单元则可采用小容量低电压等级方式分散接入各微电网母线中；

②储能单元控制方面，表面上看集中式储能配置相比分布式储能配置，其控制策略似乎更加简单，但分布式储能配置更能提升此类交直流混合微电网运行的稳定性、可靠性和灵活性。例如，任一微电网内发生功率扰动时，分布式储能可就地快速响应。此外，分布式储能配置可避免单点故障，且当微电网互联接口变流器出现故障时，各个微电网还可工作在独立运行模式，保证关键负荷不间断供电，提高系统可靠性。因此，分布式储能配置在基于公共直流母线柔性互联的交直流混合微电网中具有良好的应用前景。

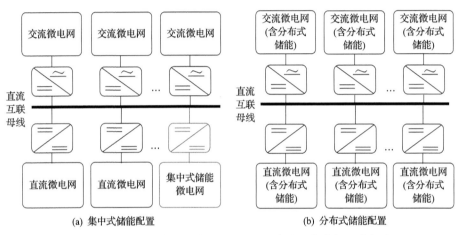

(a) 集中式储能配置   (b) 分布式储能配置

图 1.6   基于公共直流母线柔性互联的交直流混合微电网示意图

维持公共直流母线稳定是实现上述结构中多微电网功率协调控制及多运行模式无缝切换的关键。典型的公共直流母线电压控制包括主从控制、电压裕度控制和下垂控制等方法。在主从控制模式下，通常选择某个接口变流器控制公共直流母线电压恒定，其他端口变流器则工作在功率控制模式。若主电源发生故障退出运行，则全系统将失去公共直流母线电压支撑能力，严重时将导致系统崩溃。为增强多端直流电网可靠性，研究人员进一步在主从控制基础上发展了电压裕度控制方法，此方法亦可用于低压直流互联系统。文献[62]、[63]将功率环、直流电压环和电流环级联的多环控制策略用于直流配电系统从变流器，当采用直流电压控制的主变流器出现故障等异常情况时，从变流器功率环将自动进入限幅环节，使从变流器进入直流电压控制模式，进而实现公共直流母线电压支撑。为使多变流器共同参与公共直流母线电压控制，下垂控制是一种行之有效的解决方案，即使某一变流器故障退出运行，也不会影响直流互联系统公共直流母线电压控制和功率平衡能力。

1.4 优化运行研究现状

微电网优化运行是指微电网根据可再生能源发电功率和负荷需求预测信息，在考虑微电网各类运行约束的情况下，通过调度微电网内可控分布式电源、储能系统、可控负荷等资源，实现自身运行目标的最优化决策。可再生能源固有的间歇性和不稳定性以及负荷需求的不确定性使得微电网的运行优化更加复杂和具有挑战性。

目前国内外许多学者针对微电网的运行优化问题进行了大量研究，包括基于规则的方法和基于优化的方法，其中基于优化的方法包括数学规划算法、人工智能算法等。基于规则的方法根据微电网内各设备的运行状态按照预先制定的控制规则制定各设备的运行策略，该方法逻辑简单、易于实现，因此被广泛应用于保障微电网可靠、稳定运行。基于优化的方法通常利用可再生能源出力和负荷需求的预测信息优化微电网日前和/或日内调度方案。为了应对可再生能源出力和负荷的不确定性对微电网调度的影响，人们引入了鲁棒优化[64,65]、分布鲁棒优化[66,67]、随机规划[68,69]、信息间隙决策理论(information gap decision theory，IGDT)[70]等方法来刻画可再生能源出力和负荷需求的不确定性。此外，模型预测控制(model predictive control，MPC)技术利用滚动更新的预测信息实时修正并更新调度策略，在一定程度上缓解了不确定性带来的风险[71,72]。在优化算法方面，许多文献根据优化模型自身的特点采用了不同的优化算法，主要包括线性规划(linear programming，LP)[73]、混合整数线性规划(mixed-integer linear programming，MILP)[64,67,69]、混合整数非线性规划(mixed-integer nonlinear programming，MINLP)[70]、二阶锥规划[66]、智能算法[74-78]等，其中智能算法包括粒子群优化算法[74]、闪电搜索算法[75]、机器学习算法[76,77]等。

从控制架构层面进行划分，微电网运行优化问题又可以分为集中式优化架构和分布式优化架构。在集中式优化架构中，微电网中央控制器收集所有信息，确定微电网的最优调度，并将这些决策发送给所有本地控制器。集中式优化架构虽然可以实现更好的优化解决方案，但它依赖于可靠、高速的通信网络，对单点通信故障的鲁棒性较差。分布式优化架构削弱了中央控制器的中心地位，并通过本地控制器之间的信息交互和迭代来实现全局和局部目标。按照通信架构的不同，分布式优化架构可进一步分为对等控制架构和主从控制架构两大类。其中，对等控制架构的分布式优化算法主要包括拉格朗日乘子类分布式优化算法和最优条件分解类分布式优化算法[79]，而主从控制架构的分布式优化算法的典型代表为Benders 分解类算法。

基于分布式优化算法解决多微电网的分布式协调优化问题一直是近年来的研

究热点。此外，在现有的微电网运行优化方法中，受限于源荷长周期功率预测精度低的情况，通常基于日前优化和日内滚动优化相结合的方式，确定微电网内源荷的调度方案。然而，该方法无法预知未来数天的极端场景并提前制定应对方案，无法保障微电网长周期运行可靠性。同时，针对未来数天构建基于日调度架构的优化模型，将导致问题规模过大而无法收敛的问题，且长周期功率预测误差也将影响调度方案的合理性。

参 考 文 献

[1] Grand View Research. Microgrid market growth & trends [EB/OL]. [2025-01-02]. https://www.grandviewresearch. com/press- release/global-microgrid-market.

[2] 张丹, 王杰. 国内微电网项目建设及发展趋势研究[J]. 电网技术, 2016, 40(2): 451-458.

[3] 王成山, 周越. 微电网示范工程综述[J]. 供用电, 2015(1): 16-21.

[4] 国家能源局. 国家能源局关于推进新能源微电网示范项目建设的指导意见[EB/OL]. [2015-09-29]. https:// zfxxgk.nea.gov.cn/auto87/201507/t20150722_1949.htm.

[5] 张蕊, 王程, 王海云, 等. 主动支撑电网频率的园区多能微网优化运行[J]. 中国电机工程学报, 2023, 43(3): 889-903.

[6] 李霞林, 郭力, 王成山. 微网主从控制模式下的稳定性分析[J]. 电工技术学报, 2014, 29(2): 24-34.

[7] Roslan A M, Ahmed K H, Finney S J, et al. Improved instantaneous average current-sharing control scheme for parallel-connected inverter considering line impedance impact in microgrid networks[J]. IEEE Transactions on Power Electronics, 2011, 26(3): 702-716.

[8] Tolani S, Sensarma P. An instantaneous average current sharing scheme for parallel UPS modules[J]. IEEE Transactions on Industrial Electronics, 2017, 64(12): 9210-9220.

[9] Guerrero J M, Vasquez J C, Matas J, et al. Hierarchical control of droop-controlled AC and DC microgrids—A general approach toward standardization[J]. IEEE Transactions on Industrial Electronics, 2011, 58(1): 158-172.

[10] Huang P, Vorobev P, Al Hosani M, et al. Plug-and-play compliant control for inverter-based microgrids[J]. IEEE Transactions on Power Systems, 2019, 34(4): 2901-2913.

[11] He J, Li Y W. Analysis, design, and implementation of virtual impedance for power electronics interfaced distributed generation[J]. IEEE Transactions on Industry Applications, 2011, 47(6): 2525-2538.

[12] Hoang T V, Lee H. An adaptive virtual impedance control scheme to eliminate the reactive-power-sharing errors in an islanding meshed microgrid[J]. IEEE Journal of Emerging and Selected Topics in Power Electronics, 2018, 6(2): 966-976.

[13] Mahmood H, Michaelson D, Jiang J. Accurate reactive power sharing in an islanded microgrid using adaptive virtual impedances[J]. IEEE Transactions on Power Electronics, 2015, 30(3): 1605-1617.

[14] Espina E, Cárdenas-Dobson R, Espinoza-B M, et al. Cooperative regulation of imbalances in three-phase four-wire microgrids using single-phase droop control and secondary control algorithms[J]. IEEE Transactions on Power Electronics, 2020, 35(2): 1978-1992.

[15] Savaghebi M, Jalilian A, Vasquez J C, et al. Autonomous voltage unbalance compensation in an islanded droop-controlled microgrid[J]. IEEE Transactions on Industrial Electronics, 2013, 60(4): 1390-1402.

[16] Savaghebi M, Jalilian A, Vasquez J C, et al. Secondary control scheme for voltage unbalance compensation in an

islanded droop-controlled microgrid[J]. IEEE Transactions on Smart Grid, 2012, 3(2): 797-807.

[17] Zhou X, Tang F, Loh P C, et al. Four-leg converters with improved common current sharing and selective voltage quality enhancement for islanded microgrids[J]. IEEE Transactions on Power Delivery, 2016, 31(2): 522-531.

[18] Guo L, Fu X P, Li X L. Coordinated control of battery storage and diesel generators in isolated AC microgrid systems[J]. Proceedings of the CSEE, 2012, 32(25): 70-78.

[19] Zhang X Y, Fu L J, Ma F, et al. An emergency control strategy for isolated power system of three-phase inverter and diesel-engine generator operating in parallel[J]. IEEE Access, 2018, 6: 66223-66234.

[20] Zhao Z L, Yang P, Guerrero J M, et al. Multiple-time-scales hierarchical frequency stability control strategy of medium-voltage isolated microgrid[J]. IEEE Transactions on Power Electronics, 2016, 31(8): 5974-5991.

[21] Jin Z M, Meng L X, Guerrero J M, et al. Hierarchical control design for a shipboard power system with DC distribution and energy storage aboard future more-electric ships[J]. IEEE Transactions on Industrial Informatics, 2018, 14(2): 703-714.

[22] Meng L X, Dragicevic T, Guerrero J M. Adaptive control design for autonomous operation of multiple energy storage systems in power smoothing applications[J]. IEEE Transactions on Industrial Electronics, 2018, 65(8): 6612-6624.

[23] Fang J Y, Li H C, Tang Y, et al. On the inertia of future more-electronics power systems[J]. IEEE Journal of Emerging and Selected Topics in Power Electronics, 2019, 7(4): 2130-2146.

[24] 付立军, 刘鲁锋, 王刚, 等. 我国舰船中压直流综合电力系统研究进展[J]. 中国舰船研究, 2016, 11(1): 72-79.

[25] He L, Li Y, Shuai Z K, et al. A flexible power control strategy for hybrid AC/DC zones of shipboard power system with distributed energy storages[J]. IEEE Transactions on Industrial Informatics, 2018, 14(2): 5496-5508.

[26] Miao Z X, Domijan A, Fan L L. Investigation of microgrids with both inverter interfaced and direct AC-connected distributed energy resources[J]. IEEE Transactions on Power Delivery, 2011, 26(3): 1634-1642.

[27] Tang X S, Peng W, Qi Z P. Investigation of the dynamic stability of microgrid[J]. IEEE Transactions on Power Systems, 2014, 29(2): 698-706.

[28] 石荣亮, 张兴, 刘芳, 等. 提高光储柴独立微网频率稳定性的虚拟同步发电机控制策略[J]. 电力系统自动化, 2016, 40(22): 77-85.

[29] 邢鹏翔, 付立军, 王刚, 等. 改善微电网频率动态响应的虚拟同步发电机强化惯量控制方法[J]. 高电压技术, 2018, 44(7): 2346-2353.

[30] Torres L M A, Lopes L A C, Moran T L A, et al. Self-tuning virtual synchronous machine: A control strategy for energy storage systems to support dynamic frequency control[J]. IEEE Transactions on Energy Conversion, 2014, 29(4): 833-840.

[31] 王淋, 巨云涛, 吴文传, 等. 面向频率稳定提升的虚拟同步化微电网惯量阻尼参数优化设计[J]. 中国电机工程学报, 2021, 41(13): 4479-4489.

[32] Liu W K, Zhang M Q, Zhan M. Modeling for analyzing practical oscillation event of AC/DC distribution networks with power electronic transformer[C]. 2021 IEEE 4th International Electrical and Energy Conference (CIEEC), Wuhan, 2021.

[33] 郭力, 冯怿彬, 李霞林, 等. 直流微电网稳定性分析及阻尼控制方法研究[J]. 中国电机工程学报, 2016, 36(4): 927-936.

[34] Gao F, Bozhko S, Centiweber A, et al. Comparative stability analysis of droop control approaches in voltage-source-converter-based DC microgrids[J]. IEEE Transactions on Power Electronics, 2017, 32(3): 2395-2415.

[35] Gao F, Bozhko S. Modeling and impedance analysis of a single DC bus-based multiple-source multiple-load

electrical power system[J]. IEEE Transactions on Transportation Electrification, 2016, 2(3): 335-346.

[36] Amin M, Molinas M. Small-signal stability assessment of power electronics based power systems: A discussion of impedance- and eigenvalue-based methods[J]. IEEE Transactions on Industry Applications, 2017, 53(5): 5014-5030.

[37] Li X L, Guo L, Zhang S H, et al. Observer-based DC voltage droop and current feed-forward control of a DC microgrid[J]. IEEE Transactions on Smart Grid, 2018, 9(5): 5207-5216.

[38] Cupelli M, Zhu L, Monti A. Why ideal constant power loads are not the Worst case condition from a control standpoint[J]. IEEE Transactions on Smart Grid, 2015, 6(6): 2596-2606.

[39] Du W J, Fu Q, Wang H F. Small-signal stability of a DC network planned for electric vehicle charging[J]. IEEE Transactions on Smart Grid, 2020, 11(5): 3748-3762.

[40] Du W J, Zheng K Y, Wang H F. Oscillation instability of a DC microgrid caused by aggregation of same CPLs in parallel connection[J]. IET Generation, Transmission & Distribution, 2019, 13(13): 2637-2645.

[41] Gao F, Bozhko S. Modeling and impedance analysis of a single DC bus-based multiple-source multiple-load electrical power system[J]. IEEE Transactions on Transportation Electrification, 2016, 2(3): 335-346.

[42] Ghadiriyan S, Rahimi M. Mathematical representation, stability analysis and performance improvement of DC microgrid system comprising hybrid wind/battery sources and CPLs[J]. IET Generation, Transmission & Distribution, 2019, 13(10): 1845-1855.

[43] 张学, 裴玮, 邓卫, 等. 含恒功率负载的交直流混联配电系统稳定性分析[J]. 中国电机工程学报, 2017, 37(19): 5572-5582.

[44] Hamzeh M, Ghafouri M, Karimi H, et al. Power oscillations damping in DC microgrids[J]. IEEE Transactions on Energy Conversion, 2016, 31(3): 970-980.

[45] Rashidirad N, Hamzeh M, Sheshyekani K, et al. An effective method for low-frequency oscillations damping in multibus DC microgrids[J]. IEEE Journal on Emerging and Selected Topics in Circuits and Systems, 2017, 7(3): 403-412.

[46] 钟庆, 冯俊杰, 王钢, 等. 基于节点阻抗矩阵的直流配电网谐振特性分析[J]. 中国电机工程学报, 2019, 39(5): 1323-1334.

[47] 胡辉勇, 王晓明, 于淼, 等. 主从控制下直流微电网稳定性分析及有源阻尼控制方法[J]. 电网技术, 2017, 41(8): 2664-2673.

[48] Anand S, Fernandes B G. Reduced-order model and stability analysis of low-voltage DC microgrid[J]. IEEE Transactions on Industrial Electronics, 2013, 60(11): 5040-5049.

[49] 李鲁阳, 裴玮, 孔力. 基于电压源型换流器的多端直流配电系统降阶小信号模型[J]. 电网技术, 2019, 43(4): 1187-1196.

[50] Rashidirad N, Hamzeh M, Sheshyekani K, et al. A simplified equivalent model for the analysis of low-frequency stability of multi-bus DC microgrids[J]. IEEE Transactions on Smart Grid, 2018, 9(6): 6170-6182.

[51] 姚广增, 彭克, 李海荣, 等. 柔性直流配电系统高频振荡降阶模型与机理分析[J]. 电力系统自动化, 2020, 44(20): 29-46.

[52] Rashidirad N, Hamzeh M, Sheshyekani K, et al. High-frequency oscillations and their leading causes in DC microgrids[J]. IEEE Transactions on Energy Conversion, 2017, 32(4): 1479-1491.

[53] 林刚, 李勇, 王姿雅, 等. 低压直流配电系统谐振机理分析与有源抑制方法[J]. 电网技术, 2017, 41(10): 3358-3364.

[54] Loh P C, Li D, Chai Y K, et al. Hybrid AC-DC microgrids with energy storages and progressive energy flow

tuning[J]. IEEE Transactions on Power Electronics, 2013, 28(4): 1533-1543.

[55] Poh C L, Ding L, Yi K, et al. Autonomous control of interlinking converter with energy storage in hybrid AC-DC Microgrid[J]. IEEE Transactions on Industry Applications, 2013, 49(3): 1374-1382.

[56] Navid E, Ebrahim F. Power control and management in a hybrid AC/DC microgrid[J]. IEEE Transactions on Smart Grid, 2014, 5(3): 1494-1505.

[57] Xia Y H, Wei W, Wang X M, et al. Power management for a hybrid AC/DC microgrid with multiple subgrids[J]. IEEE Transactions on Power Electronics, 2018, 33(4): 3520-3533.

[58] Xia Y H, Peng Y G, Yang P C, et al. Distributed coordination control for multiple bidirectional power converters in a hybrid AC/DC microgrid[J]. IEEE Transactions on Power Electronics, 2017, 32(6): 4949-4959.

[59] Xiao H G, Luo A, Shuai Z K, et al. An improved control method for multiple bidirectional power converters in hybrid AC/DC microgrid[J]. IEEE Transactions on Smart Grid, 2016, 7(1): 340-347.

[60] Mehdi B, Hamid R K, Josep M G. Control strategy of interlinking converters as the key segment of hybrid AC-DC microgrids[J]. IET Generation, Transmission & Distribution, 2016, 10(7): 1671-1681.

[61] Zhang W Y, Rouzbehi K, Luna A, et al. Multi-terminal HVDC grids with inertia mimicry capability[J]. IET Renewable Power Generation, 2016, 10(6): 752-760.

[62] 季一润, 袁志昌, 赵剑锋, 等. 一种适用于柔性直流配电网的电压控制策略[J]. 中国电机工程学报, 2016, 36(2): 335-341.

[63] Ji Y, Yuan Z, Zhao J, et al. Hierarchical control strategy for MVDC distribution network under large disturbance[J]. IET Generation, Transmission & Distribution, 2018, 12(11): 2557-2565.

[64] Liu Y X, Guo L, Wang C S. A robust operation-based scheduling optimization for smart distribution networks with multi-microgrids[J]. Applied Energy, 2018, 228: 130-140.

[65] Valencia F, Collado J, Sáez D, et al. Robust energy management system for a microgrid based on a fuzzy prediction interval model[J]. IEEE Transactions on Smart Grid, 2016, 7(3): 1486-1494.

[66] Shi Z C, Liang H, Huang S J, et al. Distributionally robust chance-constrained energy management for islanded microgrids[J]. IEEE Transactions on Smart Grid, 2019, 10(2): 2234-2244.

[67] Wu X, Qi S X, Wang Z, et al. Optimal scheduling for microgrids with hydrogen fueling stations considering uncertainty using data-driven approach[J]. Applied Energy, 2019, 253: 113568.

[68] Battistelli C, Agalgaonkar Y P, Pal B C. Probabilistic dispatch of remote hybrid microgrids including battery storage and load management[J]. IEEE Transactions on Smart Grid, 2017, 8(3): 1305-1317.

[69] Lee J, Lee S, Lee K. Multistage stochastic optimization for microgrid operation under islanding uncertainty[J]. IEEE Transactions on Smart Grid, 2021, 12(1): 56-66.

[70] Mehdizadeh A, Taghizadegan N, Salehi J. Risk-based energy management of renewable-based microgrid using information gap decision theory in the presence of peak load management[J]. Applied Energy, 2018, 211: 617-630.

[71] Yang F, Feng X Y, Li Z. Advanced microgrid energy management system for future sustainable and resilient power grid[J]. IEEE Transactions on Industry Applications, 2019, 55(6): 7251-7260.

[72] Silva D P E, Salles J L F, Fardin J F, et al. Management of an island and grid-connected microgrid using hybrid economic model predictive control with weather data[J]. Applied Energy, 2020, 278: 115581.

[73] Zheng Y Y, Jenkins B M, Kornbluth K, et al. Optimization of a biomass-integrated renewable energy microgrid with demand side management under uncertainty[J]. Applied Energy, 2018, 230: 836-844.

[74] Hossain M A, Pota H R, Squartini S, et al. Modified PSO algorithm for real-time energy management in grid-connected microgrids[J]. Renewable Energy, 2019, 136: 746-757.

[75] Roslan M F, Hannan M A, Ker P J, et al. Scheduling controller for microgrids energy management system using optimization algorithm in achieving cost saving and emission reduction[J]. Applied Energy, 2021, 292: 116883.

[76] Kofinas P, Dounis A I, Vouros G A. Fuzzy Q-learning for multi-agent decentralized energy management in microgrids[J]. Applied Energy, 2018, 219: 53-67.

[77] Bui V H, Hussain A, Kim H M. Double deep Q-learning-based distributed operation of battery energy storage system considering uncertainties[J]. IEEE Transactions on Smart Grid, 2020, 11(1): 457-469.

[78] Shang Y W, Wu W C, Guo J B, et al. Stochastic dispatch of energy storage in microgrids: An augmented reinforcement learning approach[J]. Applied Energy, 2020, 261: 114423.

[79] Kargarian A, Mohammadi J, Guo J, et al. Toward distributed/decentralized DC optimal power flow implementation in future electric power systems[J]. IEEE Transactions on Smart Grid, 2018, 9(4): 2574-2594.

第 2 章　三相四线制储能变流器并联组网

三相四线制交流微电网能够为单相等不平衡负荷提供接口，一种常见的方法是通过变压器引出中性线，但变压器的引入会造成系统建设成本和运行损耗的增加。为解决该问题，储能系统作为交流微电网中的组网(也可称构网)单元，其储能变流器可采用三相四线制拓扑结构。此外，要提升储能系统的冗余度和供电可靠性，实现储能系统总容量的灵活配置，采用多个三相四线制储能变流器并联技术成为一种有效的解决方案。当单相负载或不平衡负载接入时，如何提升多变流器之间的功率均分精度、提高微电网公共连接点电压质量并保证系统的稳定运行，成为亟待解决的问题。在主从控制中，为实现不平衡功率均分需要传输主变流器分序电流数据至多从变流器，会带来较大的通信压力。为此，本章介绍一种基于 P-f 和 Q-U 下垂控制加分序虚拟阻抗的三相四线制变流器并联组网与分层协调控制方法[1]。

2.1　多储能变流器并联协调控制框架

2.1.1　两级式三电平储能变流器

在单级式且无变压器的储能变流器结构中，一般通过串联较多数量的电池单体，以满足直流电压运行要求，但其缺点是不利于电池单体荷电状态的一致性管理，可能导致部分单体长期过冲或过放，从而影响电池的整体使用寿命。为了对低电压电池单体进行升压，并支持宽范围电压电池的灵活接入，实现电池单体的精细化管理，由级联 DC-DC 变流器与 DC-AC 变流器构成的两级式功率变换装置得到了越来越多的关注。本书采用如图 2.1 所示两级式三电平储能变流器拓扑结构[2]。DC-DC 变流器采用三电平 Buck/Boost 拓扑，DC-AC 变流器采用 T 型三电平三桥臂三相四线制 (3-level T-type 3-leg 3-phase 4-wire，$3LT^2 3L3P4W$) 拓扑。

1. 三电平 Buck/Boost 变流器

三电平 Buck/Boost 变流器较传统的两电平 Buck/Boost 变换器，有利于降低功率开关管和二极管的电压应力，具有较小的开关损耗和二极管反向损耗，减小储能元件重量和体积，进而提升变流器系统的功率密度[3]。三电平 Buck/Boost 拓扑如图 2.2(a) 所示，其中 C_{dc} 为低压侧电容，L_{dc} 为低压侧滤波电感，C_1 和 C_2 为与图 2.1 所示三电平 DC-AC 变流器共用的正负母线电容，u_{C1} 和 u_{C2} 为直流侧正负母线电容电压，Q_1、Q_4 为 Buck 运行状态下动作的开关管，Q_2、Q_3 为 Boost 运行状态下动作的开关管，i_L 为低压侧电感电流，u_{in} 为低压侧输入电压。

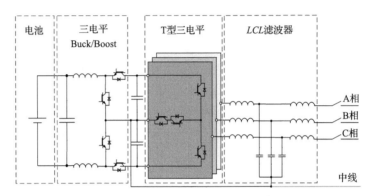

图 2.1　两级式三电平储能变流器结构图

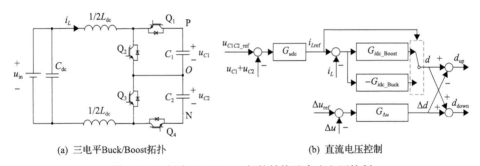

(a) 三电平Buck/Boost拓扑　　　　　(b) 直流电压控制

图 2.2　三电平 Buck/Boost 拓扑结构及直流电压控制

两级式储能变流器中的 Buck/Boost 通常以高压侧直流电压恒定与中点电位平衡作为控制目标，控制方框图如图 2.2(b) 所示。其中，u_{C1C2_ref} 为直流高压侧电压参考值，G_{udc} 为电压外环控制器，i_{Lref} 为低压侧电感电流参考值，根据 i_{Lref} 的正负判断当前电路的工作模式：当 $i_{Lref}>0$ 时，电路工作于 Boost 模式，电流内环采用控制器 G_{idc_Boost}，Q_1、Q_4 工作于二极管状态，Q_2、Q_3 接收占空比信号 d_{up}、d_{down} 触发；当 $i_{Lref}<0$ 时，电路工作于 Buck 模式，电流内环采用控制器 G_{idc_Buck}，Q_2、Q_3 工作于二极管状态，Q_1、Q_4 接收占空比信号 d_{up}、d_{down} 触发。中点电位平衡控制器 $G_{\Delta u}$ 以中点电位参考 Δu_{ref} 与中点电位偏移 Δu 之差作为输入，输出量对 Q_1 和 Q_4（Q_2 和 Q_3）的占空比进行修正，通过将一个开关管的占空比增大，另一个开关管

的占空比减小，使电感电流对电压较小的电容充电时间较长，从而实现两电容电压平衡的目的。d_{up}、d_{down} 由直流母线总电压控制占空比 d 与中点电位平衡控制占空比 Δd 合成得到。Q_1、Q_4 载波互差 $180°$，Q_2、Q_3 载波互差 $180°$。

2. 3LT²3L3P4W DC-AC 变流器

3LT²3L3P4W 具体拓扑如图 2.3 所示。C_1、C_2 为直流侧正负母线电容；交流侧滤波电路采用电容中点与直流母线中点连接的改进 LCL 结构。i_{L1_a}、i_{L1_b}、i_{L1_c} 为交流三相流过滤波电感 L_1 的电流；i_{L2_a}、i_{L2_b}、i_{L2_c} 为交流三相流过滤波电感 L_2 的电流；i_{C1}、i_{C2} 为直流侧正负母线电容电流；i_n 为中性线电流；i_0 为直流母线中点连接至各桥臂的总电流；u_{C_a}、u_{C_b}、u_{C_c} 为交流三相滤波电容 C 的电压；u_{L2_a}、u_{L2_b}、u_{L2_c} 为交流三相输出端口电压；u_{C1}、u_{C2} 分别为直流侧正负母线电容电压。

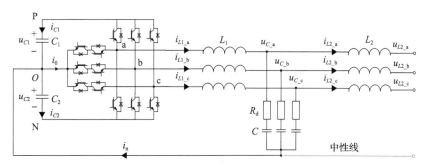

图 2.3 T 型三电平 DC-AC 变流器结构图

R_d-阻尼电阻

2.1.2 储能变流器并联及分层控制框架

以两台储能变流器并联独立组网为例，如图 2.4 所示，变流器直流侧经前级变换器连接至电池储能单元，为便于分析，将直流正负母线等效为恒压源。变流器中交流侧滤波电路采用 LCL 结构（L_1、L_2、C、R_d），滤波电容中点与直流母线中点经零序电感 L_n 连接，Z_{line_1}、Z_{line_2} 为线路阻抗，Z_{load} 为交流负载。

如图 2.4 所示，储能变流器就地控制器实现单台变流器的控制和保护功能。在本章研究中，就地控制采用基于 P-f 和 Q-U 下垂控制加分序虚拟阻抗的策略。微电网中央控制器（microgrid central controller，MGCC）主要实现电压和频率恢复控制，通过低带宽通信网络，给各储能变流器就地控制系统下发相应控制参考信号。

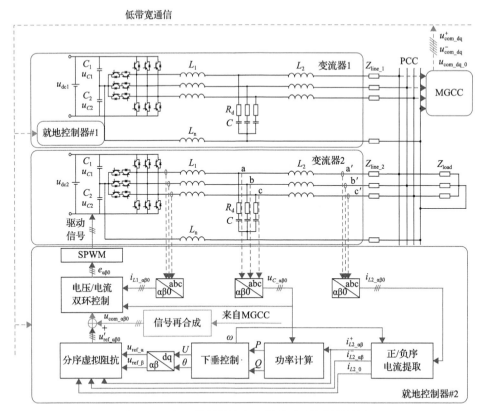

图 2.4　三相四线制储能变流器并联及控制结构图

正弦脉冲宽度调制(sinusoidal pulse width modulation，SPWM)

2.2　储能变流器 *P-f* 和 *Q-U* 下垂控制

2.2.1　基于分序虚拟阻抗的 *P-f* 和 *Q-U* 下垂控制

如图 2.4 所示，就地控制器包含功率计算、下垂控制、正/负电流提取、分序虚拟阻抗和电压/电流双环控制等环节。

(1)功率计算。根据滤波电容 C 的电压(用变量 $u_{C\_\alpha\beta0}$ 表示)和流过电感 L_2 的正序电流(用变量 $i^+_{L2\_\alpha\beta}$ 表示)计算正序瞬时有功功率(用变量 p 表示)和无功功率(用变量 q 表示)，如式(2.1)所示。然后，p 和 q 经过低通滤波环节，实现功率环与电压电流内环的解耦，得到有功功率 P 和无功功率 Q。

$$\begin{cases} p = 1.5(u_{C\_\alpha}i^+_{L2\_\alpha} + u_{C\_\beta}i^+_{L2\_\beta}) \\ q = 1.5(u_{C\_\beta}i^+_{L2\_\alpha} - u_{C\_\alpha}i^+_{L2\_\beta}) \end{cases} \tag{2.1}$$

(2) 下垂控制。将滤波电容 C 的电压作为控制目标时，其与 PCC 之间的阻抗由滤波电感 L_2 和线路阻抗 Z_{line} 构成，主要呈现感性，因此采用传统的 P-f 和 Q-U 下垂控制，如式 (2.2) 所示。

$$\begin{cases} \omega = \omega^* + k_{P\text{-}f}(P^* - P) \\ U = U^* + k_{Q\text{-}U}(Q^* - Q) \end{cases} \tag{2.2}$$

式中，$k_{P\text{-}f}$、$k_{Q\text{-}U}$ 为有功-频率下垂系数、无功-电压下垂系数；ω、U 为实际输出频率、电压；ω^*、U^* 分别为频率、电压额定值；P^*、Q^* 分别为有功、无功参考值；P、Q 分别为实际输出有功、无功。

(3) 正/负电流提取。采用二阶通用积分正交信号生成环节 (second-order generalized integrator quadrature signal generator，SOGI-QSG) 和正负序计算环节 (positive-/negative-sequence calculation block，PNSC) 对三相电流基频正序分量 $\left(i^+_{L2\_\alpha\beta}\right)$、负序分量 $\left(i^-_{L2\_\alpha\beta}\right)$ 和零序分量 $\left(i_{L2\_0}\right)$ 进行提取[4]，如图 2.5 所示，其中 q' 表示相位滞后 90°。正序电流和负序电流分量的提取数学表达式分别如式 (2.3) 和式 (2.4) 所示。其中，带通滤波器 $D(s)$ 和 $Q(s)$ 如式 (2.5) 所示，$D(s)$ 的带宽仅与增益 k 相关（通常取 $\sqrt{2}$），与中心频率 ω' 无关，$Q(s)$ 的输出信号总是滞后于 $D(s)$ 90°。

$$\begin{bmatrix} i^+_{L2\_\alpha} \\ i^+_{L2\_\beta} \end{bmatrix} = \begin{bmatrix} \dfrac{1}{2}D(s) & -\dfrac{1}{2}Q(s) \\ \dfrac{1}{2}Q(s) & \dfrac{1}{2}D(s) \end{bmatrix} \begin{bmatrix} i_{L2\_\alpha} \\ i_{L2\_\beta} \end{bmatrix} \tag{2.3}$$

$$\begin{bmatrix} i^-_{L2\_\alpha} \\ i^-_{L2\_\beta} \end{bmatrix} = \begin{bmatrix} \dfrac{1}{2}D(s) & \dfrac{1}{2}Q(s) \\ -\dfrac{1}{2}Q(s) & \dfrac{1}{2}D(s) \end{bmatrix} \begin{bmatrix} i_{L2\_\alpha} \\ i_{L2\_\beta} \end{bmatrix} \tag{2.4}$$

$$\begin{cases} D(s) = \dfrac{k\omega's}{s^2 + k\omega's + \omega'^2} \\ Q(s) = \dfrac{k\omega'^2}{s^2 + k\omega's + \omega'^2} \end{cases} \tag{2.5}$$

(4) 分序虚拟阻抗。为了实现变流器线路阻抗不匹配时正序、负序和零序电流的均分，设计分序虚拟阻抗环节[5]。如图 2.6 所示，在 αβ0 坐标系下，u_{ref_α} 和 u_{ref_β} 分别表示由下垂控制环节生成的 α 轴和 β 轴电压参考信号；L^+_v、R^+_v 分别为正序虚拟电感、电阻；L^-_v、R^-_v 分别为负序虚拟电感、电阻；R_{v0} 为零序虚拟电阻。

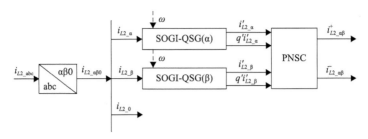

图 2.5　正/负序电流提取环节

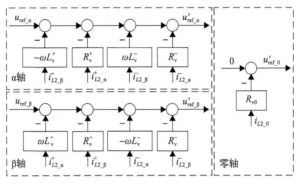

图 2.6　分序虚拟阻抗

经过如图 2.6 所示附加虚拟阻抗控制后，内环电压参考信号调整为

$$\begin{cases} u'_{\text{ref\_}\alpha} = u_{\text{ref\_}\alpha} - R_v^+ i_{L2\_\alpha}^+ + \omega L_v^+ i_{L2\_\beta}^+ - R_v^- i_{L2\_\alpha}^- - \omega L_v^- i_{L2\_\beta}^- \\ u'_{\text{ref\_}\beta} = u_{\text{ref\_}\beta} - \omega L_v^+ i_{L2\_\alpha}^+ - R_v^+ i_{L2\_\beta}^+ + \omega L_v^- i_{L2\_\alpha}^- - R_v^- i_{L2\_\beta}^- \\ u'_{\text{ref\_}0} = -R_{v0} i_{L2\_0} \end{cases} \quad (2.6)$$

(5)电压/电流双环控制。如图 2.7 所示，电压外环 αβ 轴分量采用准比例谐振控制 (G_{u_PR}，见式(2.7))，零序分量在准比例谐振控制的基础上增加了积分环节 (G_{u_PIR}，见式(2.8))以消除零序电压中的直流分量，电流内环采用比例控制 (G_{i_P}，见式(2.9))。

$$G_{u\_\text{PR}} = k_{\text{pu}} + \frac{2k_{\text{ru}}\omega_c s}{s^2 + 2\omega_c s + \omega^2} \quad (2.7)$$

$$G_{u\_\text{PIR}} = k_{\text{pu}} + \frac{k_{\text{iu}}}{s} + \frac{2k_{\text{ru}}\omega_c s}{s^2 + 2\omega_c s + \omega^2} \quad (2.8)$$

$$G_{i\_\text{P}} = k_{\text{pi}} \quad (2.9)$$

式中，k_{pu} 为比例系数；k_{ru} 为谐振环节系数；ω_c 为截止频率；k_{iu} 为积分系数；k_{pi} 为比例系数。

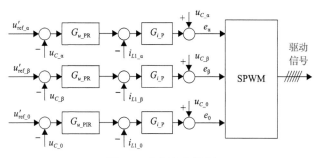

图 2.7　电压电流控制

u_{C_α}、u_{C_β}、u_{C_0}-变流器滤波电容上的 α 轴、β 轴及 0 轴电压分量；i_{L1_α}、i_{L1_β}、i_{L1_0}-滤波电感 L_1 上的 α 轴、β 轴及 0 轴电流分量；e_α、e_β、e_0-变流器 α 轴、β 轴及 0 轴调制电压

为便于后续理论分析，表 2.1 给出了三相四线制储能变流器的相关硬件参数和控制参数。

表 2.1　三相四线制储能变流器参数

	参数	符号	数值
硬件系统	额定容量	S_{rated}	30kV·A
	LCL 滤波器	L_1, $C(R_d)$, L_2	500μH, 20μF (0.22Ω), 120μH
	零序电感	L_n	500μH
	直流母线电压	u_{dc1}, u_{dc2}	350V, 350V
控制系统	功率滤波时间常数	T_{PQ_LPF}	0.0017s
	额定频率	ω^*	314rad/s
	额定电压值	U^*	311V
	P-f 下垂增益	$k_{P\text{-}f}$	0.10472kW/(rad/s)
	Q-U 下垂增益	$k_{Q\text{-}U}$	0.33kvar/V
	电压环参数	k_{pu}, k_{iu}, ω_c	1, 10, 6.5rad/s
	电流环参数	k_{pi}	0.3
	开关周期	T_s	66.67μs

2.2.2　分序虚拟阻抗对并联控制性能的影响分析

以两台并联运行的储能变流器构成的交流微电网为例，根据对称分量定理，可分别建立三序回路的小信号模型。下面将基于所建立的模型分析各分序虚拟阻抗对均流精度、电压质量和系统稳定性的影响。

1. 正序虚拟阻抗的影响

由于正序功率计算中的低通滤波环节,电压电流内环带宽远高于功率外环,因此在正序回路的建模中可近似忽略电压电流内环的动态特性,采用复数矩阵建模方法[6]进行建模。以两机并联系统为例,系统正序回路可简化为图 2.8。

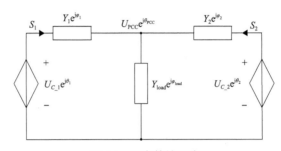

图 2.8　正序等效回路

U_{C_1}、θ_1 和 U_{C_2}、θ_2-变流器 1 和变流器 2 的等效输出电压和相角;S_1、S_2-输出复功率;Y_1、φ_1 和 Y_2、φ_2-变流器 1 和变流器 2 等效输出导纳和阻抗角;Y_{load}、φ_{load}-负荷导纳和阻抗角;U_{PCC}、θ_{PCC}-公共连接点电压和相角

在稳态工作点附近,向两变流器滤波电容电压引入小扰动$[\Delta\theta_1\quad\Delta\theta_2\quad\Delta U_{C\_1}\quad\Delta U_{C\_2}]^T$,得到系统的特征方程,如式(2.10)所示:

$$\begin{cases} A^+ X = 0 \\ X = \begin{bmatrix} \Delta\theta_1 & \Delta\theta_2 & \Delta U_{C\_1} & \Delta U_{C\_2} \end{bmatrix}^T \end{cases} \quad (2.10)$$

式中,A^+ 为正序回路的特征矩阵。

在正序回路中,设计虚拟阻抗主要包括如下目标:实现 P-f 和 Q-U 解耦、提高系统的稳定性和减小线路阻抗不匹配造成的无功分配偏差。但需指出的是,在重负载情况下,虚拟阻抗的引入会导致 PCC 电压幅值出现较大偏移。在本书所研究的模块化储能变流器并联系统中,网侧滤波电感 L_2 已足够使多变流器系统具备功率解耦条件,虚拟阻抗的设计不再考虑该需求。

接下来将根据表 2.1 所示储能变流器参数,分析正序虚拟阻抗对系统稳定性的影响。其中,零序电感能够实现开关频率零序电压的抑制,其设计主要考虑了电流纹波、带不平衡负荷的能力和电感存储的能量[7]。两台变流器采用相同的下垂控制参数,线路阻抗均为 100mH/0.02Ω,负荷为三相对称阻性负荷 4.8Ω(对应额定功率为 30kW),闭环系统特征值如图 2.9 所示。

从图 2.9 中可以看出,随着正序虚拟电感从 10μH 增加至 5mH,共轭极点(用 Eig.1 和 Eig.2 表示)逐渐转变为一对实极点,其中一个向实轴方向移动,系统转换

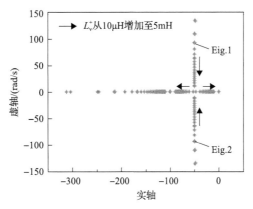

图 2.9　正序回路系统特征值

为过阻尼状态，可将这对极点的阻尼比 ζ^+ 作为衡量正序回路稳定程度的指标。

在功率均分方面，储能变流器采用 P-f 和 Q-U 下垂控制，由于频率 f 为全局量，线路阻抗不会影响有功功率 P 的均分性能。但电压幅值 U 为本地量，当线路阻抗不匹配时，无功功率无法均分，应设计正序虚拟阻抗使变流器等效输出阻抗远高于线路阻抗，以实现无功功率按虚拟阻抗设定比例分配。为了衡量变流器之间对正序无功功率的均分程度，定义正序单位无功环流，如式 (2.11) 所示，其中 Q_{load} 为负荷消耗的无功功率。

$$\lambda_Q^+ = \frac{|Q_1 - Q_2|}{Q_{\text{load}}} \times 100\% \tag{2.11}$$

式中，Q_1、Q_2 为两变流器输出的无功功率。

为了衡量 PCC 电压幅值偏移的程度，可定义电压幅值偏移率 λ_u^+：

$$\lambda_u^+ = \frac{|U_{\text{PCC}} - U^*|}{U^*} \times 100\% \tag{2.12}$$

式中，U_{PCC} 为负荷点电压。

假定第一台变流器线路阻抗变为 100mH/0.01Ω，第二台变流器线路阻抗变为 200mH/0.02Ω，负荷为感性负荷 30kvar。根据所建立的模型，得到不同的 L_v^+ 下 ζ^+、λ_Q^+ 和 λ_u^+ 的变化曲线，如图 2.10 所示。从图中可以看出，随着正序虚拟电抗的增加，正序单位无功环流逐渐减小，正序回路稳定程度增加。但需要指出的是，虚拟阻抗的增加导致了 PCC 电压幅值偏移增大。

2. 负序虚拟阻抗的影响

当正序系统稳定时，频率 ω 稳定，功率下垂环节生成的电压参考 $u_{\text{ref\_}\alpha}$ 和 $u_{\text{ref\_}\beta}$

为正序分量。负序回路中 *LCL* 滤波器模型可表示为图 2.11。

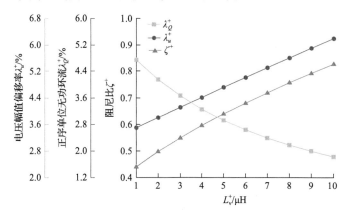

图 2.10　ζ^+、λ_Q^+ 和 λ_u^+ 与正序虚拟电抗之间的关系

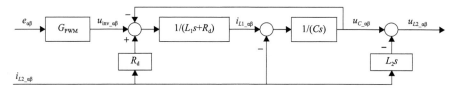

图 2.11　负序回路中 *LCL* 滤波器模型

$u_{L2\_\alpha\beta}$-变流器在滤波电感 L_2 之后的 α 轴、β 轴电压分量；G_{PWM}-调制环节

根据图 2.11，可建立负序回路数学模型，如式 (2.13) 所示。

$$\begin{cases} (u_{\text{inv}\_\alpha\beta} + R_d i_{L2\_\alpha\beta} - u_{C\_\alpha\beta})\dfrac{1}{L_1 s + R_d} = i_{L1\_\alpha\beta} \\[2mm] (i_{L1\_\alpha\beta} - i_{L2\_\alpha\beta})\dfrac{1}{Cs} = u_{C\_\alpha\beta} \\[2mm] (u_{C\_\alpha\beta} - u_{L2\_\alpha\beta})\dfrac{1}{L_2 s} = i_{L2\_\alpha\beta} \end{cases} \tag{2.13}$$

式中，$u_{\text{inv}\_\alpha\beta}$ 为桥臂电压。

联立式 (2.3)～式 (2.9)，并结合图 2.11 所示模型，可得两机并联系统负序回路的数学模型，如式 (2.14) 所示：

$$\begin{bmatrix} u_{\text{PCC}\_\alpha}^- \\ u_{\text{PCC}\_\beta}^- \end{bmatrix} = G_1^- \begin{bmatrix} u_{1\_\text{com}\_\alpha}^- \\ u_{1\_\text{com}\_\beta}^- \end{bmatrix} + G_2^- \begin{bmatrix} u_{2\_\text{com}\_\alpha}^- \\ u_{2\_\text{com}\_\beta}^- \end{bmatrix} + Z^- \begin{bmatrix} i_{L2\_\alpha}^- \\ i_{L2\_\beta}^- \end{bmatrix} \tag{2.14}$$

式中，$i_{L2\_\alpha\beta}^-$ 为负序电流；$u_{1\_\text{com}\_\alpha\beta}^-$ 和 $u_{2\_\text{com}\_\alpha\beta}^-$ 分别为变流器 1 和 2 的二次控制负序电压补偿量；G_1^- 和 G_2^- 分别为变流器 1 和 2 的负序电压控制矩阵；Z^- 为系统

负序阻抗矩阵；$u_{\text{PCC}\_\alpha}^{-}$、$u_{\text{PCC}\_\beta}^{-}$ 分别为公共连接点负序电压的 α 轴、β 轴分量。G_1^{-}、G_2^{-} 和 Z^{-} 具体表达式如下：

$$
\begin{cases}
G_1^{-} = (Z_{\text{line}\_1} + Z_{\text{inv1}}^{-})(Z_{\text{line}\_1} + Z_{\text{inv1}}^{-} + Z_{\text{line}\_2} + Z_{\text{inv2}}^{-})^{-1} \\
\qquad \times (Z_{\text{line}\_2} + Z_{\text{inv2}}^{-})(Z_{\text{line}\_1} + Z_{\text{inv1}}^{-})^{-1} G_{\text{inv1}}^{-} \\
G_2^{-} = (Z_{\text{line}\_1} + Z_{\text{inv1}}^{-})(Z_{\text{line}\_1} + Z_{\text{inv1}}^{-} + Z_{\text{line}\_2} + Z_{\text{inv2}}^{-})^{-1} G_{\text{inv2}}^{-} \\
Z^{-} = -(Z_{\text{line}\_1} + Z_{\text{inv1}}^{-})(Z_{\text{line}\_1} + Z_{\text{inv1}}^{-} + Z_{\text{line}\_2} + Z_{\text{inv2}}^{-})^{-1}(Z_{\text{line}\_2} + Z_{\text{inv2}}^{-})
\end{cases}
\tag{2.15}
$$

式中，Z_{line_1} 和 Z_{line_2} 为储能变流器 1 和 2 的线路阻抗矩阵；Z_{inv1}^{-}、Z_{inv2}^{-}、G_{inv1}^{-} 和 G_{inv2}^{-} 的具体表达式如下：

$$
\begin{cases}
Z_{\text{inv1/inv2}}^{-} = \begin{bmatrix} Z_{\alpha\alpha}^{-} & Z_{\alpha\beta}^{-} \\ Z_{\beta\alpha}^{-} & Z_{\beta\beta}^{-} \end{bmatrix} \\
G_{\text{inv1/inv2}}^{-} = \begin{bmatrix} G_{\alpha\alpha}^{-} & 0 \\ 0 & G_{\beta\beta}^{-} \end{bmatrix}
\end{cases}
\tag{2.16}
$$

其中，各变量具体表达式如下：

$$
\begin{cases}
Z_{\alpha\alpha}^{-} = \dfrac{L_1 s + \frac{1}{2}(R_{\text{v}}^{-} D - \omega L_{\text{v}}^{-} Q) G_{u\_\text{PR}} G_{i\_\text{p}} G_{\text{PWM}} + G_{i\_\text{p}} G_{\text{PWM}}}{L_1 C s^2 + (C G_{i\_\text{p}} G_{\text{PWM}} + C R_{\text{d}}) s + G_{u\_\text{PR}} G_{i\_\text{p}} G_{\text{PWM}} - G_{\text{PWM}} + 1} + L_2 s \\[4mm]
Z_{\beta\beta}^{-} = \dfrac{L_1 s + \frac{1}{2}(R_{\text{v}}^{-} D - \omega L_{\text{v}}^{-} Q) G_{u\_\text{PR}} G_{i\_\text{p}} G_{\text{PWM}} + G_{i\_\text{p}} G_{\text{PWM}}}{L_1 C s^2 + (C G_{i\_\text{p}} G_{\text{PWM}} + C R_{\text{d}}) s + G_{u\_\text{PR}} G_{i\_\text{p}} G_{\text{PWM}} - G_{\text{PWM}} + 1} + L_2 s \\[4mm]
Z_{\alpha\beta}^{-} = \dfrac{\frac{1}{2}(R_{\text{v}}^{-} Q + \omega L_{\text{v}}^{-} D) G_{u\_\text{PR}} G_{i\_\text{p}} G_{\text{PWM}}}{L_1 C s^2 + (C G_{i\_\text{p}} G_{\text{PWM}} + C R_{\text{d}}) s + G_{u\_\text{PR}} G_{i\_\text{p}} G_{\text{PWM}} - G_{\text{PWM}} + 1} \\[4mm]
Z_{\beta\alpha}^{-} = \dfrac{\frac{1}{2}(-R_{\text{v}}^{-} Q - \omega L_{\text{v}}^{-} D) G_{u\_\text{PR}} G_{i\_\text{p}} G_{\text{PWM}}}{L_1 C s^2 + (C G_{i\_\text{p}} G_{\text{PWM}} + C R_{\text{d}}) s + G_{u\_\text{PR}} G_{i\_\text{p}} G_{\text{PWM}} - G_{\text{PWM}} + 1} \\[4mm]
G_{\alpha\alpha}^{-} = \dfrac{G_{u\_\text{PR}} G_{i\_\text{p}} G_{\text{PWM}}}{L_1 C s^2 + (C R_{\text{d}} + C G_{i\_\text{p}} G_{\text{PWM}}) s + G_{u\_\text{PR}} G_{i\_\text{p}} G_{\text{PWM}} - G_{\text{PWM}} + 1} \\[4mm]
G_{\beta\beta}^{-} = \dfrac{G_{u\_\text{PR}} G_{i\_\text{p}} G_{\text{PWM}}}{L_1 C s^2 + (C R_{\text{d}} + C G_{i\_\text{p}} G_{\text{PWM}}) s + G_{u\_\text{PR}} G_{i\_\text{p}} G_{\text{PWM}} - G_{\text{PWM}} + 1}
\end{cases}
\tag{2.17}
$$

负序虚拟阻抗旨在减小线路阻抗差异导致的负序环流，但增加该虚拟阻抗值也会导致 PCC 电压负序分量增大。根据表 2.1 所示变流器参数，且第一台变流器线路阻抗为 100μH/0.01Ω，第二台变流器线路阻抗为 200μH/0.02Ω，下面通过分析式(2.14)中系统等效负序阻抗矩阵 Z 中各元素的 Bode(伯德)图来分析负序虚拟阻抗的影响，具体如图 2.12 所示。

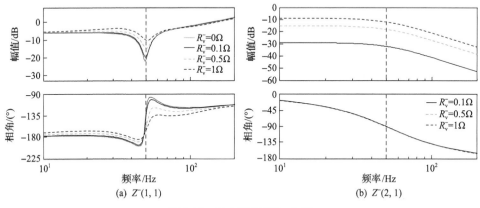

图 2.12　Z 主要元素 Bode 图

从图 2.12 中可以看出：①对角元素(即 α-α 轴和 β-β 轴阻抗)在 50Hz 附近幅频和相频特性一致，幅频特性幅值随负序虚拟电阻的增加而增加；②非对角元素(即 α-β 轴和 β-α 轴阻抗)在 50Hz 附近相频特性互差 180°，幅频特性幅值随负序虚拟电阻的增加而增加，由此表明变流器的负序输出阻抗是可控的。

负序虚拟阻抗对系统负序电压控制矩阵 G_1 中各元素 Bode 图的影响如图 2.13 所示，在 50Hz 附近，其对角元素幅频和相频特性一致，非对角元素幅频特性一致而相频特性互差 180°。

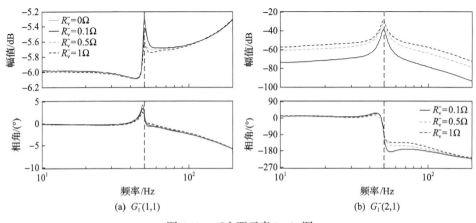

图 2.13　G_1 主要元素 Bode 图

值得注意的是，对于两机并联系统，当 R_v^- 充分大时，Z 对角元素在 50Hz 附近幅值略高于 R_v^- 的 1/4(R_v^-=1Ω 时，$|Z^-(1,1)|=-10.35$dB)；Z 非对角元素在 50Hz 附近幅值等于 R_v^- 的 1/4(R_v^-=1Ω 时，$|Z^-(2,1)|=-12$dB)。这是式(2.4)中电流提取环节变换矩阵的各元素在 50Hz 附近具有 1/2 的增益和电压电流控制中的交流电压前馈造成的。G_1^- 对角元素在 50Hz 附近幅值约等于 R_v^- 的 1/2(R_v^-=1Ω 时，$|G_1^-(1,1)|=-5.6$dB)，非对角元素幅值较小(R_v^-=1Ω 时，$|G_1^-(2,1)|=-29$dB)，可忽略不计。

考虑到稳态下负序电流的 αβ 分量集中于 50Hz 附近，α 分量滞后于 β 分量 90°，通过提取该频段 G_1^-、G_2^- 和 Z 中各元素的幅频和相频特性，得到式(2.14)的简化形式，如式(2.18)所示，即负序回路等效阻抗主要由负序虚拟阻抗决定。

$$
\begin{bmatrix} u_{\mathrm{PCC\_\alpha}}^- \\ u_{\mathrm{PCC\_\beta}}^- \end{bmatrix} \approx \begin{bmatrix} 1/2 & 0 \\ 0 & 1/2 \end{bmatrix} \begin{bmatrix} u_{1\_\mathrm{com\_\alpha}}^- \\ u_{1\_\mathrm{com\_\beta}}^- \end{bmatrix} + \begin{bmatrix} 1/2 & 0 \\ 0 & 1/2 \end{bmatrix} \begin{bmatrix} u_{2\_\mathrm{com\_\alpha}}^- \\ u_{2\_\mathrm{com\_\beta}}^- \end{bmatrix} - \frac{R_v^-}{2} \begin{bmatrix} 1 & 0 \\ 0 & 1 \end{bmatrix} \begin{bmatrix} i_{L2\_\alpha}^- \\ i_{L2\_\beta}^- \end{bmatrix} \quad (2.18)
$$

为了进一步分析负序虚拟阻抗对于系统稳定性的影响，绘制闭环系统特征值，如图 2.14 所示，随着 R_v^- 从 0.1Ω 增加至 1Ω，Eig.1 和 Eig.2 缓慢向虚轴靠近，对系统稳定性影响不明显。

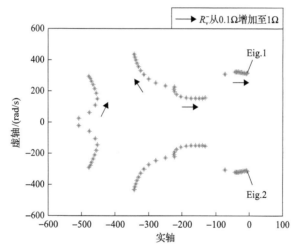

图 2.14 负序回路传递函数的闭环特征值

为了衡量变流器之间的负序环流，定义负序单位环流 λ_i^-：

$$
\lambda_i^- = \sqrt{\left.\frac{\left(\Delta i_{L2\_\alpha}^-\right)^2 + \left(\Delta i_{L2\_\beta}^-\right)^2}{\left(i_{L2\_\alpha}^-\right)^2 + \left(i_{L2\_\beta}^-\right)^2}\right|_{\omega=\omega^*}} \times 100\% \quad (2.19)
$$

式中

$$\begin{bmatrix} \Delta i_{L2\_\alpha}^- \\ \Delta i_{L2\_\beta}^- \end{bmatrix} = \begin{bmatrix} i_{L2\_1\_\alpha}^- \\ i_{L2\_1\_\beta}^- \end{bmatrix} - \begin{bmatrix} i_{L2\_2\_\alpha}^- \\ i_{L2\_2\_\beta}^- \end{bmatrix} \tag{2.20}$$

其中，$i_{L2\_1\_\alpha}^-$ 和 $i_{L2\_1\_\beta}^-$ 为变流器 1 输出电流负序的 α 轴、β 轴分量；$i_{L2\_2\_\alpha}^-$ 和 $i_{L2\_2\_\beta}^-$ 为变流器 2 输出电流负序的 α 轴、β 轴分量。

为了衡量单位负序电流对 PCC 负序电压影响的程度，定义指标如下：

$$\lambda_u^- = \sqrt{\frac{\left(u_{PCC\_\alpha}^- \right)^2 + \left(u_{PCC\_\beta}^- \right)^2}{\left(i_{L2\_\alpha}^- \right)^2 + \left(i_{L2\_\beta}^- \right)^2}} \Bigg|_{\omega=\omega^*} \tag{2.21}$$

负序虚拟电阻 R_v^- 从 0.1Ω 变化至 1Ω 时，λ_i^- 和 λ_u^- 变化情况如图 2.15 所示。

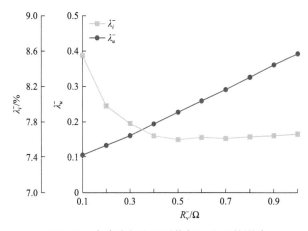

图 2.15　负序虚拟电阻对指标 λ_i^- 和 λ_u^- 的影响

从图 2.15 中可以看出，随着 R_v^- 的增加，λ_i^- 逐渐减小并趋近于 7.6% 附近，而 λ_u^- 逐渐增大，表明负序虚拟电阻能够有效减小变流器之间的负序环流，但会导致 PCC 负序电压分量增加。

3. 零序虚拟阻抗的影响

基于与负序回路分析同样的建模方法，可得零序回路中 LCL 滤波器模型，如图 2.16 所示。

由图 2.16 可得其数学模型，如式(2.22)所示：

$$\begin{cases}(u_{\text{inv\_0}}+R_{\text{d}}i_{L2\_0}-u_{C\_0})\dfrac{1}{(L_1+3L_\text{n})s+R_\text{d}}=i_{L1\_0}\\[2mm](i_{L1\_0}-i_{L2\_0})\dfrac{1}{Cs}=u_{C\_0}\\[2mm](u_{C\_0}-u_{L2\_0})\dfrac{1}{L_2s}=i_{L2\_0}\end{cases}\tag{2.22}$$

式中，$u_{\text{inv\_0}}$ 为桥臂零序电压。与负序回路不同的是，零序回路中逆变器侧等效滤波电感变为 L_1+3L_n，L_1 是逆变侧滤波电感，L_n 为中性线回路电感。

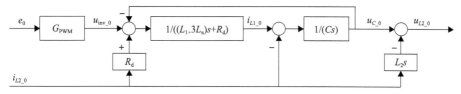

图 2.16　零序回路中 LCL 滤波器模型

e_0-零序调制电压分量；i_{L2_0}-变流器输出电流零序分量

根据式 (2.3)~式 (2.9)，结合图 2.16 所示相关零序回路模型，可得两机并联系统零序回路的传递函数模型，如式 (2.23) 所示：

$$u_{\text{PCC\_0}}=G_{0\_1}u_{1\_\text{com\_0}}+G_{0\_2}u_{2\_\text{com\_0}}+Z_0i_{L2\_0}\tag{2.23}$$

式中，$u_{1\_\text{com\_0}}$ 和 $u_{2\_\text{com\_0}}$ 分别为变流器 1 和 2 的二次控制零序电压补偿量；G_{0_1} 和 G_{0_2} 分别为变流器 1 和 2 的零序电压控制传递函数；Z_0 为系统零序阻抗传递函数。G_{0_1}、G_{0_2}、Z_0 的具体表达式如下：

$$\begin{cases}G_{0\_1}=\dfrac{(Z_{\text{line\_2}}+Z_{\text{inv2\_0}})G_{\text{inv1\_0}}}{Z_{\text{line\_1}}+Z_{\text{inv1\_0}}+Z_{\text{line\_2}}+Z_{\text{inv2\_0}}}\\[4mm]G_{0\_2}=\dfrac{(Z_{\text{line\_1}}+Z_{\text{inv1\_0}})G_{\text{inv2\_0}}}{Z_{\text{line\_1}}+Z_{\text{inv1\_0}}+Z_{\text{line\_2}}+Z_{\text{inv2\_0}}}\\[4mm]Z_0=-\dfrac{(Z_{\text{line\_1}}+Z_{\text{inv1\_0}})(Z_{\text{line\_2}}+Z_{\text{inv2\_0}})}{Z_{\text{line\_1}}+Z_{\text{inv1\_0}}+Z_{\text{line\_2}}+Z_{\text{inv2\_0}}}\end{cases}\tag{2.24}$$

式中，$Z_{\text{inv1\_0}}$、$Z_{\text{inv2\_0}}$、$G_{\text{inv1\_0}}$ 和 $G_{\text{inv2\_0}}$ 的表达式如下：

$$\begin{cases}Z_{\text{inv1/inv2\_0}}=\dfrac{(L_1+3L_\text{n})s+R_{v\_0}G_{u\_\text{PR}}G_{i\_\text{P}}G_{\text{PWM}}+G_{i\_\text{P}}G_{\text{PWM}}}{(L_1+3L_\text{n})Cs^2+(CG_{i\_\text{P}}G_{\text{PWM}}+CR_\text{d})s+G_{u\_\text{PR}}G_{i\_\text{P}}G_{\text{PWM}}-G_{\text{PWM}}+1}+L_2s\\[4mm]G_{\text{inv1/inv2\_0}}=\dfrac{G_{u\_\text{PR}}G_{i\_\text{P}}G_{\text{PWM}}}{(L_1+3L_\text{n})Cs^2+(CR_\text{d}+CG_{i\_\text{P}}G_{\text{PWM}})s+G_{u\_\text{PR}}G_{i\_\text{P}}G_{\text{PWM}}-G_{\text{PWM}}+1}\end{cases}$$

$$\tag{2.25}$$

设计零序虚拟阻抗的目的是减小线路阻抗差异导致的零序环流。但从后续分析中可知,增加零序虚拟阻抗值会导致 PCC 电压零序分量增大,恶化电压电能质量。零序虚拟阻抗对系统等效阻抗 Z_0 的 Bode 图的影响如图 2.17(a) 所示,从图中可以看出,在 50Hz 附近幅频特性随零序虚拟电阻的增加而增加,由此表明变流器的零序输出阻抗是可控的。零序虚拟阻抗对零序电压控制传递函数 G_{0_1} 的 Bode 图的影响如图 2.17(b) 所示,其幅频和相频特性受零序虚拟电阻影响较小。对于两机并联系统,当 R_{v_0} 充分大时,Z_0 在 50Hz 附近幅值约等于 R_{v_0} 的 $1/2$($R_{v\_0}=$ 1Ω 时,$Z_0=-5$dB 设计,G_{0_1} 在 50Hz 附近幅值约等于 R_{v_0} 的 $1/2$($R_{v\_0}=1\Omega$ 时,$G_{0\_1}=$ -6dB)。

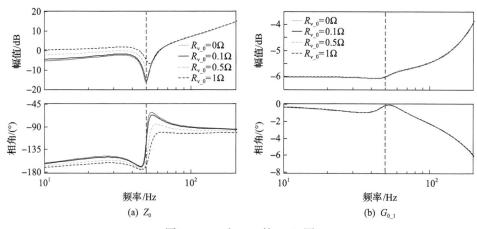

图 2.17　Z_0 和 G_{0_1} 的 Bode 图

考虑到稳态下零序电流集中于 50Hz 附近,通过提取该频段 G_{0_1}、G_{0_2} 和 Z_0 的幅频和相频特性,得到式(2.23)的简化形式,如式(2.26)所示,即零序回路等效阻抗主要由零序虚拟阻抗决定。

$$u_{\text{PCC}\_0} = \frac{1}{2}u_{1\_\text{com}\_0} + \frac{1}{2}u_{2\_\text{com}\_0} - \frac{R_{v\_0}}{2}i_{L2\_0} \tag{2.26}$$

为了进一步分析零序虚拟阻抗对于系统稳定性的影响,绘制零序回路闭环传递函数特征值,如图 2.18 所示。随着 R_{v_0} 从 0.1Ω 增加至 2Ω,共轭极点 Eig.1 和 Eig.2 向靠近虚轴的方向移动,阻尼比减小,共轭极点 Eig.3 和 Eig.4 向远离虚轴的方向移动,阻尼比增加,系统总体稳定性变化不大。

为了衡量变流器之间的零序环流,定义零序单位环流 λ_{i_0}:

$$\lambda_{i\_0} = \left.\frac{\Delta i_{L2\_0}}{i_{L2\_0}}\right|_{\omega=\omega^*} \times 100\% \tag{2.27}$$

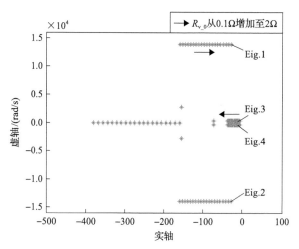

图 2.18　零序回路闭环传递函数的特征值

式中

$$\Delta i_{L2\_0} = i_{L2\_1\_0} - i_{L2\_2\_0} \tag{2.28}$$

式中，$i_{L2\_1\_0}$ 与 $i_{L2\_2\_0}$ 分别为变流器 1 和 2 输出电流零序分量。

　　为了衡量零序电流对 PCC 零序电压影响的程度，定义

$$\lambda_{u\_0} = \left. \frac{u_{PCC\_0}}{i_{L2\_0}} \right|_{\omega=\omega^*} \tag{2.29}$$

　　根据所建立的负序模型，当零序虚拟电阻 R_{v_0} 从 0.1Ω 变化至 1Ω 时，其对指标 λ_{i_0} 和 λ_{u_0} 的影响情况如图 2.19 所示。从图中可以看出，随着 R_{v_0} 的增加，λ_{i_0}

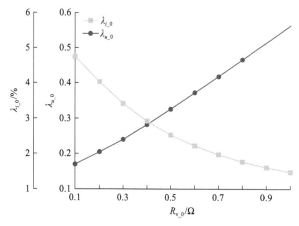

图 2.19　λ_{i_0} 和 λ_{u_0} 与零序虚拟电阻之间的关系

逐渐减小，λ_{u_0} 逐渐增大，结果表明尽管零序虚拟电阻能有效改善多变流器之间零序电流的均分程度，但也导致 PCC 零序电压分量增加。

4. 直流电压对虚拟阻抗设计的约束

当不平衡负荷接入时，如果负序和零序虚拟阻抗设置过大，轻载相的电压易出现过调制现象。为保证正常电压调制，直流母线电压的一半应高于储能变流器任一相的滤波电容、滤波电感和零序电感上的压降之和。以 A 相为例，上述约束可表述为

$$\frac{u_{dc}}{2} \geqslant \left| j\omega L_1 \dot{I}_a + j\omega L_v^+ \dot{I}^+ + R_v^- \dot{I}^- + (R_{v\_0} + j\omega L_n)\dot{I}_0 + \dot{U} \right| \tag{2.30}$$

式中，u_{dc} 为直流电压；$\dot{I}_a$、$\dot{I}^+$、$\dot{I}^-$、$\dot{I}_0$ 和 $\dot{U}$ 分别为 A 相电流、正序电流、负序电流、零序电流和下垂环节产生电压参考的相量。

考虑一种典型工况，当系统连接有三相功率因数相同、模值相互独立的负载时，$\dot{I}_a$、$\dot{I}^+$ 和 $\dot{I}_0$ 幅值分别为 I_n、$I_n/3$ 和 $I_n/3$，I_n 为额定电流幅值。式 (2.30) 右侧表达式的最大值可表示为

$$\left| j\omega L_1 \dot{I}_a + j\omega L_v^+ \dot{I}^+ + R_v^- \dot{I}^- + (R_{v\_0} + j\omega L_n)\dot{I}_0 + \dot{U} \right| \leqslant \left| j\omega L_1 \dot{I}_a \right| + \left| j\omega L_v^+ \dot{I}^+ \right| + \left| R_v^- \dot{I}^- \right|$$

$$+ \left| (R_{v\_0} + j\omega L_n)\dot{I}_0 \right| + \left| \dot{U} \right| \leqslant I_n \left(\omega(L_1 + L_v^+) + \frac{R_v^- + \sqrt{R_{v\_0}^2 + (\omega L_n)^2}}{3} \right) + U_{max} \tag{2.31}$$

式中，U_{max} 为下垂控制产生电压参考幅值的最大值。

综上分析，在进行虚拟阻抗设计时，还需考虑式 (2.32) 的直流电压约束，否则可能出现过调制现象，进而影响电能质量。

$$\frac{u_{dc}}{2} \geqslant I_n \left(\omega(L_1 + L_v^+) + \frac{R_v^- + \sqrt{R_{v\_0}^2 + (\omega L_n)^2}}{3} \right) + U_{max} \tag{2.32}$$

2.3　微电网三相电压平衡与恢复控制

在 2.2 节分析中，三相四线制变流器并联系统通过合理设计正序、负序和零序虚拟阻抗，能够减小线路阻抗不匹配的影响，实现稳态下对称和不对称电流的均分，同时保证系统的稳定裕度和暂态响应能力。然而，三序虚拟阻抗均导致 PCC

电压畸变程度随负载增加，会出现幅值偏移和不对称分量。针对此问题，本节提出了一种基于低带宽通信的 PCC 三相电压平衡与恢复控制方法，分别对各变流器中正序、负序和零序电压参考值进行补偿，实现 PCC 电压在不同负载条件下保持额定幅值与三相对称。

2.3.1　三相电压不平衡补偿控制

如图 2.4 所示，储能变流器就地控制器与 MGCC 之间采用低带宽通信网络。控制器局域网络(controller area network，CAN)通信广泛应用于工业现场，成为实现低带宽通信的主要方式。储能就地控制器内嵌下垂控制、虚拟阻抗和电压电流控制等算法，实现单台变流器的控制、驱动和保护功能。MGCC 采集 PCC 电压并进行电压不平衡补偿控制，以获取正序、负序和零序电压补偿信号，通过 CAN 通信下发至各本地控制器，实现 PCC 电压的恢复控制。

本节提出的电压不平衡补偿控制算法如图 2.20 所示，包括电压提取、三序电压 dq 变换、补偿信号生成、补偿信号变换四部分。

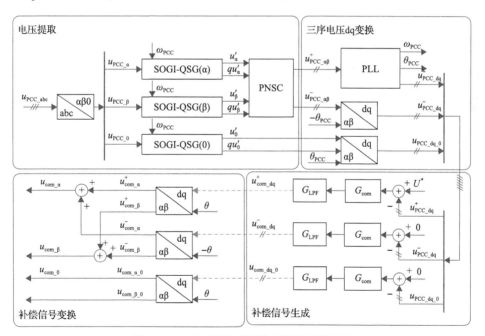

图 2.20　电压不平衡补偿控制算法结构框图

为了保证低带宽通信的有效性，传输的信号应接近直流信号，正序、负序和零序电压的补偿均转换到旋转坐标系下实现。主要包括以下步骤：①使用 SOGI-QSG 提取 PCC 电压正序、负序和零序分量，对正序分量进行锁相，获取频率 ω_{PCC} 和相角 θ_{PCC}(锁相环输出相角，也即电网电压相角)；②将正序分量在 θ_{PCC} 所确定的旋转坐标系中进行 dq 变换，将负序分量在−θ_{PCC} 所确定的与正序分量同频反向的旋转坐标系中进行 dq 变换，将零序分量在 θ_{PCC} 所确定的旋转坐标系中进行 dq 变换；③在相应的旋转坐标系中对三序分量分别进行比例积分 (PI) 控制 (G_{com}，比例参数和积分参数分别为 k_{p_com} 和 k_{i_com}) 和低通滤波 (G_{LPF}，时间常数为 T_{LPF_com})，并将电压补偿量通过 CAN 通信下发至各变流器单元。其中，正序 d 轴分量参考值为 U^*，负序 dq 轴、零序 dq 轴分量参考值为零。

变流器就地控制器中的电压恢复控制算法如图 2.20 中"补偿信号变换"部分所示。其中，θ 为功率下垂环节生成相角，由于变流器出口与 PCC 电压相角偏差较小，认为 $\theta \approx \theta_{PCC}$，即 θ 所确定的旋转坐标系与 θ_{PCC} 所确定的旋转坐标系保持一致，$-\theta$ 所确定的旋转坐标系与 $-\theta_{PCC}$ 所确定的旋转坐标系保持一致。分别将正序、负序和零序分量按照相角 θ、$-\theta$ 和 θ 进行反 dq 变换，合成后得到 αβ0 坐标系下的电压补偿量，增加到图 2.4 所示位置实现电压幅值偏移及不平衡的补偿。

2.3.2 关键控制参数的影响分析

由于电压恢复控制带宽较低，可以忽略 MGCC 中 PCC 电压提取及锁相环动态和各变流器单元电压补偿信号的动态特性。考虑到正序负载和电压幅值、PCC 电压之间的关系，并且将式 (2.18) 和式 (2.26) 分别转换至 $-\theta$ 和 θ 所确定的旋转坐标系中，得到简化的负序和零序电压补偿的闭环传递函数。如式 (2.33) 所示，在稳态工作点附近，ΔY_{load}、Δi_{dq}^{-} 和 Δi_{dq_0} 分别为正序负荷、负序和零序电流扰动，ΔU_{PCC}、$\Delta u_{PCC\_dq}^{-}$ 和 $\Delta u_{PCC\_dq\_0}$ 分别为 PCC 正序、负序和零序电压扰动输出。

$$\begin{cases} \Delta U_{PCC} = \dfrac{\dfrac{\partial U_{PCC}}{\partial Y_{Load}}}{2\dfrac{\partial U_{PCC}}{\partial U_{C\_1}} G_{com} G_{LPF} G_{CAN} + 1} \Delta Y_{load} \\[4mm] \Delta u_{PCC\_dq}^{-} = \dfrac{-R_v^{-}}{2(G_{com} G_{LPF} G_{CAN} + 1)} \Delta i_{dq}^{-} \\[4mm] \Delta u_{PCC\_dq\_0} = \dfrac{-R_{v\_0}}{2(G_{com} G_{LPF} G_{CAN} + 1)} \Delta i_{dq\_0} \end{cases} \quad (2.33)$$

式中，G_{CAN} 为低带宽通信环节造成的延时，采用零阶保持器可表示为

$$G_{CAN} = \frac{T_{CAN}(1 - e^{-T_{CAN}s})}{s} \quad (2.34)$$

其中，T_{CAN} 为 CAN 通信周期。

采用二阶帕德(Pade)逼近纯延时环节，得到 CAN 通信的传递函数为

$$G_{CAN} \approx \cfrac{\cfrac{12}{T_{CAN}^2}}{s^2 + \cfrac{6}{T_{CAN}}s + \cfrac{12}{T_{CAN}^2}} \tag{2.35}$$

以负序电压补偿为例，下面对主要控制参数对闭环系统稳定性及动态响应的影响进行分析。如图 2.21(a)所示，随着 T_{LPF} 的增加，闭环极点 Eig.1 和 Eig.2 向靠近虚轴的方向移动，电压恢复超调量增加，系统稳定性降低；T_{CAN} 在较宽的范围内(1~100ms)变化对系统动态和稳定性的影响较小，表明本节所提电压恢复控制方法对于通信带宽具有较低的需求。

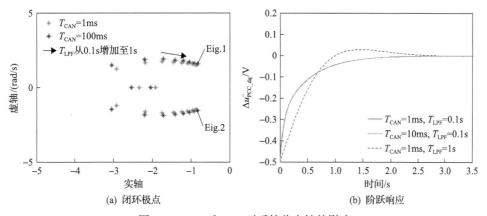

图 2.21　T_{CAN} 和 T_{LPF} 对系统稳定性的影响

每个通信周期需要传输五个数据($u_{com\_d}^+$，$u_{com\_d}^-$，$u_{com\_q}^-$，$u_{com\_d\_0}$，$u_{com\_q\_0}$)，CAN 通信采用扩展帧结构，每帧 128bit，其中包含有效数据 64bit，按有符号 16 位数进行传输共需要 2 帧。表 2.2 给出了不同通信速率对应任意两个节点间的最大总线长度和完成单次通信所需时间，当负载率采用典型值 30%时，可得到最小通信周期。所以，T_{LPF} 和 T_{CAN} 的整定原则可总结如下：①T_{LPF} 应取较小值以保证系统的稳定性，同时要避免过小导致电压恢复控制与本地电压控制带宽之间的耦合；②T_{CAN} 应大于不同最大总线长度所对应的最小通信周期。

如图 2.22(a)所示，随着 k_{p_com} 的增加，闭环极点 Eig.1 和 Eig.2 向靠近实轴的方向移动，阻尼比增大并转化为过阻尼状态，电压恢复速度加快；随着 k_{i_com} 的增加，闭环极点 Eig.1 和 Eig.2 阻尼比减小，电压恢复速度加快，超调量增加。所以，k_{p_com} 和 k_{i_com} 应根据对电压恢复控制的动态响应需求进行整定，同时避免取值过大导致电压恢复控制与本地电压控制带宽之间的耦合。

表 2.2　CAN 通信参数

通信速率/(Mbit/s)	最大总线长度/m	完成单次通信所需时间/ms	最小通信周期/ms
1	40	0.256	0.85
0.5	130	0.512	1.7
0.125	530	2	6.7
0.05	1300	5.12	17

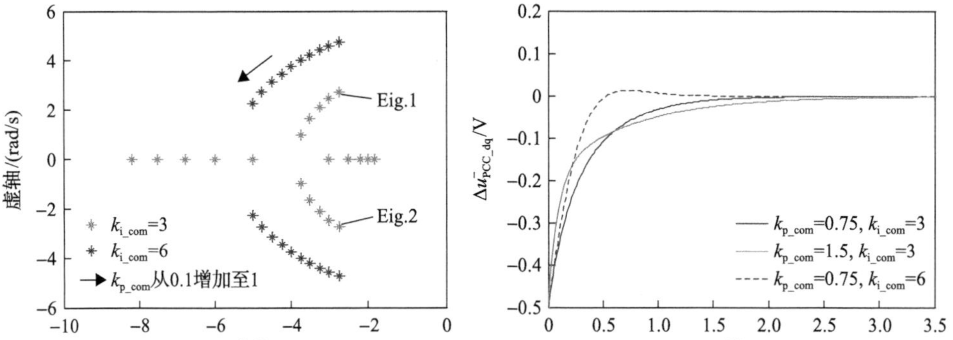

图 2.22　k_{p_com} 和 k_{i_com} 对系统稳定性的影响

2.4　仿真与实验验证

2.4.1　仿真验证

1. 仿真系统描述

为了验证所提出的基于低带宽通信的 PCC 电能质量二次控制方法的有效性，根据表 2.1 储能变流器参数，使用 MATLAB/Simulink 软件建立两台变流器并联电磁暂态仿真模型，其中，第一台变流器线路阻抗为 100mH/0.01Ω，第二台变流器线路阻抗为 200mH/0.02Ω。为了对电压不平衡度进行定量描述，引入电压不平衡因数（voltage unbalance factor，VUF），定义如下：

$$\begin{cases} \mathrm{VUF}^- = \dfrac{\left|u_{\mathrm{PCC}}^-\right|}{\left|u_{\mathrm{PCC}}^+\right|} \times 100\% \\[4mm] \mathrm{VUF}^0 = \dfrac{\left|u_{\mathrm{PCC\_0}}\right|}{\left|u_{\mathrm{PCC}}^+\right|} \times 100\% \end{cases} \qquad (2.36)$$

式中，$|u_{\mathrm{PCC}}^+|$、$|u_{\mathrm{PCC}}^-|$ 和 $|u_{\mathrm{PCC\_0}}|$ 分别为 PCC 正序、负序和零序电压幅值；VUF^-、VUF^0 分别为负序、零序电压不平衡度。

2. 仿真结果

1）仿真工况一

设置系统正序虚拟电抗 $L_v^+=0.5\mathrm{mH}$，负序和零序虚拟阻抗均为零，$t<1\mathrm{s}$ 时系统运行于轻载状态（约为 3kW）；$t=1\mathrm{s}$ 时刻投入三相对称负载 30kW+30kvar，仿真结果如图 2.23（a）所示。有功功率均分过程存在明显振荡，无功功率分配误差为 1.5kvar，PCC 电压幅值偏移为 17.5V。

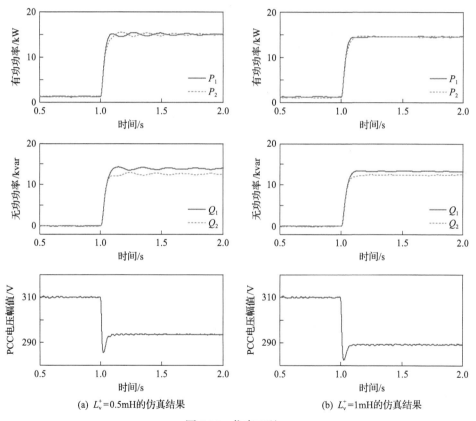

(a) $L_v^+=0.5\mathrm{mH}$ 的仿真结果　　　　　　(b) $L_v^+=1\mathrm{mH}$ 的仿真结果

图 2.23　仿真工况一

若将正序虚拟电抗增加为 $L_v^+=1\mathrm{mH}$，其余参数和负荷变化情况与图 2.23（a）中一致，仿真结果如图 2.23（b）所示。可以看到，有功功率振荡减小，无功功率分配误差为 0.8kvar，但 PCC 电压幅值偏移增大为 22V。仿真结果说明，随着正序虚拟电抗的增加，系统阻尼增强，无功功率分配误差减小，但导致 PCC 电压幅值偏移增大，验证了 2.2.2 节中理论分析的正确性。

2）仿真工况二

仿真工况如下：正序虚拟电抗 L_v^+=1mH，A 相负载为 16kW，在 $t<$1s 时负序虚拟阻抗和零序虚拟阻抗均设置为零；在 t=1s 时，负序虚拟电阻调整至 R_v^-=0.5Ω，零序虚拟电阻设置为 R_{v_0}=1Ω。在上述工况下，相应仿真结果如图 2.24 所示。

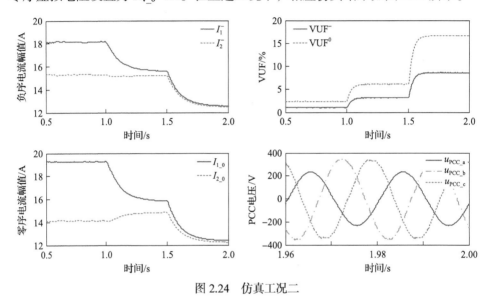

图 2.24　仿真工况二

从图 2.24 中可以看出，两台变流器之间的负序电流环流从 2.8A 下降至 0.35A，零序电流环流从 5.1A 下降至 1.04A。但同时也能看出指标 VUF⁻ 从 1%上升至 3.2%，VUF⁰ 从 2.35%上升至 6.1%。t=1.5s 时刻负序虚拟电阻和零序虚拟电阻进一步增加为 R_v^-=2Ω 和 R_{v_0}=4Ω。系统维持稳定，但 B、C 两相电压出现了明显的过调制现象。仿真结果说明，随着负序和零序虚拟电阻的增加，负序和零序电流分配误差减小，但导致 PCC 电压不平衡度增加，且轻载相可能会出现过调制现象，验证了 2.2.2 节中理论分析的正确性。

3）仿真工况三

该工况主要用于验证 2.3 节中的 PCC 电压不平衡补偿控制效果。具体仿真工况如下：设置变流器正序虚拟电抗 L_v^+=1mH，负序虚拟电阻 R_v^-=0.5Ω，零序虚拟电阻 R_{v_0}=1Ω，A 相负载为 10kW，B 相负载为 13kW，C 相负载为 16kW；在 t=1s 时刻，使能二次控制，仿真工况和结果如图 2.25 所示。

从图 2.25 中可以看出，二次控制使能前，PCC 处 A 相、B 相和 C 相电压幅值分别为 311V、305V 和 298V，二次控制使能后，三相电压幅值分别调整为 311V、313V 和 309V，PCC 电压 VUF⁻ 从 1.1%下降至 0.56%，VUF⁰ 从 1.9%下降至 0.3%，

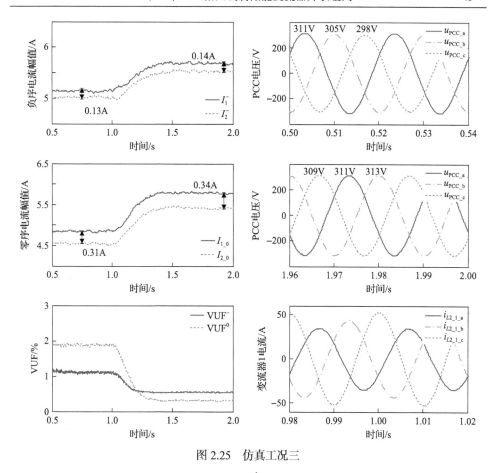

图 2.25　仿真工况三

有效改善了电压电能质量,能够实现不平衡负载下 PCC 三相电压平衡与恢复控制。同时,从结果中还可以看出,所提方法对于电流均分精度几乎不产生影响,如二次控制使能前后负序电流环流分别为 0.13A 和 0.14A,零序电流环流分别为0.31A 和 0.34A。

4) 仿真工况四

该仿真主要用于验证和测试 2.3 节中的 PCC 电能质量二次控制算法的动态响应特性。仿真工况如下:正序虚拟电抗 $L_v^+ =1$mH,负序虚拟电阻 $R_v^- =0.5\Omega$,零序虚拟电阻 $R_{v\_0}=1\Omega$,使能二次控制;$t=0.5$s 时刻 A 相负载为 10kW,B 相负载为10kW,C 相负载为 10kW;在 $t=1$s 时刻,A 相负载增加 10kW,仿真结果如图 2.26所示。

从图 2.26 中可以看出,VUF$^-$ 和 VUF^0 经 0.5s 左右恢复至负载投入前稳态值,其恢复时间随低通滤波时间常数 T_{LPF} 的增加而增加。仿真结果证明,所提出的 PCC电压不平衡补偿方法具有良好的动态特性。

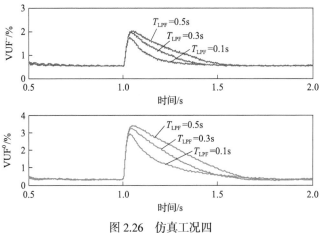

图 2.26　仿真工况四

2.4.2　实验验证

1. 实验系统描述

为了验证所提出的基于低带宽通信的 PCC 电压不平衡补偿方法, 根据表 2.1 所示储能变流器参数, 搭建两台 30kW 储能变流器并联实验系统, 如图 2.27 所示, 其中储能变流器 1 线路阻抗为零, 储能变流器 2 线路阻抗为 500μH。

图 2.27　实验系统

2. 实验结果

1) 实验工况一

实验工况如下: 储能变流器正序、负序和零序虚拟阻抗均设置为零, A 相、

B 相和 C 相负载分别为 9kW、3kW 和 1kW。实验结果如图 2.28 所示,从图中可以看出,PCC 三相电压幅值分别为 310V、314V 和 308V。可见,在不平衡负荷情况下,在没有投入虚拟阻抗和二次控制条件下,三相电压出现了不平衡,且两台储能变流器输出电流因线路阻抗的差异也未实现均分。

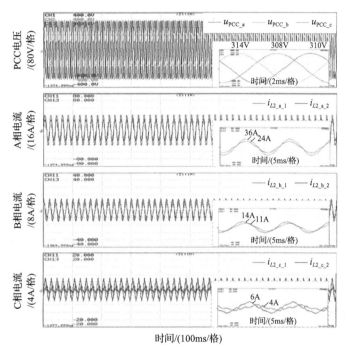

图 2.28　实验工况一:未增加虚拟阻抗的实验结果

作为与上述工况的对比,在其他参数相同的情况下,设置储能变流器正序虚拟电抗 L_v^+=1mH,负序虚拟电阻 R_v^-=1Ω,零序虚拟电阻 R_{v_0}=2Ω。相关实验结果如图 2.29 所示。从图中可以看出,加入分序虚拟阻抗能够明显改善储能变流器之间输出电流的均分性能,但也造成了 PCC 电压幅值偏移增大,不平衡度增加,如PCC 三相电压幅值分别为 296V、313V 和 319V。

2) 实验工况二

该工况主要用于验证 2.3 节提出的 PCC 电压不平衡补偿方法的有效性。具体实验工况如下:变流器正序、负序和零序虚拟阻抗分别设置为 1mH、1Ω 和 2Ω,A 相、B 相和 C 相接入负载分别为 8kW、3kW 和 3kW;在 t_1 时刻使能电压不平衡补偿控制算法。相关实验结果如图 2.30 所示。

从图 2.30 中可以看出,在投入电压不平衡补偿控制算法后,PCC 三相电压幅值分别由 296V、320V 和 319V 恢复至 308V、312V 和 311V,在将电压恢复至额定值的同时显著降低了三相电压不平衡度。

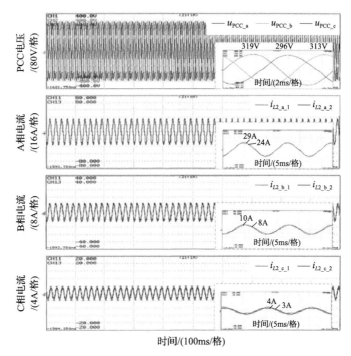

图 2.29　实验工况一的对比工况：增加虚拟阻抗后的实验结果

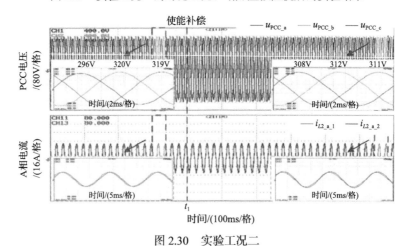

图 2.30　实验工况二

2.5　本　章　小　结

本章围绕独立交流微电网中三相四线制储能变流器并联运行，定量讨论了分序虚拟阻抗设计对于变流器之间电流均分精度、PCC 电压质量和系统稳定性的影响。正序虚拟电抗能够增强系统稳定性，减小无功分配误差，但造成了 PCC 电压幅值偏移增大；负序和零序虚拟电阻能够减小负序和零序电流分配误差，但造成 PCC 电压负序和零序含量增加。针对分序虚拟阻抗造成 PCC 电压质量下降的问题，本章提出了一种基于低带宽通信的 PCC 电压不平衡补偿方法，将电压补偿量转换至旋转坐标系中进行传输，给出了通信及控制参数的整定原则。仿真和实验结果均表明，该方法既能实现 PCC 电压幅值和三相对称的恢复，还能避免对电流均分精度造成影响，具备良好的动态性能。

参 考 文 献

[1] Liu R, Guo L, Li X L. Coordinated control of parallel three-phase four-wire converters in autonomous AC microgrids[J]. CSEE Journal of Power and Energy Systems, 2021, 10(5): 2065-2078.

[2] Guo L, Liu R, Li X L, et al. Neutral point potential balancing method for three-level power converters in two-stage three-phase four-wire power conversion system[J]. IET Power Electronics, 2020, 13(12): 2618-2627.

[3] 张钢, 杜会卿, 陈艺铭, 等. 基于相位延迟的三电平 Boost 变换器中点电位平衡控制策略[J]. 中国电机工程学报, 2017, 37(20): 6050-6058.

[4] Rodriguez P, Luna A, Candela I, et al. Multi-resonant frequency-locked loop for grid synchronization of power converters under distorted grid conditions[J]. IEEE Transactions on Industrial Electronics, 2011, 58(1): 127-138.

[5] He J W, Li Y W, Blaabjerg F. An enhanced islanding microgrid reactive power, imbalance power, and harmonic power sharing scheme[J]. IEEE Transactions on Power Electronics, 2015, 30(6): 3389-3401.

[6] He J W, Li Y W. Analysis, design, and implementation of virtual impedance for power electronics interfaced distributed generation[J]. IEEE Transactions on Industry Applications, 2011, 47(6): 2525-2538.

[7] Lin Z H, Ruan X B, Jia L, et al. Optimized design of the neutral inductor and filter inductors in three-phase four-wire inverter with split DC-link capacitors[J]. IEEE Transactions on Power Electronics, 2019, 34(1): 247-262.

第3章 低惯量交直流混合微电网暂态功率平衡

3.1 概　　述

在包含柴发和高比例新能源的低惯量交直流混合微电网中，新能源发电功率以及负荷的大功率扰动等对系统频率稳定性具有较大影响[1,2]。配置相应储能系统，可以快速平衡系统内暂态功率冲击，提升此类低惯量交直流混合微电网的稳定性，同时，在柴发故障等紧急情况下，还可为关键负荷提供不间断供电[3-6]。

储能单元可集中接入交流子网或直流子网，亦可分散接入交、直流侧。相比仅集中接入交流侧或直流侧，在交、直流侧配置多分布式储能，能更有效地提高交直流混合微电网的运行稳定性、可靠性和灵活性。为此，本章介绍一种基于多分布式储能提升含高比例新能源接入及柴发的低惯量交直流混合微电网动态稳定性的系统级协调控制方法，利用就地检测信号，设计控制结构简洁的分布式储能及双向 DC-AC 变流器控制系统，实现分布式储能协调控制，解决系统正常情况下的暂态功率平衡问题和紧急工况下的运行模式无缝切换问题。

3.2　低惯量交直流混合微电网结构

考虑如图 3.1 所示的低惯量交直流混合微电网结构，其中常规同步机接口电源接入交流母线；交、直流侧均接有分布式新能源、负荷及分布式储能单元；交直流子网通过双向 DC-AC 变流器互联，进行相互支撑。直流功率单元与交流功率单元模拟两侧功率扰动，分别用 $P_{p,dc}$ 与 $P_{p,ac}$ 表示；直流侧储能与交流侧储能的有

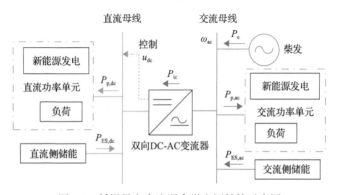

图 3.1　低惯量交直流混合微电网结构示意图

功出力分别用 $P_{ES,dc}$ 与 $P_{ES,ac}$ 表示；P_{ic} 表示互联装置双向 DC-AC 变流器的有功功率；P_e 为柴发的输出功率，功率以流入母线为正方向；u_{dc} 与 ω_{ac} 分别代表直流母线电压与交流母线频率。

正常情况下，通常由柴发建立交流微电网母线电压和频率，其频率控制数学模型一般如图 3.2 所示。

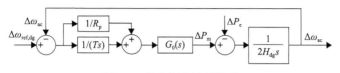

图 3.2　柴发频率控制模型

图 3.2 中 "Δ" 表示扰动时的变化量，$\omega_{ref,dg}$ 为频率参考值，R_p 为下垂系数，T 为积分时间常数，$G_0(s)$ 为内部等效传递函数，P_m 与 P_e 分别为转子输入功率与电磁功率，H_{dg} 为机械转动惯量。由图 3.2 与功率平衡关系可推导出

$$\Delta\omega_{ac} = -\frac{G_1(s)}{1 + G_r(s)G_0(s)G_1(s)}\Delta P_e \tag{3.1}$$

式中，$G_r(s) = 1/R_p + 1/(Ts)$；$G_1(s) = 1/(2H_{dg}s)$；$G_0(s) = (1+T_1 s)/[(1+T_2 s)(1+T_3 s)(1+T_4 s)]$，其中 T_1、T_2、T_3 和 T_4 表示与涡轮机动态特性相关的时间常数。

由双向 DC-AC 变流器建立直流微电网母线电压。分布式新能源发电均采用最大功率点跟踪控制以提升发电效率，紧急工况下可采用限功率运行控制方式以保证系统功率平衡与暂态稳定。在上述运行控制策略下，柴发作为系统主电源，维持系统动态功率平衡与稳定。由于分布式新能源输出功率及负荷具有极强的不确定性，大功率扰动将全部反映到 ΔP_e 上，易对柴发造成冲击，进而影响系统稳定运行控制。

在加入储能系统后，结合式(3.1)与功率平衡可知

$$\Delta\omega_{ac} = -\frac{G_1(s)}{1 + G_r(s)G_0(s)G_1(s)}(\Delta P_{p,ac} + \Delta P_{p,dc} - \Delta P_{ES,ac} - \Delta P_{ES,dc}) \tag{3.2}$$

式(3.2)反映了储能可减轻功率扰动对柴发的冲击，所以如何合理利用分布式储能平抑系统内的暂态功率波动，以提升柴发的频率稳定性及交直流系统的运行稳定性，是本章研究工作的主要动机之一。

此外，遭遇柴发燃料不足或故障等极端工况时，交直流混合微电网如何平滑切换至以分布式储能为主电源的运行模式，也是需要解决的一个关键问题。同时，考虑到交直流两侧的储能配置容量可能不同，在暂态对系统内的功率波动进行抑制时，希望暂态功率能够根据储能系统额定容量的大小进行合理分配(不管是功率

平抑，还是平滑切换后的主电源模式，都涉及交直流储能的功率分配问题）。

若储能采用常规功率控制模式，则紧急工况下难以实现由功率平滑模式向主电源控制模式的无缝切换。互联 DC-AC 变流器若采用常规直流电压控制（如恒压控制），则在无通信条件下无法实现两侧储能协调控制，直流侧储能无法响应交流侧的功率扰动。为解决该问题，本书提出以锁相频率为直流电压参考，实现交流频率与直流电压一致性控制的方法，在此基础上协调两侧分布式储能系统。

3.3　交流频率-直流电压动态一致性控制

为提升低惯量交直流混合微电网频率稳定性，本节提出交流频率-直流电压动态一致性控制策略。为方便分析所提控制策略，以如图 3.3 所示的具体交直流混合微电网为例，交流和直流侧均含有储能单元。需要指出的是，所提控制可以扩展到更多的分布式储能应用场景。

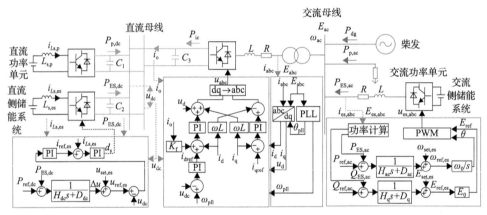

图 3.3　交流频率-直流电压动态一致性控制框图

图 3.3 所示系统中，Δu 为直流电压调节量，$u_{ref,es}$ 为直流电压参考值，$i_{ref,es}$ 为直流电流参考值，d_s 为占空比信号，直流侧 $P_{ref,dc}$ 为直流侧储能功率设定值，H_{dc} 为其虚拟惯量，D_{dc} 为阻尼系数，u_{dc} 为直流母线电压，$u_{set,es}$ 为直流储能电压设定值，$i_{Ls,es}$ 为双向 DC-DC 变流器电感电流；$E_{es,abc}$ 和 $i_{es,abc}$ 为交流侧储能变流器的三相电压和三相电流，E_{ref} 和 θ 为调制电压参考值和相角，E_{ac} 为交流母线电压，交流侧 $P_{ref,ac}$ 与 $Q_{ref,ac}$ 分别表示其有功、无功参考值，$Q_{ES,ac}$ 表示其实际无功功率；H_{ac} 与 D_{ac} 分别表示 VSG 控制的虚拟惯量和阻尼系数，H_q 与 D_q 表示无功控制中的滤波时间常数和下垂系数，$\omega_{set,es}$ 表示频率的设定值，$E_{set,es}$ 表示电压设定值，ω_0 表示为基准频率，E_0 表示基准电压。在双向 DC-AC 变流器系统中，i_d、i_q 为解耦后的 d 轴电流与 q 轴电流，u_d 为 d 轴电压，i_{dref}、i_{qref} 为 d、q 轴电流参考值。i_o 为

双向 DC-AC 变流器输出到直流侧的电流，K_f 为前馈控制系数，该项用以改善直流电压跌落情况，并且使直流电压与频率动态更加统一。E_{abc}、i_{abc} 为双向变流器交流侧三相电压和三相电流。$P_{ref,dc}$ 和 $P_{ref,ac}$ 可以根据上层控制的调度进行更新，但本节主要关注暂态功率平滑，因此不再赘述。

如图 3.3 所示，交流微电网中的储能系统可以采用下垂控制或虚拟同步控制来平滑暂态功率扰动。在图 3.3 所示的控制中各信号均为相应的标幺值，根据相应控制特性，交流侧储能的数学表达式为

$$P_{ES,ac} = P_{ref,ac} - (\omega_{ref,es} - \omega_{set,es})(H_{ac}s + D_{ac}) \tag{3.3}$$

直流侧储能采用文献[7]和[8]中提出的虚拟惯性控制，同时在标幺值系统内将电流替换为功率，其表达式为

$$P_{ES,dc} = P_{ref,dc} - (u_{ref,es} - u_{set,es})(H_{dc}s + D_{dc}) \tag{3.4}$$

由式 (3.3) 和式 (3.4) 可知，两储能的有功功率均与自身的频率参考值 $\omega_{ref,es}$ 与直流电压参考值 $u_{ref,es}$ 有关，而二者也将和系统频率 ω_{ac} 与直流电压 u_{dc} 快速同步。

为协调控制交、直流微电网中的分布式电池储能，直流母线电压 u_{dc} 由双向 DC-AC 变流器控制，以实时检测到的本地锁相环交流频率 ω_{pll} 作为直流电压参考值，如图 3.3 所示。该 DC-AC 变流器还采用了输出电流前馈控制 ($i_o \cdot K_f$)，可以显著提高直流电压控制的动态响应。因此，在暂态情况下可以实现交流频率和直流电压的动态一致，如式 (3.5) 所示。

$$\Delta\omega_{pll} \approx \Delta\omega_{ac} \approx \Delta u_{dc} \tag{3.5}$$

由于直流电压和交流频率的动态一致性控制，交流侧和直流侧的功率扰动会导致交流频率和直流电压的动态几乎相同。因此，分布式电池储能将通过下垂控制自主平滑功率扰动。应该注意的是，多个分布式电池储能的协调控制仅通过就地测量的信号实现。

3.4　建模与关键参数影响分析

3.4.1　系统数学模型

为实现两侧储能与柴发之间、两侧储能之间的协调控制与运行，以及分析该控制方法暂态上对系统稳定性的改善效果与柴发有功出力的平滑效果，根据一致性控制对系统进行简化建模，建立相关单元的数学模型，如图 3.4 所示。

通过图 3.4 可以推导出交直流两侧分布式储能输出功率的数学表达式：

$$\begin{cases} \Delta P_{ES,ac} = -\dfrac{\omega_0 S_{eq,ac}}{s + \omega_0 S_{eq,ac} G_{ac}(s)} \Delta\omega_{ac} \\[4mm] \Delta P_{ES,dc} = -\dfrac{U_{dc,s} G_{dc,u}(s) G_{dc,i}(s)}{S_B + G_{dc}(s) G_{dc,u}(s) G_{dc,i}(s) U_{dc,s}} \Delta\omega_{ac} \\[4mm] G_{dc,u}(s) = k_{pu} + k_{iu}/s \\[4mm] G_{dc,i}(s) = \dfrac{U_{dc}\left(k_{pi}s + k_{ii}\right)}{s^2 L_{s,es} + \left(k_{pi}U_{dc} + R_{s,es}\right)s + k_{ii}U_{dc}} \end{cases} \tag{3.6}$$

式中，$U_{dc,s}$ 为储能电池电压；S_B 为功率基准值；$S_{eq,ac} = 1.5 E_{ref} E_{ac} \cos\delta_0 /(X_{eq} S_B)$，$E_{ref}$、$E_{ac}$ 分别为储能变流器出口与交流母线相电压幅值，δ_0 为稳态时的功角，X_{eq} 为变流器出口到交流母线的等效电抗；k_{pu}、k_{iu}、k_{pi} 和 k_{ii} 为直流储能电压环与电流环的比例系数与积分系数；$L_{s,es}$ 和 $R_{s,es}$ 分别为 DC-DC 线路电感与电阻。

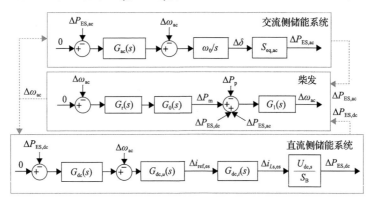

图 3.4　简化数学模型

$\Delta\delta$-储能变流器与交流母线的功角变化

联立式(3.2)与式(3.6)，可推导出加入储能后角频率、柴发输出功率、两侧储能与扰动量的关系，如式(3.7)所示。

$$\begin{cases} \Delta\omega_{ac} = -\dfrac{G_{dg}(s)}{1 + G_{dg}(s)G_{ES,dc}(s) + G_{dg}(s)G_{ES,ac}(s)} \Delta P_p \\[4mm] \Delta P_e = \dfrac{1}{1 + G_{dg}(s)G_{ES,dc}(s) + G_{dg}(s)G_{ES,ac}(s)} \Delta P_p \\[4mm] \Delta P_{ES,dc} = \dfrac{G_{dg}(s)G_{ES,dc}(s)}{1 + G_{dg}(s)G_{ES,dc}(s) + G_{dg}(s)G_{ES,ac}(s)} \Delta P_p \\[4mm] \Delta P_{ES,ac} = \dfrac{G_{dg}(s)G_{ES,ac}(s)}{1 + G_{dg}(s)G_{ES,dc}(s) + G_{dg}(s)G_{ES,ac}(s)} \Delta P_p \end{cases} \tag{3.7}$$

式中，ΔP_p 为系统内负荷功率变化。

式 (3.7) 中相关传递函数和变量的定义如下：

$$
\begin{cases}
G_{dg}(s) = \dfrac{G_1(s)}{1 + G_r(s)G_0(s)G_1(s)} \\[2mm]
G_{ES,dc}(s) = \dfrac{U_{dc,s}G_{dc,u}(s)G_{dc,i}(s)}{S_B + G_{dc}(s)G_{dc,u}(s)G_{dc,i}(s)U_{dc,s}} \\[2mm]
G_{ES,ac}(s) = \omega_0 S_{eq,ac} / \left[s + \omega_0 S_{eq,ac} G_{ac}(s) \right] \\[2mm]
G_{dc}(s) = 1/\left(H_{dc}s + D_{dc} \right), \quad G_{ac}(s) = 1/\left(H_{ac}s + D_{ac} \right)
\end{cases}
\tag{3.8}
$$

其中，$U_{dc,s}$ 为稳态直流母线电压值。

3.4.2　关键参数对系统动态性能的影响

1. 所提策略对柴发动态响应的改善效果

这里以额定容量为 500kV·A、$1/R_p=20$、$H_{dg}=2s$ 的柴发模型为例。在单位阶跃负荷功率扰动下，图 3.5 对比了如下三种控制模式下的效果：①不考虑储能支撑；②只考虑交流侧储能支撑，该模式下双向 DC-AC 变流器采用恒压控制，直流储能不响应功率扰动；③本书所提策略，同时考虑交、直流侧储能支撑。

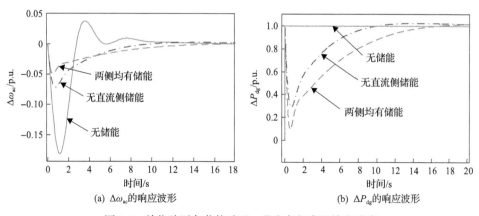

(a) $\Delta\omega_{ac}$ 的响应波形　　　　　　　　(b) ΔP_{dg} 的响应波形

图 3.5　单位阶跃负荷扰动下，柴发角频率和输出响应

从图 3.5(a) 可以看出，交、直流两侧储能均参与平抑功率扰动时可显著改善柴发角频率稳定性，有效降低柴发角频率最大偏差值，平滑其有功功率输出。

为将储能参数配置在合适的范围内，分析其参数对系统稳定性与柴发有功出力的影响，下面将对储能控制参数对系统的影响进行详细分析。

2. 储能控制参数对系统动态性能的影响

从图 3.6 中可以看出，增大交流侧储能阻尼系数 D_{ac} 可以减少角频率跌落，并且会增大系统阻尼。但是如果 D_{ac} 过大，会使系统的阻尼过大，影响角频率的恢复时间。虚拟惯量 H_{ac} 对柴发有功功率平滑效果的影响不大，但是可降低角频率跌落速率，这同样会影响柴发有功功率的波形，可能引起稳定性的问题。因此，需要综合考虑角频率稳定性指标、动态恢复时间等，对储能控制参数进行相应优化。

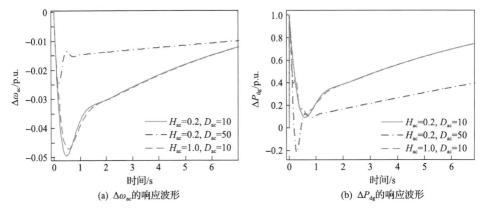

(a) $\Delta\omega_{ac}$ 的响应波形　　　　　　(b) ΔP_{dg} 的响应波形

图 3.6　交流侧储能变流器选择不同关键控制参数时的柴发角频率与输出响应

图 3.7 中给出了直流侧储能选择不同控制参数时的柴发角频率和输出响应。参数 D_{dc} 增大能有效平滑柴发输出功率，H_{dc} 增大可降低角频率的跌落幅度，但也有可能会引起振荡问题。

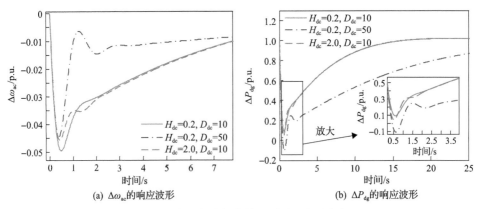

(a) $\Delta\omega_{ac}$ 的响应波形　　　　　　(b) ΔP_{dg} 的响应波形

图 3.7　直流侧储能参数不同时的阶跃响应

在实际工程中，当可再生能源发电比例较高时，柴发则可选取小容量机组，以减少燃料消耗。当柴发容量变小时，若储能参数保持不变，会有一对共轭特征值逐渐趋向虚轴，稳定裕度降低，在暂态过程中可能会出现振荡分量，如图 3.8 所示。因此当调整柴发配置时，需要同时进行储能控制参数优化调整。

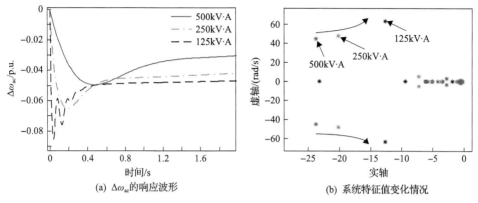

(a) $\Delta\omega_{ac}$的响应波形　　　　　　　　(b) 系统特征值变化情况

图 3.8　相同储能系统与不同容量柴发配合时的角频率阶跃响应

3. 交直流分布式储能协调控制

考虑到配置于交直流两侧的储能的额定容量不同，为使暂态功率分配更加合理，期望通过储能的参数配置予以实现。假定交、直流侧储能额定容量 $P_{ES,acB}$：$P_{ES,dcB} = \alpha : \beta$，在不考虑储能运行特性下，期望储能在暂态上的功率分配也应尽可能满足该关系。通过前面的分析可知，储能参数 D_{dc} 和 D_{ac} 对柴发的功率影响明显，则可以在保证系统稳定的前提下通过参数 D_{dc} 和 D_{ac} 的配置来改变储能的暂态功率分配。

为验证参数 D_{dc} 和 D_{ac} 对储能暂态功率分配的影响，假定交直流侧储能容量相等即 $P_{ES,dcB} : P_{ES,acB}=1:1$，当 $D_{dc}=D_{ac}=10$ 时，负荷阶跃功率扰动下的动态响应如图 3.9（a）所示；设定 $P_{ES,dcB} : P_{ES,acB}=1:2$，当 $D_{dc}=10$，$D_{ac}=20$ 时，动态响应如图 3.9（b）所示；假定 $P_{ES,dcB} : P_{ES,acB}=2:1$ 时，当 $D_{dc}=20$，$D_{ac}=10$ 时，动态响应如图 3.9（c）所示。

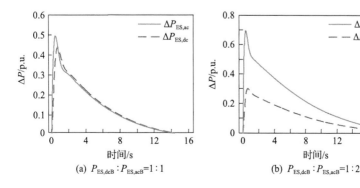

(a) $P_{ES,dcB} : P_{ES,acB}=1:1$　　　　　　　(b) $P_{ES,dcB} : P_{ES,acB}=1:2$

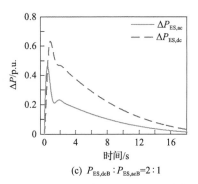

(c) $P_{ES,dcB} : P_{ES,acB} = 2 : 1$

图 3.9　交直流侧储能选择不同容量配置时的动态响应结果对比

图 3.9 所示理论分析结果表明，两侧储能容量不同时，直流侧储能和交流侧储能对暂态功率扰动的响应可通过参数 D_{dc} 和 D_{ac} 进行调整，来满足按容量合理分配的要求，但是综合前面分析可知，满足比例的 D_{dc} 和 D_{ac} 值不应取值过大，以免造成系统阻尼过大。

3.4.3　柴发退出时分布式储能的稳态功率分配

当柴发退出运行时，交直流储能系统平滑切换至系统的主电源模式，维持系统稳定。由图 3.3 的储能控制特性可得二者的稳态功率表达式：

$$\begin{cases} P_{ES,ac} = P_{ref,ac} - D_{ac}\left(\omega_{ac} - \omega_{set,es}\right) \\ P_{ES,dc} = P_{ref,dc} - D_{dc}\left(u_{dc} - u_{set,es}\right) \end{cases} \tag{3.9}$$

由式 (3.5)、式 (3.9) 与功率平衡关系可推导出系统交流频率与直流电压，满足

$$u_{dc} = \omega_{ac} = \omega_{set,es} + \frac{P_{ref,ac} + P_{ref,dc} - \left(P_{p,ac} + P_{p,dc}\right)}{D_{ac} + D_{dc}} \tag{3.10}$$

同时，将式 (3.10) 代入式 (3.9) 中，可获得储能稳态功率为

$$\begin{cases} P_{ES,ac} = P_{ref,ac} - \dfrac{D_{ac}\left[P_{ref,ac} + P_{ref,dc} - \left(P_{p,ac} + P_{p,dc}\right)\right]}{D_{ac} + D_{dc}} \\ P_{ES,dc} = P_{ref,dc} - \dfrac{D_{dc}\left[P_{ref,ac} + P_{ref,dc} - \left(P_{p,ac} + P_{p,dc}\right)\right]}{D_{ac} + D_{dc}} \end{cases} \tag{3.11}$$

由此可见，交流频率和直流电压都具有下垂特性。应该注意的是，直流电压和交流频率可以通过基于低带宽通信的二次控制来恢复。

在不用进行控制策略切换的条件下，这些分布式电池储能可以自动工作在交

流频率和直流电压控制模式,达到紧急工况下的主动支撑目的。此外,分布式电池储能之间的暂态功率变化仍然满足设计的规律:

$$\begin{cases} \Delta P_{\text{ES,ac}} = \dfrac{D_{\text{ac}}\left(\Delta P_{\text{p,ac}} + \Delta P_{\text{p,dc}}\right)}{D_{\text{ac}} + D_{\text{dc}}} \\ \Delta P_{\text{ES,dc}} = \dfrac{D_{\text{dc}}\left(\Delta P_{\text{p,ac}} + \Delta P_{\text{p,dc}}\right)}{D_{\text{ac}} + D_{\text{dc}}} \end{cases} \quad (3.12)$$

通过选择阻尼系数 D_{ac} 和 D_{dc},在功率平滑控制模式(对应于正常运行)和功率平衡控制模式(对应于无柴发运行模式)下,均可实现与额定容量成比例的分布式电池储能的暂态功率共享。

3.5　仿　真　验　证

本节将对所提出的控制方法通过 PSCAD/EMTDC 进行仿真验证,仿真模型整体结构如图 3.3 所示,基本参数如表 3.1~表 3.3 所示。

表 3.1　交流微电网主要参数

单元	参数	大小
交流子网储能	LC 滤波器	0.56mH, 0.01Ω/270μF, 0.25Ω
	$\omega_{\text{set,es}}/E_0/\omega_0$	1/311V/314.159rad/s
	$E_{\text{set,es}}/Q_{\text{ref,ac}}/H_{\text{q}}/D_{\text{q}}$	1/0/0.1/1
柴发	额定容量	500kV·A
	额定电压/电流	220V/757.6A
	电枢电阻/定子漏抗	0.003p.u./0.19p.u.
	d 轴/q 轴电抗	1.8p.u./1.8p.u.
	R_{p}/T	0.05/0.02s
	时间常数($T_1/T_2/T_3/T_4$)	2.1s/0.2s/0.3s/7s
	惯量($2H_{\text{dg}}$)	4s
	ω_{ref}	1p.u.

表 3.2　直流微电网主要参数

单元	参数	大小
直流子网储能	直流源电压($U_{\text{dc,s}}$)	600V
	LC 滤波器	0.5mH/5000μF
	电压设定值($u_{\text{set,es}}$)	1p.u.

续表

单元	参数	大小
直流子网储能	k_{pu}/k_{iu}	1/50
	k_{pi}/k_{ii}	0.005/5
直流功率单元	额定容量	500kW
	直流侧电压	600V
	LC 滤波器	0.5mH,0.01Ω/5000μF
	功率控制环比例、积分系数($k_{pi,p}/k_{ii,p}$)	0.0002/0.03

表 3.3　双向 DC-AC 变流器的主要参数

参数	大小
额定容量	500kV·A
额定交直流电压	750V/270V
LC 滤波器	0.56mH/270μF
直流侧电容	20000μF
PLL($k_{p,pll}/k_{i,pll}$)	20/200
前馈系数(K_f)	7.5
电压环、电流环比例、积分系数($k_{pu,ic}/k_{iu,ic}/k_{pi,ic}/k_{ii,ic}$)	5/100/1/50

3.5.1　仿真工况 1

　　该工况下直流侧储能与交流侧储能的额定功率满足关系 $P_{ES,dcB}:P_{ES,acB}=1:$ 1，由 3.4.2 节的分析，选取参数 $H_{dc}=H_{ac}=0.2$，$D_{dc}=D_{ac}=10$，两侧储能的功率设定值 $P_{ref,dc}=P_{ref,ac}=0$。具体仿真工况设置如下：$t=0\sim40s$，交流侧负荷为 50kW；在 $t=40s$ 时，直流侧投入 100kW 负荷；在 $t=65s$ 时，交流侧增加 100kW 负荷。

　　图 3.10 给出了在负荷功率扰动下的仿真结果，并且对比了双向 DC-AC 变流器在进行交流频率-直流电压动态一致性控制时不采用电流前馈控制的效果。

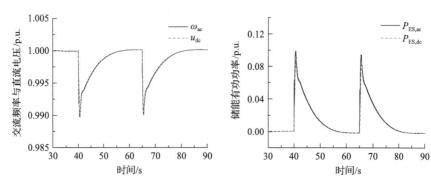

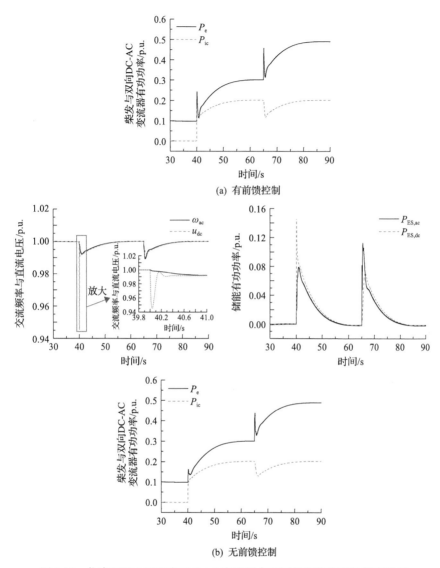

图 3.10 仿真工况 1 下双向 DC-AC 变流器在不同控制策略下的仿真结果

通过对比可以发现在不含前馈控制时，由于直流电压和交流频率难以实现快速动态一致，两侧分布式储能输出存在延时，进而影响直流电压和交流频率支撑效果。对比图 3.10(a)和(b)，在 t=40s 时，在相同的直流负荷扰动下，有前馈控制和无前馈控制时，直流电压分别跌落至 0.99p.u.和 0.94p.u.左右，结果表明，前馈控制能够更好地实现直流电压和交流频率的动态一致性控制，进而使得两侧分布式储能能够同时快速进行功率响应。

3.5.2 仿真工况 2

该工况下直流侧储能与交流侧储能的额定功率设定为 $P_{ES,dcB}$ ：$P_{ES,acB}$=1：2，故选取参数 H_{dc}=0.2，D_{dc}=10，H_{ac}=0.4，D_{ac}=20，其他参数和具体仿真工况同工况 1。相应仿真结果如图 3.11 所示。

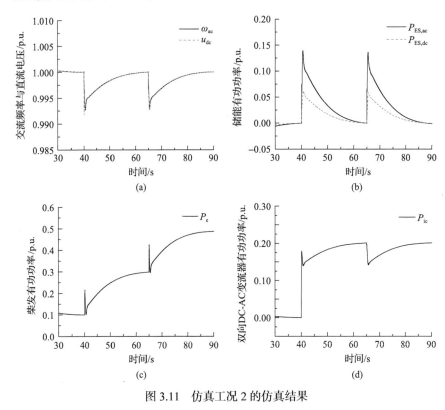

图 3.11　仿真工况 2 的仿真结果

从图 3.11 仿真结果可以看出，交、直流侧储能系统依然能够按额定容量进行暂态功率分配。在暂态过程中，直流电压与交流频率基本保证了动态一致性，验证了本章所提控制策略的有效性。

3.5.3 仿真工况 3

该工况下直流侧储能与交流侧储能的额定功率设定为 $P_{ES,dcB}$ ：$P_{ES,acB}$=2：1，故选取参数 H_{dc}=0.4，D_{dc}=20，H_{ac}=0.2，D_{ac}=10，其余参数设定和具体仿真工况同工况 1。仿真结果如图 3.12 所示。

从图 3.12 中可以看出，该工况下两侧储能依然能够按额定容量比分配暂态功率，且在整个暂态过程中，直流电压与交流频率能够保持动态一致性。

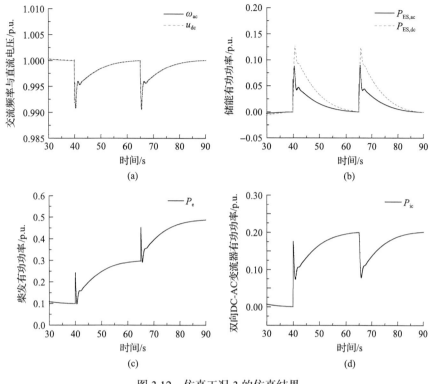

图 3.12　仿真工况 3 的仿真结果

3.5.4　仿真工况 4

该工况对柴发故障时储能的模式切换与稳态功率分配进行验证。两侧储能的参数、额定容量比与功率设定值与工况 1 一致。具体仿真工况设置如下：$t=0\sim40\text{s}$，交流侧负荷为 50kW；在 $t=40\text{s}$ 时，模拟柴发故障，退出运行；在 $t=50\text{s}$ 时，直流侧投入 50kW 负荷；在 $t=60\text{s}$ 时，交流侧投入 50kW 负荷。相应仿真结果如图 3.13 所示。

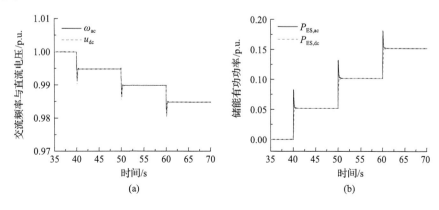

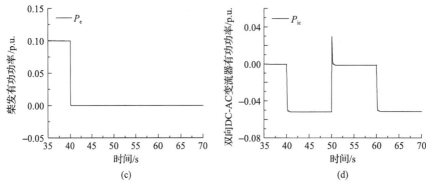

(c)　　　　　　　　　　　　　　　　(d)

图 3.13　仿真工况 4 的仿真结果

从图 3.13 中可以看出，当柴发退出运行时，两侧储能系统可在无互联通信下平滑切换至主电源模式，支撑系统的稳定运行，且稳态功率分配满足 1∶1 的额定功率比的关系，验证了本章所提方法的有效性和理论分析的准确性。

3.6　本 章 小 结

本章提出了一种利用分布式储能提升低惯量交直流混合微电网的交流频率-直流电压系统级协调控制方法，该方法能够在无互联通信下使交直流两侧的分布式储能对任一侧发生的功率波动进行支撑，且该过程中的暂态功率能够按其额定功率比进行分配，减轻柴发的负担，提升系统的动态稳定性。当柴发出现故障退出运行时，该方法能够使储能系统无缝切换至主电源模式，当出现功率波动时按照额定功率比分配该功率变化，维持系统的稳定运行。而且，通过仿真对比可以发现，在双向 DC-AC 变流器中加入前馈控制可以加快交流侧响应直流侧的速度，降低电压跌落，更好地实现交流频率与直流电压的一致性控制。

参 考 文 献

[1] Meegahapola L, Laverty D, Jacobsen M R. Synchronous islanded operation of an inverter interfaced renewable rich microgrid using synchro-phasors[J]. IET Renewable Power Generation, 2018, 12(4): 407-414.

[2] Wang C S, Liu Y X, Li X L, et al. Energy management system for stand-alone diesel-wind-biomass microgrid with energy storage system[J]. Energy, 2016, 97: 90-104.

[3] Alegria E, Brown T, Minear E, et al. CERTS microgrid demonstration with large-scale energy storage and renewable generation[J]. IEEE Transactions on Smart Grid, 2014, 5(2): 937-943.

[4] 郭力, 富晓鹏, 李霞林, 等. 独立交流微网中电池储能与柴油发电机的协调控制[J]. 中国电机工程学报, 2012, 32(25): 70-78.

[5] Bellache K, Camara M B, Dakyo B. Transient power control for diesel-generator assistance in electric boat applications using supercapacitors and batteries[J]. IEEE Journal of Emerging and Selected Topics in Power

Electronics, 2018, 6 (1): 416-428.

[6] He L, Li Y, Shuai Z K, et al. A flexible power control strategy for hybrid AC/DC zones of shipboard power system with distributed energy storages[J]. IEEE Transactions on Industrial Informatics, 2018, 14 (12): 5496-5508.

[7] Wu W H, Chen Y, Luo A, et al. A virtual inertia control strategy for DC microgrids analogized with virtual synchronous machines[J]. IEEE Transactions on Industrial Electronics, 2017, 64 (7): 6005-6016.

[8] Samanta S, Mishra J P, Roy B K. Virtual DC machine: An inertia emulation and control technique for a bidirectional DC-DC converter in a DC microgrid[J]. IET Electric Power Applications, 2018, 12 (6): 874-884.

第4章 柴储微电网虚拟惯量和阻尼系数可行域

第 3 章针对含柴发的低惯量交直流混合微电网，提出了应用于双向 DC-AC 变流器的交流频率-直流电压动态一致性控制策略，通过协调交、直流侧采用下垂控制的分布式储能系统，能有效提升系统等效惯量和频率稳定性。本章重点关注以交流形式组网的柴储微电网稳定控制问题，分布式储能采用 VSG[1-4]控制技术，能有效应对柴发组(diesel generator set，DGS)惯量小、爬坡能力受限，新能源出力的波动性和间歇性，以及负荷的不确定性功率冲击等问题，以提升柴储微电网频率稳定性。相较于 DGS，VSG 中关键控制参数如虚拟惯量和阻尼系数均灵活可调，且对柴储微电网频率稳定性和动态性能具有重要作用。目前大量研究工作聚焦于并网型 VSG 控制参数优化设计[5]。针对独立柴储微电网场景，现有研究工作仍具有一定的局限性，无法综合考虑柴发特性、微电网频率稳定指标、VSG 功率和能量约束，以及特殊定制化动态性能需求等。本章将从虚拟惯量和阻尼系数可行域视角，为柴储微电网虚拟惯量和阻尼系数的系统化设计提供一种新的思路，并期望能为未来的新型电力系统频率稳定与控制提供有益借鉴。

4.1 柴储微电网与储能虚拟同步发电机控制

考虑如图 4.1 所示的柴储微电网系统，其包含 DGS、储能、新能源发电和负荷。DGS 的系统结构主要包含原动机及其调速器、同步发电机和励磁控制系统[5]。L_g 和 R_g 分别表示 DGS 接入交流母线的等效电感与电阻(包括变压器和线路阻抗)。由于本章重点讨论有功功率-频率控制动态特性，故在后续建模和分析中忽略励磁系统的影响[6]。

DGS 的转子运动方程可描述为

$$2H_g \frac{d\omega_g}{dt} = P_m - P_g - D_g\omega_g \tag{4.1}$$

式中，ω_g 为 DGS 的频率；H_g 和 D_g 分别为 DGS 的虚拟惯量和阻尼系数；P_m 和 P_g 分别为 DGS 的机械输入功率和电磁输出功率。

DGS 的调速器采用 PI 控制器以实现频率的无差调节。同时，采用一阶滞后环节来近似模拟 DGS 原动机和调速器的动态响应特性[7]。因此，DGS 的机械输入功率特性可表示为

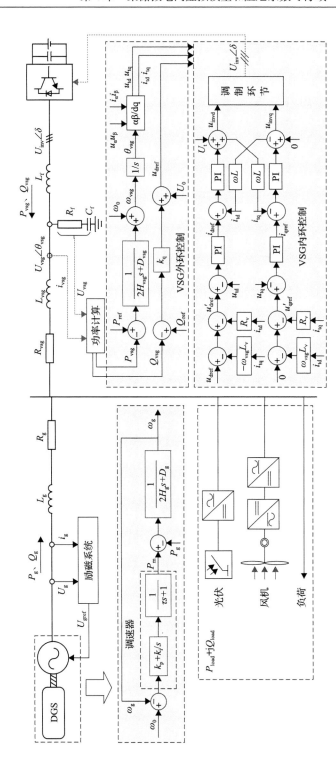

图4.1　柴储微电网系统结构与基本控制框图

u_{dref}-电压参考值；u'_{dref}-经过虚拟阻抗后的电压参考值；i_{dref}、i_{qref}-有功电流参考值和无功电流参考值；u_{α}、u_{β}-三相电压U_{vsg}的α轴、β轴分量；i_{α}、i_{β}-输出电流i_{vsg}的α轴、β轴分量；u_{td}、u_{tq}-经过变换后的d轴、q轴电压分量；i_{td}、i_{tq}-电流的d轴、q轴电流分量；U_{inv}、δ-储能变流器调制电压幅值、相角

$$P_{\mathrm{m}} = (\omega_0 - \omega_{\mathrm{g}}) \left(k_{\mathrm{p}} + \frac{k_{\mathrm{i}}}{s} \right) \frac{1}{\tau s + 1} \tag{4.2}$$

式中，ω_0 为 DGS 的额定频率；k_{p} 和 k_{i} 分别为调速器的比例系数和积分系数；τ 为一阶滞后环节的时间常数；s 为拉普拉斯算子。

储能系统采用如图 4.1 所示的 VSG 控制。储能变流器无功外环采用常规 Q-U 下垂控制，Q_{ref} 与 Q_{vsg} 分别为变流器的无功功率参考值和实际输出值，k_{q} 为无功下垂系数，U_0 为额定电压值。有功外环控制采用 VSG 技术后，储能变流器输出频率与输出有功功率之间的关系可描述为

$$\omega_{\mathrm{vsg}} = \omega_0 + (P_{\mathrm{ref}} - P_{\mathrm{vsg}}) \frac{1}{2 H_{\mathrm{vsg}} s + D_{\mathrm{vsg}}} \tag{4.3}$$

式中，ω_{vsg} 为 VSG 输出频率；P_{ref} 与 P_{vsg} 分别为储能变流器的有功功率参考值和实际输出值；H_{vsg} 与 D_{vsg} 分别为 VSG 的虚拟惯量与阻尼系数。

经外环 VSG 控制获得频率和电压的幅值参考后，储能变流器内环可采用基于 dq 坐标系或 αβ 坐标系的电压/电流双闭环控制，最终生成调制电压信号。U_{vsg} 和 i_{vsg} 分别为 VSG 并网点电压和输出电流；L_{f}、C_{f} 和 R_{f} 分别为滤波电感、滤波电容和滤波电阻；L_{vsg} 和 R_{vsg} 为 VSG 出口的线路电感与电阻。L_{v} 和 R_{v} 为在 VSG 控制中所加入的虚拟电感与电阻。

4.2　虚拟惯量和阻尼系数可行域分析

本节首先推导柴储微电网简化频率分析模型，在此基础上，综合考虑系统频率稳定指标、VSG 功率和能量约束以及特殊定制化动态性能需求，提出 VSG 虚拟惯量及阻尼系数的可行域构建方法。

4.2.1　柴储微电网频率稳定性分析模型

构建柴储微电网频率稳定性分析模型时主要作如下简化。

(1) 认为储能 VSG 频率 ω_{vsg} 近似与柴发频率 ω_{g} 相等。

(2) 计及柴发转子运动方程以及 VSG 的有功功率-频率外环控制特性，忽略交流网络电磁暂态。此外，由于实际柴发调速器的一阶滞后环节时间常数通常较小，对系统低频动态影响较小，因此在建模时忽略该环节[7]。

基于上述简化条件，可得柴储微电网的通用简化频率分析模型，具体如图 4.2 所示。

由图 4.2 可求 ΔP_{load} 至柴发频率 $\Delta \omega_{\mathrm{g}}$ 和第 i 台储能 VSG 输出有功功率 $\Delta P_{\mathrm{vsg}i}$

的传递函数：

$$G_\omega(s) = -\frac{s}{2H_{eq}s^2 + D_{eq}s + k_i} \tag{4.4}$$

$$G_{P_{vsgi}}(s) = \frac{2H_{vsgi}s^2 + D_{vsgi}s}{2H_{eq}s^2 + D_{eq}s + k_i} \tag{4.5}$$

式中，H_{eq} 和 D_{eq} 分别为柴储微电网综合虚拟惯量和阻尼系数，具体表达式为

$$\begin{cases} H_{eq} = H_g + H_{vsg1} + \cdots + H_{vsgn} \\ D_{eq} = D_g + D_{vsg1} + \cdots + D_{vsgn} + k_p \end{cases} \tag{4.6}$$

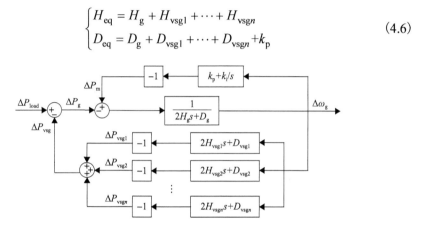

图 4.2　柴储微电网的通用简化频率分析模型

本节在 MATLAB/Simulink 中搭建了如图 4.1 所示的柴储微电网详细电磁暂态仿真模型，主电路和相关控制参数如表 4.1 所示。

表 4.1　主电路及相关控制参数

参数类型	参数	数值
基准值	额定线电压 U_{g0}	400V
	额定频率 f_{g0}	50Hz
DGS 参数	额定有功功率 P_g	50kW
	直轴同步电抗 X_d	2.24
	直轴暂态电抗 X_d'	0.17
	直轴次暂态电抗 X_d''	0.12
	交轴同步电抗 X_q	1.02
	交轴次暂态电抗 X_q''	0.13

续表

参数类型	参数	数值
DGS 参数	漏电抗 X_L	0.08
	暂态时间常数 T_d'	0.028s
	次暂态时间常数 T_d''	0.007s
	惯量 H_g	0.4934s
	阻尼系数 D_g	0
	调速器 PI 参数 k_p/k_i	6.6268/20
	一阶滞后环节时间常数 τ	0.0373
	线路电阻 R_g/线路电感 L_g	0.00942Ω/0.3mH
VSG 参数	额定有功功率 P_{vsg}	50kW
	无功下垂系数 k_q	0.00033
	电压外环 PI 系数 k_{pu1}/k_{iu1}	0.25/320
	电流内环 PI 系数 k_{pi1}/k_{ii1}	0.8/60
	滤波电感 L_{f1}/滤波电容 C_{f1}/滤波电阻 R_{f1}	0.5mH/20μF/1Ω
	线路电感 L_{vsg}/线路电阻 R_{vsg}	0.3mH/0.00942Ω
光伏(PV)参数	额定有功功率 P_{PV}	50kW
	逆变器电压外环 PI 系数 k_{pu2}/k_{iu2}	0.8/5
	逆变器电流内环 PI 系数 k_{pi2}/k_{ii2}	1.5/20
	滤波电感 L_{f2}/滤波电容 C_{f2}/滤波电阻 R_{f2}	1mH/20μF/0.22Ω
	线路电感 L_{PV}/线路电阻 R_{PV}	0.12mH/0.02Ω

下面分别在包含单台和两台 VSG 的柴储微电网场景下，在负荷突增 40kW 的工况下，对比了详细电磁暂态仿真和阶跃响应的结果，图 4.3(a) 为包含单台 VSG 的柴储微电网的频率和有功功率波形，图 4.3(b) 为包含两台 VSG 且它们的参数相同时柴储微电网的频率及有功功率波形。

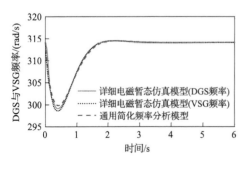

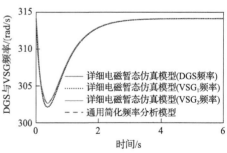

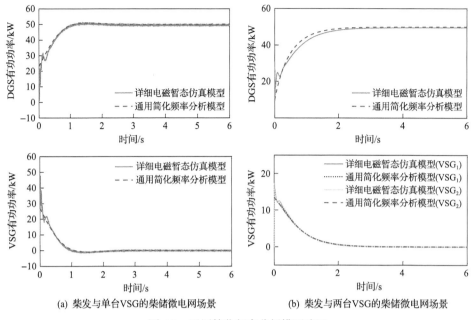

(a) 柴发与单台VSG的柴储微电网场景　　　(b) 柴发与两台VSG的柴储微电网场景

图 4.3　通用简化频率分析模型验证

由图 4.3 可见，柴发与 VSG 的频率波形基本重合，因此建模时认为二者的频率相等是可行的。此外，由图 4.3 可见，通用简化频率分析模型的阶跃响应与详细电磁暂态仿真模型结果基本吻合，表明图 4.2 所示通用简化频率分析模型可用于柴储微电网频率稳定性分析。

4.2.2　虚拟惯量和阻尼系数可行域构建

1. 柴储微电网基本频率稳定指标约束

一般考虑将暂态过程中柴发的频率最低点和最大频率变化率作为柴储微电网的基本频率稳定指标，二者定义如下：

$$\begin{cases} f_{\text{nadir}} = \min \omega_{\text{g}} \\ \text{RoCoF}_{\text{max}} = \max \left| \dfrac{\mathrm{d}\omega_{\text{g}}(t)}{\mathrm{d}t} \right| \end{cases} \tag{4.7}$$

考虑柴储微电网内净负荷功率扰动 $|\Delta P_{\text{load}}|$ 从零增大至最大允许容量 ΔP_{max}，储能采用常规控制策略时，假定柴发的最大频率变化率和最大频率偏差的变化趋势示意图如图 4.4 中 OA 曲线所示。

储能采用 VSG 控制策略后所应实现的基本控制目标为即使在发生最大功率扰动 ΔP_{max} 时，柴储微电网的最大频率变化率 $\text{RoCoF}_{\text{max}}$ 和最大频率偏差 $|\Delta f_{\text{nadir}}|$ 仍

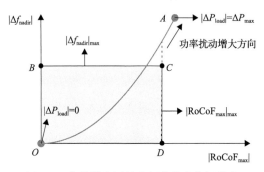

图 4.4　柴储微电网基本频率稳定指标约束

不超过其限值(分别如图 4.4 中$|RoCoF_{max}|_{max}$ 和$|\Delta f_{nadir}|_{max}$ 所示)。为满足上述基本目标,储能 VSG 虚拟惯量和阻尼系数的选择是关键。

2. 虚拟惯量和阻尼系数可行域构建方法

本节综合考虑柴发特性、柴储微电网基本频率稳定指标,以及 VSG 功率和能量约束,将以解析表达式分析和构建 H_{vsg} 和 D_{vsg} 的可行域。

1)基本频率稳定指标

由式(4.4)可求 DGS 频率的时域解析表达式:

$$\Delta\omega_g(t) = -\frac{1}{\sqrt{\rho}}\left(e^{\frac{-D_{eq}+\sqrt{\rho}}{4H_{eq}}t} - e^{\frac{-D_{eq}-\sqrt{\rho}}{4H_{eq}}t}\right)\Delta P_{load} \tag{4.8}$$

式中, $\rho = D_{eq}^2 - 8H_{eq}k_i$。

基于式(4.8)可求出扰动初始时刻所对应的最大频率变化率:

$$RoCoF_{max} = \left|\frac{d\omega_g(t)}{dt}\Big|_{t=0^+}\right| = \frac{1}{2H_{eq}}\Delta P_{load} \tag{4.9}$$

基于最大频率变化率的解析表达式式(4.9),并考虑系统最大功率扰动 ΔP_{max} 和最大频率变化率指标限值$|RoCoF_{max}|_{max}$,可得储能 VSG 虚拟惯量需满足其最小惯量 $H_{vsg,min}$ 限制:

$$H_{vsg} \geqslant H_{vsg,min} \triangleq \frac{\Delta P_{max}}{2|RoCoF_{max}|_{max}} - H_g \tag{4.10}$$

通过式(4.8)可得 DGS 的最大频率偏差$|\Delta f_{nadir}|$及其所对应的时刻 t_{nadir} 分别为

$$\begin{cases} |\Delta f_{\text{nadir}}| = \Delta\omega_{\text{g}}(t_{\text{nadir}})|_{\Delta P_{\text{load}}} \\ t_{\text{nadir}} = \dfrac{2H_{\text{eq}}}{\sqrt{\rho}}\ln\dfrac{D_{\text{eq}}+\sqrt{\rho}}{D_{\text{eq}}-\sqrt{\rho}} \end{cases} \tag{4.11}$$

基于最大频率偏差的解析表达式(4.11)，并考虑最大频率偏差限值$|\Delta f_{\text{nadir}}|_{\max}$，则可得满足该要求的$H_{\text{vsg}}$及$D_{\text{vsg}}$约束：

$$\left| \dfrac{1}{\sqrt{\rho}} \left(e^{\frac{-D_{\text{eq}}+\sqrt{\rho}}{4H_{\text{eq}}}t_{\text{nadir}}} - e^{\frac{-D_{\text{eq}}-\sqrt{\rho}}{4H_{\text{eq}}}t_{\text{nadir}}} \right) \Delta P_{\max} \right| \leqslant \Delta f_{\text{nadir}}|_{\max} \tag{4.12}$$

根据相关分布式电源并网、微电网技术规范及电能质量等标准[8,9]，微电网的频率范围一般规定为49.5~50.5Hz，因此应确保系统的频率最低点f_{nadir}大于49.5Hz。

2) VSG 功率和能量约束

由于 VSG 能够输出的最大功率受其容量限制，同时，其能够释放的能量也存在上限，特别是当 ESS 采用超级电容等功率型储能时。此外，光储系统中，不同运行工况也可能导致 VSG 的功率和能量约束不同。因此，在H_{vsg}及D_{vsg}的可行域构建中，还需考虑 VSG 实际的功率和能量限值。

储能系统采用图 4.1 所示电压源型 VSG 控制后，其进行频率响应和暂态支撑的最大功率一般出现在扰动初始时刻。对式(4.5)应用初值定理可计算出负荷扰动瞬间 VSG 输出的有功功率$\Delta P_{\text{vsg}}(0^+)$：

$$\Delta P_{\text{vsg}}(0^+) = \dfrac{H_{\text{vsg}}}{H_{\text{eq}}}\Delta P_{\text{load}} \tag{4.13}$$

考虑储能 VSG 的功率约束限值$\Delta P_{\text{vsg}}(0^+)_{\max}$，则可得虚拟惯量$H_{\text{vsg}}$的极限最大值：

$$H_{\text{vsg}} \leqslant H_{\text{vsg,max}} \triangleq \dfrac{\Delta P_{\text{vsg}}(0^+)_{\max}}{\Delta P_{\max} - \Delta P_{\text{vsg}}(0^+)_{\max}} H_{\text{g}} \tag{4.14}$$

通过式(4.5)可求得储能 VSG 暂态功率响应的时域表达式$\Delta P_{\text{vsg}}(t)$，对其积分可获得暂态支撑过程中 VSG 所吸收或释放的能量ΔE：

$$\Delta E = -\left[\dfrac{(b-a)d}{(D_{\text{eq}}+\sqrt{\rho})c} + \dfrac{(a+b)d}{(\sqrt{\rho}-D_{\text{eq}})c} \right] \Delta P_{\text{load}} = T_{\text{smooth}}\Delta P_{\text{load}} \tag{4.15}$$

式中，$a=H_{vsg}\sqrt{\rho}$；$b=2D_{vsg}H_{eq}-H_{vsg}D_{eq}$；$c=2H_{eq}\sqrt{\rho}$；$d=4H_{eq}$；$T_{smooth}$ 为等效功率平滑时间，该参数在下面将详细分析，与 H_{vsg}、D_{vsg} 相关。

考虑系统最大功率扰动下 VSG 的能量限值 E_{max}，则可得满足该要求的 H_{vsg} 和 D_{vsg} 约束：

$$T_{smooth}\Delta P_{max} \leqslant E_{max} \tag{4.16}$$

由基本频率稳定指标与 VSG 功率和能量指标约束，即式(4.10)、式(4.12)、式(4.14)和式(4.16)，可刻画出满足上述约束的 H_{vsg} 和 D_{vsg} 的可行域 I，示意图如图 4.5 中阴影区域 R_{abcd}，即交点 a、b、c 和 d 所围区域所示。

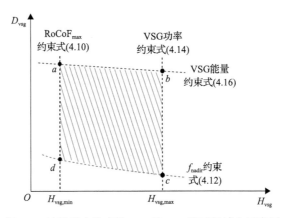

图 4.5 计及基本约束的 H_{vsg} 和 D_{vsg} 的可行域 I 示意图

假定图 4.5 中点 a、b、c 和 d 处 D_{vsg} 值分别表示为 $D_{vsg,a}$、$D_{vsg,b}$、$D_{vsg,c}$ 和 $D_{vsg,d}$，可得可行域 R_{abcd} 存在的条件如下：

$$\begin{cases} H_{vsg,min} \leqslant H_{vsg,max} \\ D_{vsg,a} \geqslant D_{vsg,d} \text{或} D_{vsg,b} \geqslant D_{vsg,c} \end{cases} \tag{4.17}$$

3)特殊定制化动态性能需求

除满足基本频率稳定指标与 VSG 功率、能量等物理约束外，不同类型的柴储微电网可能对动态性能或暂态支撑效果有特殊需求。本章还将重点考虑柴储微电网频率动态的阻尼比、调节时间和等效功率平滑时间等特殊定制化动态性能指标。

(1)柴储微电网频率动态的阻尼比。

由式(4.4)可得柴储微电网阻尼比 ξ 的表达式为

$$\xi = \frac{D_{eq}}{\sqrt{8k_i H_{eq}}} \tag{4.18}$$

为保证暂态过程中的频率稳定性，一般会设置柴储微电网频率动态的阻尼比的最小限值 $\xi_{\min}$，则可得满足该要求的 H_{vsg} 和 D_{vsg} 约束：

$$\xi(H_{vsg}, D_{vsg}) \geqslant \xi_{\min} \tag{4.19}$$

从最优控制角度分析，$\xi_{\min}$ 可设置为 0.707。若期望避免 VSG 在暂态支撑过程出现低频功率振荡以减小能量损耗，$\xi_{\min}$ 还可设置为 1，使得柴储微电网在频率动态时间尺度上处于过阻尼状态[10]。

(2) 柴储微电网频率动态的调节时间。

调节时间 t_s 可反映系统受扰后恢复到稳定状态的时间[10]，其计算公式为

$$t_s = \begin{cases} \dfrac{3.5}{\xi \omega_n} = \dfrac{14 H_{eq}}{D_{eq}}, & \xi < 1 \\[3mm] \dfrac{4.75\sqrt{2 H_{eq}}}{\sqrt{k_i}}, & \xi = 1 \\[3mm] \dfrac{12 H_{eq}}{D_{eq} - \sqrt{D_{eq}^2 - 8 H_{eq} k_i}}, & \xi > 1 \end{cases} \tag{4.20}$$

式中，ω_n 为自然振荡频率。

考虑柴储微电网频率恢复至额定值的调节时间允许最大值为 $t_{s,\max}$，则可得满足该要求的 H_{vsg} 和 D_{vsg} 约束：

$$t_s(H_{vsg}, D_{vsg}) \leqslant t_{s,\max} \tag{4.21}$$

在图 4.5 基础上，得到图 4.6(a)所示计及阻尼比约束式(4.19)与调节时间约束式(4.21)的 H_{vsg} 和 D_{vsg} 可行域 II 的示意图，即图中交点 a、b、f、e 和 d 所围区域 R_{abfed}。需要指出的是，在应用中实际形成的可行域形状随系统参数、约束条件等的不同而不同。由图 4.6(a)可知可行域 R_{abfed} 存在的条件为需保证在计及 ξ 和 t_s 约束后的新的交点 e、f 在原可行域 R_{abcd} 范围内。

(3) 等效功率平滑时间。

当柴储微电网中的 DGS 容量较小时，其爬坡率具有一定的限制；此外，当系统中发生较大的功率扰动时，为保证系统具有充足的时间进行紧急协调控制，通常会对 VSG 的暂态支撑效果或功率平滑效果提出要求。为此，本节定义了等效功率平滑时间指标来量化分析和评价其暂态功率支撑或平滑性能，即式(4.15)中所定义的变量 T_{smooth}。

若将柴储微电网设置为过阻尼，则其受到扰动后各单元功率动态响应示意图如图 4.7 所示。

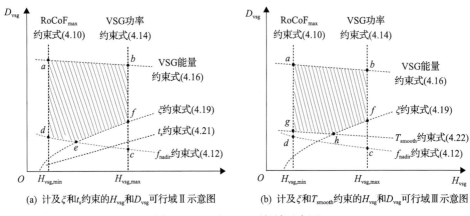

(a) 计及ξ和t_s约束的H_{vsg}和D_{vsg}可行域Ⅱ示意图　　(b) 计及ξ和T_{smooth}约束的H_{vsg}和D_{vsg}可行域Ⅲ示意图

图 4.6　H_{vsg} 和 D_{vsg} 可行域示意图

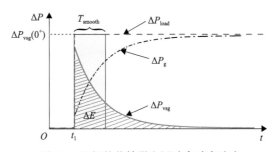

图 4.7　理想的柴储微电网功率动态响应

图 4.7 中阴影部分面积表示 ΔE。T_{smooth} 越大表示暂态过程 VSG 释放的能量越多，意味着柴发频率及功率可以更加平滑地过渡到新的稳定状态，VSG 可以在较长时间内承担不平衡功率，为后续的紧急协调控制和功率分配提供足够的响应时间。

等效功率平滑时间通常考虑最小限值 $T_{smooth,min}$，则可得满足该要求的 H_{vsg} 和 D_{vsg} 约束：

$$T_{smooth}(H_{vsg}, D_{vsg}) \geqslant T_{smooth,min} \tag{4.22}$$

由于等效功率平滑时间 T_{smooth} 与 VSG 所释放的能量 ΔE 相关，所以在设定二者的边界值时需对这两个指标进行综合考虑，使 VSG 在满足能量约束的前提下，达到较好的功率平滑效果。

在图 4.5 基础上，得到图 4.6(b)所示计及阻尼比约束式(4.19)与等效功率平滑时间约束式(4.22)的 H_{vsg} 和 D_{vsg} 可行域Ⅲ示意图，即图中交点 a、b、f、h 和 g 所围区域 R_{abfhg}。从图 4.6(b)中可知，可行域 R_{abfhg} 存在的条件为需保证在计及 ξ 和 T_{smooth} 约束后的新的交点 f、g、h 在原可行域 R_{abcd} 范围内。

综上分析，针对不同运行需求的柴储微电网，本节提出如图 4.8 所示的柴储微电网储能 VSG 虚拟惯量及阻尼系数可行域的系统性分析方法与构建流程。

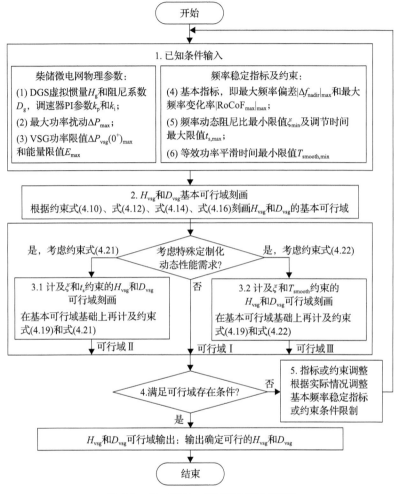

图 4.8　H_{vsg} 和 D_{vsg} 的可行域构建流程

本章所提设计方法可针对柴储微电网特殊的动态性能需求，在刻画 H_{vsg} 和 D_{vsg} 的可行域时考虑不同约束条件，对系统动态性能进行定制化设计。在包含多台储能 VSG 的柴储微电网中，同样可以按照本章所提方法构建 VSG 虚拟惯量及阻尼系数的可行域，然后再根据各台储能变流器自身的约束及需求进行参数分配。需要指出的是，基于本章方法所得可行域还可进一步有两个重要应用：①基于某一优化目标（如暂态支撑能量消耗最小等）对 H_{vsg} 和 D_{vsg} 参数进行最优化设计；②根据指定频率动态性能需求，逆向应用于储能 VSG 功率和能量优化配置。

4.2.3 仿真验证

1. 仿真工况描述

本书在 MATLAB/Simulink 中搭建了光柴储系统的详细电磁暂态仿真模型,其中光伏阵列使用 Trina Solar TSM-250PA05.08 型号,发电子阵采用 20 块光伏组件串联为 1 串,共 10 串,通过 Boost 电路实现最大功率点跟踪控制,再通过 50kW 逆变器接入交流侧,通过多组仿真验证了所构建可行域的有效性。仿真步长为 2μs,开关频率为 15kHz。表 4.1 给出了详细主电路和控制参数。设置暂态工况为负荷功率突增 40kW,储能单元采用常规 PQ 控制时,发电机频率及输出有功功率的仿真结果如图 4.9 所示,由图可见,系统频率最低点 f_{nadir} 为 288.50rad/s(即 45.92Hz),最大频率变化率 RoCoF$_{max}$ 为 269.96rad/s^2。

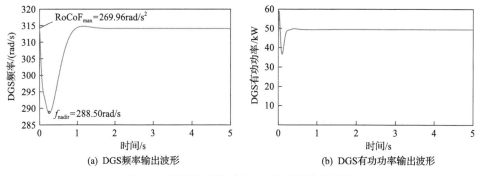

(a) DGS频率输出波形　　　　　　　　(b) DGS有功功率输出波形

图 4.9　储能变流器采用 PQ 控制的仿真结果

基于上述结果,本节设计了表 4.2 所示的三组仿真工况及约束条件。

表 4.2　仿真工况及约束条件

约束	工况		
	1	2	3
ΔP_{load}/kW	40	0	20
ΔP_{PV}/kW	0	−40	0
$\left\| RoCoF_{max} \right\|_{max}$ /(rad/s^2)	100	100	100
$f_{nadir,min}$/ (rad/s)	311	311.5	311
$\Delta P_{vsg}(0^+)_{max}$/kW	35	32	17.5
E_{max}/ (kW·s)	200	180	100
ξ_{min}	1	1	1
$t_{s,max}$/s	—	3	—
$T_{smooth,min}$/s	2	—	2

在不同的 VSG 功率和能量约束、光伏出力及负荷功率扰动下，首先根据图 4.8 所示方法和流程构建了相应的 H_{vsg} 和 D_{vsg} 可行域，然后进行仿真测试，以验证本章所提出的虚拟惯量及阻尼系数可行域构建和分析方法的有效性。需要说明的是，本章在进行可行域分析与构建的过程中，均考虑系统中可能存在的最大阶跃负荷扰动，因为这是系统受到扰动最严重的情况，根据最大阶跃负荷扰动所设计出的 H_{vsg} 及 D_{vsg}，能够在发生最大负荷扰动时使系统满足各指标约束，在其他较小扰动下均能够使系统满足指标约束。

表 4.2 中三组工况简要描述如下。

工况 1：假定 VSG 功率和能量限值分别为 35kW 和 200kW·s；采用 VSG 控制后，柴发的 f_{nadir} 限值提升为 311rad/s（即 49.5Hz），$RoCoF_{max}$ 限值提升为 100rad/s²，有效提升了系统频率稳定性；定制化动态性能需求考虑的是频率动态阻尼比和等效功率平滑时间，其最小限值分别设置为 1 和 2s。

工况 2：相比于工况 1，暂态工况变为光伏系统输出的有功功率减少 40kW，VSG 功率和能量约束限值分别调整为 32kW 和 180kW·s；柴发的 f_{nadir} 限值调整至 311.5rad/s（约 49.6Hz）；此工况下定制化动态性能需求考虑的是频率动态阻尼比和调节时间，阻尼比最小限值仍为 1，最大调节时间为 3s。

工况 3：相比于工况 1，该工况模拟轻负荷运行场景，最大负荷扰动 ΔP_{load} 降低至 20kW，同时为模拟 VSG 可支撑的功率和能量受限的情况，其功率和能量限值分别减小至 17.5kW 和 100kW·s。

2. 可行域刻画

1）工况 1~3 可行域刻画

根据本书所提 H_{vsg} 和 D_{vsg} 可行域构建方法，可以刻画出工况 1~3 的 H_{vsg} 和 D_{vsg} 可行域，如图 4.10 中阴影区域所示。

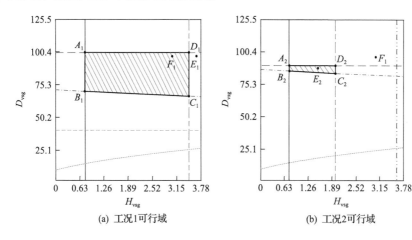

(a) 工况 1 可行域　　　　　　　　　(b) 工况 2 可行域

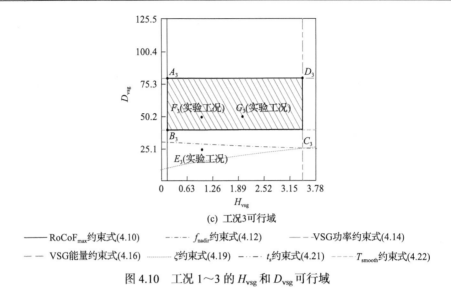

(c) 工况3可行域

—— RoCoF$_{max}$约束式(4.10)　　- · - · f_{nadir}约束式(4.12)　　— — VSG功率约束式(4.14)

— — VSG能量约束式(4.16)　…… ξ约束式(4.19)　- · - · t_s约束式(4.21)　- · - · T_{smooth}约束式(4.22)

图 4.10　工况 1~3 的 H_{vsg} 和 D_{vsg} 可行域

以工况 1 为例，H_{vsg} 和 D_{vsg} 的可行域为图 4.10(a)中交点 A_1、B_1、C_1 和 D_1 所围成的四边形，在表 4.2 所示参数下，其最终边界由 RoCoF$_{max}$ 约束式(4.10)、f_{nadir} 约束式(4.12)、VSG 功率约束式(4.14)和能量约束式(4.16)组成。若各指标约束及限值有所调整，H_{vsg} 和 D_{vsg} 可行域及其形状可能发生变化，如增大工况 1 中的等效功率平滑时间 T_{smooth} 与频率动态阻尼比 ξ 限值，那么图 4.10(a)中相应约束所对应的曲线将会向上移动，与区域 $A_1B_1C_1D_1$ 相交，形成新的 H_{vsg} 和 D_{vsg} 可行域。

2) 柴发调速器控制参数 k_p 和 k_i 对可行域的影响

为验证柴发调速器控制参数 k_p 和 k_i 对可行域的影响，在工况 1 的基础上，分别调节 k_p 与 k_i 并刻画 H_{vsg} 和 D_{vsg} 的可行域，如图 4.11 所示。由图 4.11 即可见随着 k_p 与 k_i 变化可行域大概的变化趋势。

3. 仿真结果

1) 工况 1

VSG 虚拟惯量和阻尼系数分别选择图 4.10(a)中点 E_1(3.6, 95)与 F_1(3, 95)对应的参数，40kW 负荷扰动下所对应的仿真结果如图 4.12 所示。

由仿真结果可得柴发最大频率变化率 RoCoF$_{max}$、频率最低点 f_{nadir}、VSG 输出的有功功率 $\Delta P_{vsg}(0^+)$、能量消耗 ΔE、等效功率平滑时间 T_{smooth} 以及频率动态阻尼比 ξ 的结果，具体见表 4.3。

从图 4.10(a)可知，当 VSG 虚拟惯量和阻尼系数设置为对应点 F_1(3, 95)参数时，系统各指标均满足设定的约束条件；VSG 虚拟惯量和阻尼系数选择点 E_1(3.6,

95) 参数时，由理论分析可知 VSG 将不满足功率约束条件。由表 4.3 可见，在实际仿真测试中，VSG 输出的有功功率达到了 35.18kW，超过了其限值 35kW，验证了本章所提 H_{vsg} 和 D_{vsg} 可行域分析和构建方法的有效性。

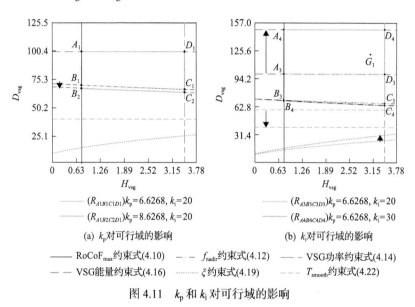

(a) k_p 对可行域的影响　　　　　　　(b) k_i 对可行域的影响

——— RoCoF$_{max}$ 约束式(4.10)　　– – f_{nadir} 约束式(4.12)　　——— VSG功率约束式(4.14)
— — VSG能量约束式(4.16)　　········ ζ 约束式(4.19)　　– · – T_{smooth} 约束式(4.22)

图 4.11　k_p 和 k_i 对可行域的影响

(a) DGS频率输出波形(H_{vsg}=3.6, D_{vsg}=95)

(b) DGS有功功率输出波形(H_{vsg}=3.6, D_{vsg}=95)

(c) VSG有功功率输出波形(H_{vsg}=3.6, D_{vsg}=95)

(d) DGS频率输出波形(H_{vsg}=3, D_{vsg}=95)

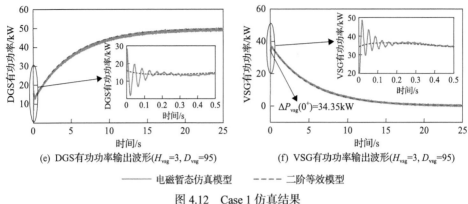

(e) DGS有功率输出波形(H_{vsg}=3, D_{vsg}=95)　　　(f) VSG有功率输出波形(H_{vsg}=3, D_{vsg}=95)

—— 电磁暂态仿真模型　　　- - - - 二阶等效模型

图 4.12　Case 1 仿真结果

表 4.3　工况 1 中各指标的实际值

参数	$\mathrm{RoCoF_{max}}/(\mathrm{rad/s^2})$	$f_{\mathrm{nadir}}/(\mathrm{rad/s})$	$\Delta P_{\mathrm{vsg}}(0^+)/\mathrm{kW}$	$\Delta E/(\mathrm{kW \cdot s})$	ξ	$T_{\mathrm{smooth}}/\mathrm{s}$
$E_1(3.6,95)$	30.70	311.81	35.18	190	>1	4.75
$F_1(3,95)$	35.97	311.80	34.35	190	>1	4.75

此外，为验证 k_p 和 k_i 对可行域的影响，VSG 虚拟惯量及阻尼系数选取图 4.11 (b) 中点 $G_1(3,120)$ 对应的参数，且分别设置 k_p=6.6268、k_i=20 与 k_p=6.6268、k_i=30 进行仿真，仿真结果如图 4.13 所示。仿真所得的各指标实际值见表 4.4。由表 4.4 可

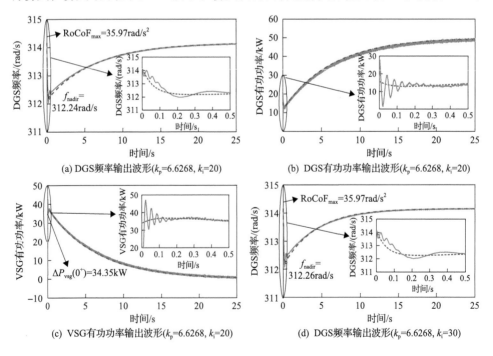

(a) DGS频率输出波形(k_p=6.6268, k_i=20)　　　(b) DGS有功率输出波形(k_p=6.6268, k_i=20)

(c) VSG有功率输出波形(k_p=6.6268, k_i=20)　　　(d) DGS频率输出波形(k_p=6.6268, k_i=30)

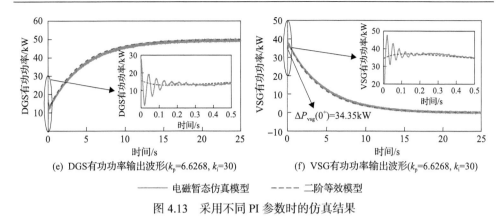

(e) DGS 有功功率输出波形(k_p=6.6268, k_i=30)   (f) VSG 有功功率输出波形(k_p=6.6268, k_i=30)

——— 电磁暂态仿真模型   - - - - 二阶等效模型

图 4.13 采用不同 PI 参数时的仿真结果

见, 当 k_p=6.6268 且 k_i=20 时 ΔE 为 240kW·s, 超过其限值 200kW·s, 但当 k_p=6.6268 且 k_i=30 时, 各指标均满足设计要求, 验证了图 4.11 中 k_p 和 k_i 对可行域影响的有效性。

表 4.4 采用不同 PI 参数时各指标的实际值

参数	$\mathrm{RoCoF_{max}}$/(rad/s²)	f_{nadir}/(rad/s)	$\Delta P_{vsg}(0^+)$/kW	ΔE/(kW·s)	ξ	T_{smooth}/s
k_p=6.6268, k_i=20	35.97	312.24	34.35	240	>1	6
k_p=6.6268, k_i=30	35.97	312.26	34.35	160	>1	4

2) 工况 2

工况 1 可行域内的点 $F_1(3, 95)$ 在工况 2 可行域之外, 选择该点对应参数进行仿真同样可以验证工况 2 可行域的有效性。此外, 选择图 4.10(b) 中点 $E_2(1.5, 88)$ 对应参数进行仿真, 仿真结果如图 4.14 所示。

表 4.5 给出了根据仿真结果所得的各项指标值。由表 4.5 可知, 当 VSG 的虚拟惯量和阻尼系数选择点 $F_1(3, 95)$ 对应参数时, $\Delta P_{vsg}(0^+)$ 和 ΔE 超过工况 2 中设定的限值; 若 VSG 的虚拟惯量和阻尼系数选择点 $E_2(1.5, 88)$ 对应值时, 各指标均满足约束条件。

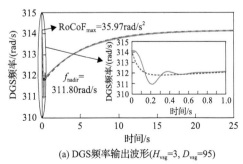

(a) DGS 频率输出波形(H_{vsg}=3, D_{vsg}=95)

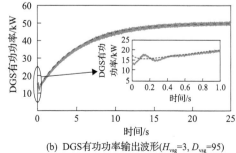

(b) DGS 有功功率输出波形(H_{vsg}=3, D_{vsg}=95)

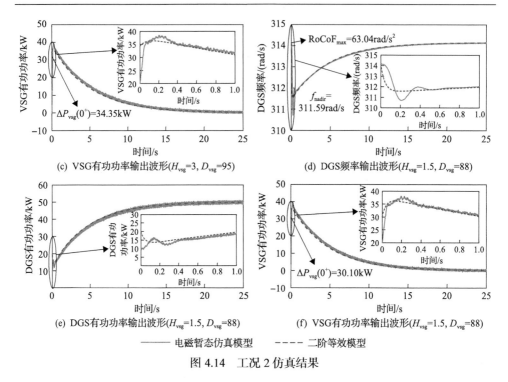

(c) VSG有功功率输出波形($H_{vsg}=3, D_{vsg}=95$)　　(d) DGS频率输出波形($H_{vsg}=1.5, D_{vsg}=88$)

(e) DGS有功功率输出波形($H_{vsg}=1.5, D_{vsg}=88$)　　(f) VSG有功功率输出波形($H_{vsg}=1.5, D_{vsg}=88$)

—— 电磁暂态仿真模型　　- - - - 二阶等效模型

图 4.14　工况 2 仿真结果

表 4.5　工况 2 中各项指标的实际值

参数	$RoCoF_{max}$/(rad/s²)	f_{nadir}/(rad/s)	$\Delta P_{vsg}(0^+)$/kW	ΔE/(kW·s)	ξ	T_{smooth}/s
$F_1(3, 95)$	35.97	311.80	34.35	190	>1	4.75
$E_2(1.5, 88)$	63.04	311.59	30.10	175	>1	4.39

3）工况 3

图 4.15 为 VSG 虚拟惯量和阻尼系数分别选择图 4.10(c) 中点 $E_3(1, 25)$ 与 $F_3(1, 50)$ 对应参数时的仿真结果。

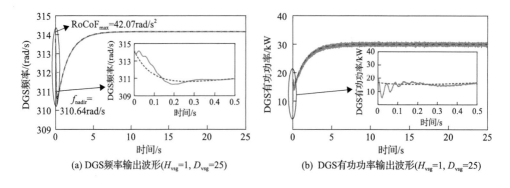

(a) DGS频率输出波形($H_{vsg}=1, D_{vsg}=25$)　　(b) DGS有功功率输出波形($H_{vsg}=1, D_{vsg}=25$)

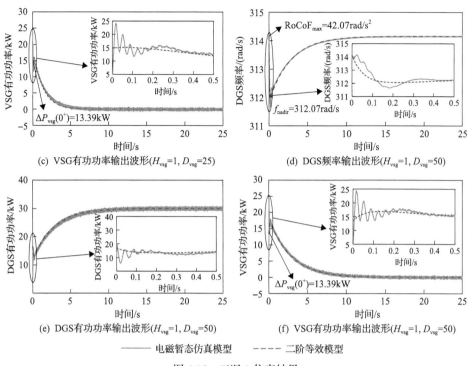

(c) VSG有功功率输出波形($H_{vsg}=1, D_{vsg}=25$)

(d) DGS频率输出波形($H_{vsg}=1, D_{vsg}=50$)

(e) DGS有功功率输出波形($H_{vsg}=1, D_{vsg}=50$)

(f) VSG有功功率输出波形($H_{vsg}=1, D_{vsg}=50$)

―――― 电磁暂态仿真模型　　- - - - 二阶等效模型

图 4.15　工况 3 仿真结果

仿真所得的各指标实际值见表 4.6。通过理论分析可知，当选择点 $E_3(1,25)$ 对应参数时，系统将不满足频率最低点和等效功率平滑时间约束。由表 4.6 可见 f_{nadir} 和 T_{smooth} 分别为 310.64rad/s 和 1.25s，均小于其最低限值 311rad/s 和 2s，但选择 $F_3(1,50)$ 对应参数时，各指标均满足要求。

表 4.6　工况 3 中各指标的实际值

参数	RoCoF$_{max}$/(rad/s^2)	f_{nadir}/(rad/s)	$\Delta P_{vsg}(0^+)$/kW	ΔE/(kW·s)	ξ	T_{smooth}/s
$E_3(1,25)$	42.07	310.64	13.39	50	>1	1.25
$F_3(1,50)$	42.07	312.07	13.39	100	>1	2.5

上述理论分析和仿真结果的对比表明，图 4.2 所示简化模型可有效适用于柴储微电网的频率稳定性分析，验证了基于该模型所提出的图 4.8 所示柴储微电网 H_{vsg} 和 D_{vsg} 设计方法的有效性。该方法可保证柴储微电网能在满足 VSG 功率和能量约束的前提下，达到期望的频率稳定性能与动态性能。

但由图 4.12～图 4.15 可见，在扰动初始时刻，频率及有功功率出现了 20Hz 左右的振荡，使 VSG 暂态电流及输出功率产生较大冲击，甚至可能使其有功功率超过容量限值。图 4.2 所示简化模型对反映该模态存在一定的局限性。因此，4.3

节将针对该振荡现象进行机理分析并提出基于虚拟阻抗的振荡抑制策略。

4.3 振荡机理分析及抑制

由于 4.2 节所建立的简化频率稳定性分析模型不能支撑图 4.12～图 4.15 中 20Hz 左右振荡现象的分析，本节将建立适用于该模态振荡机理分析的等效模型，并在不影响图 4.8 所示柴储微电网虚拟惯量和阻尼系数可行域设计的基础上提出基于虚拟阻抗的振荡抑制策略。

4.3.1 等效数学模型

为建立适用于图 4.12～图 4.15 振荡机理揭示的柴储微电网简化分析模型，本节考虑如下简化条件。

(1)计及储能 VSG 的有功功率-频率外环控制特性，忽略柴发调速器的一阶滞后环节时间常数。

(2)考虑图 4.1 中柴发及储能 VSG 接入点至公共交流母线之间等效阻抗的影响，但为简化分析，考虑准稳态阻抗及潮流模型[11]。

同样基于图 4.1 所示柴储微电网系统结构及控制策略，结合上述两条简化条件，可得图 4.16 所示适用于柴储微电网振荡机理揭示的简化分析模型。

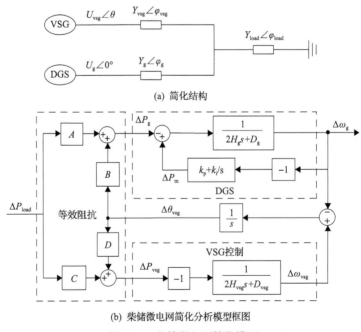

(a) 简化结构

(b) 柴储微电网简化分析模型框图

图 4.16 柴储微电网简化模型

定义

$$Y_{eq}e^{j\varphi_{eq}} = Y_{vsg}e^{j\varphi_{vsg}} + Y_ge^{j\varphi_g} + Y_{load}e^{j\varphi_{load}}$$

式中，U_g 为柴发输出电压；Y_g 和 φ_g 为柴发输出至负荷母线处等效导纳及阻抗角；U_{vsg} 和 θ 分别为 VSG 输出电压和相角，Y_{vsg} 和 φ_{vsg} 为 VSG 至负荷母线处的等效导纳及阻抗角；Y_{load}、φ_{load} 为负荷导纳及阻挠角；Y_{eq} 及 φ_{eq} 分别负荷母线处的系统复合导纳和等效阻抗角。

图 4.16 中系数 A、B、C、D 具体表达式如下：

$$\begin{cases} A = 1.5U_g^2Y_g^2\cos(2\varphi_{eq}-2\varphi_g)/Y_{eq}^2 \\ \qquad + 1.5U_gY_gU_{vsg}Y_{vsg}\cos(2\varphi_{eq}-\varphi_g-\theta-\varphi_{vsg})/Y_{eq}^2 \\ B = -1.5U_gY_gU_{vsg}Y_{vsg}\sin(\varphi_{eq}-\varphi_g-\theta-\varphi_{vsg})/Y_{eq} \\ C = 1.5U_{vsg}^2Y_{vsg}^2\cos(2\varphi_{eq}-2\varphi_{vsg})/Y_{eq}^2 \\ \qquad + 1.5U_{vsg}Y_{vsg}U_gY_g\cos(2\varphi_{eq}+\theta-\varphi_{vsg}-\varphi_g)/Y_{eq}^2 \\ D = 1.5U_{vsg}Y_{vsg}U_gY_g\sin(\varphi_{eq}+\theta-\varphi_{vsg}-\varphi_g)/Y_{eq} \end{cases} \tag{4.23}$$

基于图 4.16 所示简化模型，可得 ΔP_{load} 到 $\Delta\omega_g$ 的传递函数为

$$G_\omega(s) = \frac{G_1(s)-As}{2H_gs^2+D_gs+k_ps+k_i-B+G_2(s)} \tag{4.24}$$

式中，$G_1(s)$ 和 $G_2(s)$ 的具体表达式为

$$\begin{cases} G_1(s) = BCs/(2H_{vsg}s^2+D_{vsg}s+D) \\ G_2(s) = BD/(2H_{vsg}s^2+D_{vsg}s+D) \end{cases} \tag{4.25}$$

不失一般性，假定振荡主要由一对共轭的主导极点 $s_{1,2}=\sigma\pm j\omega$ 表征，将其代入 $G_1(s)$ 与 $G_2(s)$ 进行降阶处理[12]，可将 $G_1(s)$ 与 $G_2(s)$ 分别简化为 k_1s+k_2 和 k_3s+k_4。将 $s=\sigma\pm j\omega$ 代入 $G_1(s)$ 进行化简可得

$$\begin{cases} BCs/(2H_{vsg}s^2+D_{vsg}s+D) = jk_{01}+k_{02} = k_1s+k_2 \\ k_{01} = (BC\omega x - BC\sigma y)/(x^2+y^2) \\ k_{02} = (BC\sigma x + BC\omega y)/(x^2+y^2) \end{cases} \tag{4.26}$$

式中，$x=2H_{vsg}\sigma^2-2H_{vsg}\omega^2+D_{vsg}\sigma+D$；$y=4H_{vsg}\sigma\omega+D_{vsg}\omega$。

同理将 $s=\sigma\pm j\omega$ 代入 $G_2(s)$ 进行化简可得

$$
\begin{cases}
BD/(H_{vsg}s^2 + D_{vsg}s + D) = jk_{03} + k_{04} = k_3 s + k_4 \\
k_{03} = -BDy/(x^2 + y^2) \\
k_{04} = BDx/(x^2 + y^2)
\end{cases}
\tag{4.27}
$$

基于上述分析，式(4.24)可转化为

$$
G_\omega(s) = \frac{(k_1 - A)s + k_2}{2H_g s^2 + (D_g + k_p + k_3)s + k_i - B + k_4}
\tag{4.28}
$$

经上述简化计算，已将复杂的高阶模型降阶为二阶模型。需要指出的是，该等效模型适用于主导极点 $s=\sigma\pm j\omega$ 所对应的振荡模态分析，而式(4.4)所表示的简化模型用于分析系统的低频模态，因此可将同一时刻二者的激励进行线性叠加。图 4.17 为叠加式(4.28)与式(4.4)所得的 DGS 频率与 VSG 有功功率的二阶等效模型与电磁暂态仿真模型波形，可见二者吻合程度较高。因此，可以基于该等效模型分析系统主电路与控制参数对振荡频率和阻尼的影响

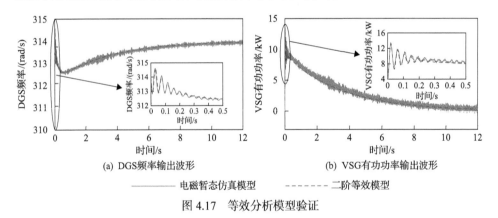

图 4.17　等效分析模型验证

4.3.2　振荡机理及抑制策略

由式(4.28)可求系统振荡模态的阻尼比 λ 为

$$
\lambda = \frac{D_g + k_p + k_3}{\sqrt{8H_g(k_i + k_4 - B)}}
\tag{4.29}
$$

由式(4.29)可知，H_g、D_g、k_p、k_i、反映等效阻抗的变量 B、反映全系统参数（包括 H_{vsg} 和 D_{vsg}）的变量 k_3 和 k_4 对阻尼比 λ 均有影响，即这些参数都会影响系统

的频率和有功功率振荡。但考虑到在实际柴储微电网中柴发参数已为固定值，且基于 4.2 节理论分析获得了 H_{vsg} 和 D_{vsg} 可行域，此处重点分析等效阻抗的影响。图 4.18 为根据式 (4.29) 绘制的阻尼比 λ 与 L_g 和 L_{vsg} 的关系，可见随着 L_g 和 L_{vsg} 的增大，λ 显著增大，频率及有功功率振荡会得到有效抑制。

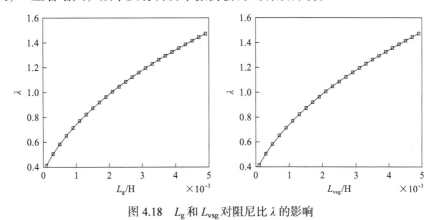

图 4.18　L_g 和 L_{vsg} 对阻尼比 λ 的影响

通过在 VSG 的控制回路中增加虚拟阻抗[13]，如式 (4.30) 所示，可以得到与在 VSG 输出端增加实际物理阻抗相同的效果，从而解决振荡问题。从前面理论分析可知，该等效阻抗并不影响 4.2 节中分析和设计的系统频率动态。

$$\begin{cases} u'_{dref} = u_{dref} + i_{tq}\omega_{vsg}L_v - i_{td}R_v \\ u'_{qref} = 0 - i_{td}\omega_{vsg}L_v - i_{tq}R_v \end{cases} \tag{4.30}$$

为了使系统保持 VSG 输出功率的解耦性能，设计虚拟阻挠时考虑如下约束：

$$\begin{cases} \left| \dfrac{\partial P_{vsg}}{\partial \theta} \right| \geqslant k_{dec} \left| \dfrac{\partial Q_{vsg}}{\partial \theta} \right| \\ \left| \dfrac{\partial Q_{vsg}}{\partial U_{vsg}} \right| \geqslant k_{dec} \left| \dfrac{\partial P_{vsg}}{\partial U_{vsg}} \right| \end{cases} \tag{4.31}$$

式中，k_{dec} 为功率去耦系数。

本章在设计虚拟阻抗时除考虑稳定性约束，通过设定功率去耦系数的最大限值 k_{decmax} 以确保有功功率与无功功率存在较小的耦合外，还定义无功功率分配系数 k_Q，如式 (4.31) 所示。较小的 k_Q 表示 DGS 与 VSG 的无功均分效果较好。通过设定无功功率分配约束 $k_Q \leqslant k_{Qmax}$，以实现所需的无功分配效果。

$$k_Q = \left| \frac{Q_g - Q_{vsg}}{Q_g + Q_{vsg}} \right| \tag{4.32}$$

　　若由阻尼比与无功分配约束所求的虚拟阻抗可行域存在交集，则其上限为虚拟阻抗的最优值，否则应适当增大 λ_{min} 或减小 k_{Qmax}，重新求解直到求出使各指标均满足要求的虚拟阻抗的可行域。

4.3.3　仿真分析

　　本节设计了一组仿真算例以验证所提虚拟阻抗设计方法的有效性。设定 k_{dec} 为 10，λ_{min} 与 k_{Qmax} 分别为 0.5 和 0.6，可求同时满足各指标约束的虚拟电感可行域为 $0.31\text{mH} \leqslant L_v \leqslant 0.5\text{mH}$，因此最优虚拟电感值为 0.5mH，虚拟电阻值为 0.0157Ω。

　　基于上述条件进行仿真验证，DGS 频率与 VSG 有功功率输出波形结果如图 4.19(a) 和 (b) 所示。可见，采用最优虚拟阻抗后系统阻尼比增大，DGS 频率及 VSG 有功功率振荡得到抑制，同时无功功率均分效果满足设计要求，证明了本节所提出的虚拟阻抗设计方法的有效性。

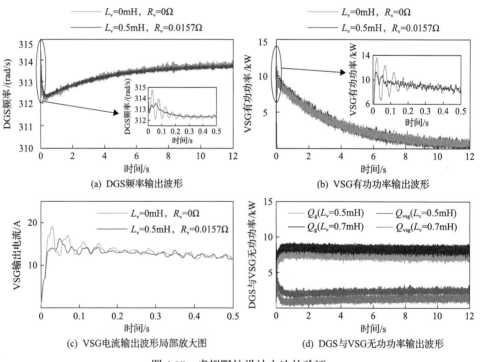

图 4.19　虚拟阻抗设计方法的验证

4.4　实　验　验　证

　　为验证理论分析及仿真结果的准确性，本节搭建了 1 台 50kV·A 柴发和 1 台

50kV·A VSG 和负载构成的柴储微电网实验平台，如图 4.20 所示。系统主电路和控制参数见表 4.1。

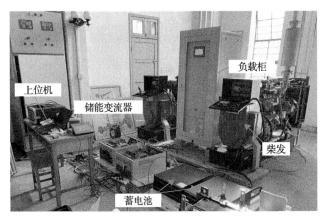

图 4.20　柴储微电网实验平台

在表 4.1 中工况 3 的基础上，增加负荷切除 20kW 工况，H_{vsg} 和 D_{vsg} 选择图 4.10(c)中点 $F_3(1,50)$。图 4.21 为 DGS 与 VSG 的电流以及交流母线电压的实验波形。图 4.22 为 DGS 频率的仿真波形与实验波形。由图 4.21 可见负荷功率突增(或

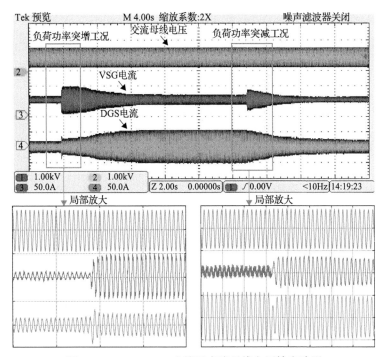

图 4.21　DGS、VSG 电流及交流母线电压输出波形

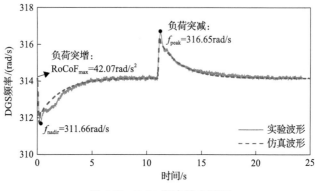

图 4.22　DGS 频率输出波形

突减)时，VSG 进行快速暂态功率支撑，DGS 输出电流缓慢上升(或下降)，达到平滑柴发出力和提升频率稳定性的目的。

由图 4.22 可见，实验与仿真所得 DGS 频率输出波形基本吻合。由实验波形可见，负载投入后的暂态过程中的 f_{nadir} 为 311.66rad/s，$RoCoF_{max}$ 为 42.07rad/s^2，均满足工况 3 的约束条件。仿真结果中 f_{nadir} 为 311.73rad/s，与实验值存在 2.8%的偏差(计算公式为"$|(\Delta f_{nadir(仿真)} - \Delta f_{nadir(实验)})/\Delta f_{nadir(实验)}|$")。同时，由实验波形可见，负载切除后的频率峰值 f_{peak} 为 316.65rad/s，仿真结果中 f_{peak} 为 316.35rad/s，二者存在 12.04%的偏差。实验与仿真存在微小偏差的可能原因分析如下：①由于实验中所用柴发转子封闭于机壳内部，难以直接采用速度传感器，因此通过对公共点的瞬时值电压进行锁相以近似获得 DGS 频率；②设备制造厂商未开放详细的励磁及调速模型数据，只能通过频率模型参数估计的方法获取相关参数进行仿真[7]，因此实验与仿真结果存在一定的误差是可以接受的。

仍然基于工况 3，但 H_{vsg} 和 D_{vsg} 分别选取图 4.10(c)中点 $E_3(1,25)$ 和 $G_3(2,50)$ 对应参数时，相应仿真与实验结果如图 4.23 所示。

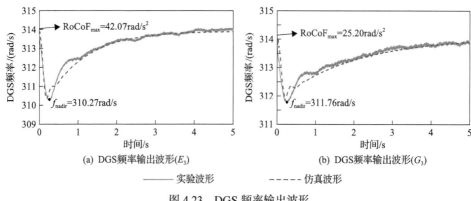

图 4.23　DGS 频率输出波形

由图 4.23 可见，实验与仿真的 DGS 频率波形基本吻合，f_{nadir} 分别存在 1.3%
与 9.5% 的误差，在可接受的范围内。由图 4.23 中实验波形可见，两组参数下 DGS
的 f_{nadir} 分别为 310.27rad/s 与 311.76rad/s，$RoCoF_{max}$ 分别为 42.07rad/s² 与 25.20rad/s²，
即 VSG 虚拟惯量和阻尼系数分别选取 $E_3(1,25)$ 对应值时，f_{nadir} 不满足工况 3 的设
计要求，当选取 $G_3(2,50)$ 时，各指标均满足要求，与图 4.10(c) 中点 E_3 和 G_3 的位
置相符，表明了本章所提方法的有效性。

图 4.24 为未加入虚拟阻抗时，储能 VSG 并入 DGS 时的电压及电流输出波形，
可见 DGS 及 VSG 电流存在明显的振荡，导致 VSG 保护脱网，振荡频率约为 20Hz，
与 4.3 节所分析的振荡频率一致。

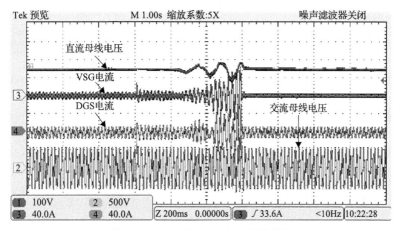

图 4.24　DGS 及 VSG 电流振荡现象

图 4.21～图 4.23 为加入虚拟阻抗后的实验输出波形，表明虚拟阻抗加入后，
振荡得到有效抑制，验证了 4.3 节所提虚拟阻抗设计方法的有效性。

4.5　本 章 小 结

本章针对基于 VSG 的柴储微电网的频率动态特性进行了研究，提出了考虑系
统最大阶跃负荷扰动的 VSG 虚拟惯量及阻尼系数的可行域分析与设计方法，同时
提出了能够抑制扰动初期振荡的虚拟阻抗策略。所得结论如下。

(1) 所提出的基于关键指标解析形式的 VSG 虚拟惯量与阻尼系数的可行域分
析和设计方法，能够在计及柴发频率响应特性和 VSG 输出功率与能量约束的前提
下，使柴储微电网系统满足基本频率稳定指标和特殊定制化动态性能需求。

(2) 针对柴储微电网在扰动初期出现的 20Hz 左右的功率振荡现象，提出的虚
拟阻抗策略能够有效抑制该振荡，且不会影响 VSG 虚拟惯量与阻尼系数的可行域
和系统频率动态的设计。

参 考 文 献

[1] 郭力, 富晓鹏, 李霞林, 等. 独立交流微网中电池储能与柴发的协调控制[J]. 中国电机工程学报, 2012, 32(25): 70-78.

[2] Guo L, Hou R S, Liu Y X, et al. A novel typical day selection method for the robust planning of stand-alone wind-photovoltaic-diesel-battery microgrid[J]. Applied Energy, 2020, 263: 114606.

[3] Zhong Q C, Weiss G. Synchronverters: Inverters that mimic synchronous generators[J]. IEEE Transactions on Industrial Electronics, 2011, 58(4): 1259-1267.

[4] 吕志鹏, 盛万兴, 钟庆昌, 等. 虚拟同步发电机及其在微电网中的应用[J]. 中国电机工程学报, 2014, 34(16): 2591-2603.

[5] 石荣亮, 张兴, 刘芳, 等. 提高光储柴独立微网频率稳定性的虚拟同步发电机控制策略[J]. 电力系统自动化, 2016, 40(22): 77-85.

[6] Cheng H, Shuai Z K, Shen C, et al. Transient angle stability of paralleled synchronous and virtual synchronous generators in islanded microgrids[J]. IEEE Transactions on Power Electronics, 2020, 35(8): 8751-8765.

[7] Li X L, Wang X Y, Guo L, et al. Application of VSG control in microgrids with unknown frequency dynamic of diesel generator[C]. 47th Annual Conference of the IEEE Industrial Electronics Society, Toronto, 2021.

[8] 中华人民共和国国家质量监督检验检疫总局, 中国国家标准化管理委员会. 分布式电源并网技术要求: GB/T 33593—2017[S]. 北京: 中国标准出版社, 2017.

[9] 中华人民共和国国家质量监督检验检疫总局, 中国国家标准化管理委员会. 电能质量 电力系统频率偏差: GB/T 15945—2008[S]. 北京: 中国标准出版社, 2008.

[10] 胡寿松. 自动控制原理[M]. 4 版. 北京: 科学出版社, 2001.

[11] He J W, Li Y W. Analysis, design, and implementation of virtual impedance for power electronics interfaced distributed generation[J]. IEEE Transactions on Industry Applications, 2011, 47(6): 2525-2538.

[12] Li X L, Zhang C, Zhu L, et al. A PLL-equivalent model for low frequency dynamic analysis of weak-grid connected VSC[C]. 47th Annual Conference of the IEEE Industrial Electronics Society, Toronto, 2021.

[13] Zhou L, Shuai Z K, Chen Y, et al. Impedance-based harmonic current suppression method for VSG connected to distorted grid[J]. IEEE Transactions Industrial Electronics, 2020, 67(7): 5490-5502.

第5章 直流微电网宽频振荡机理

5.1 概　　述

多时间尺度控制特性的电力电子设备以及高渗透率可再生能源接入，使得交直流混合微电网多时间尺度小扰动稳定问题突出[1-7]。苏州同里柔性直流配电示范工程在调试中曾在 375V 低压直流母线发生过 4Hz 左右的低频动态[1]。天津大学直流微电网实验系统中曾出现过 312Hz 左右的高频振荡现象和 10Hz 左右低频动态问题[2]，部分实验结果如图 5.1 所示。文献[3]、[4]作者在所搭建的低压直流微电网实验平台中发现恒功率负荷突变可能会导致直流微电网出现 3.3Hz 左右低频动态问题。文献[5]在基于两电平 DC-AC 变流器控制直流母线电压的直流互联系统中也发现了 2.9Hz 左右及 797Hz 左右的不同模态振荡失稳现象。针对直流微电网存在的上述低频动态及高频振荡两类典型小扰动稳定问题，建立简洁有效的数学模型，揭示其失稳机理，对提升交直流混合微电网运行稳定性具有重要的理论和工程指导价值。

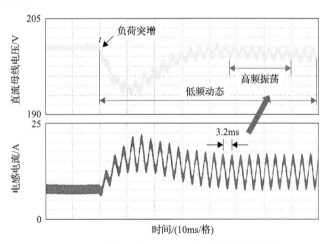

图 5.1　天津大学直流微电网实验系统实验结果

5.2　小扰动稳定问题的基本分析方法

本节主要介绍两类用于分析直流微电网小扰动稳定问题的基本方法，分别基于详细状态空间模型以及详细阻抗模型。

5.2.1　基于详细状态空间模型的分析方法

基于模块化建模思路的直流微电网详细状态空间模型构建框架通常如图 5.2 所示，主要包含直流电压控制单元、具有恒功率控制特性的广义负荷(简称广义负荷)，以及直流网络三大部分。首先，建立各部分包含详细主电路动态和控制特性的非线性数学模型，然后，在平衡点处进行线性化，通过直流网络对接入直流微电网的各单元进行耦合，进而得到完整的直流微电网小信号稳定性分析模型。

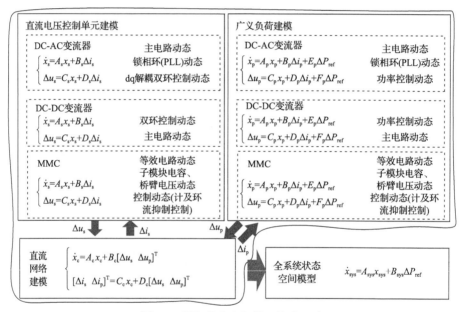

图 5.2　详细状态空间模型构建思路

x_p-功率控制单元的状态变量；Δu_p 和 Δi_p-功率控制单元的直流电压变化量和直流电流变化量；ΔP_{ref}-功率控制单元的功率参考变化量；A_p 和 B_p-状态矩阵和输入矩阵；C_p 和 D_p-输出矩阵和前馈矩阵；E_p 和 F_p-与功率参考变化相关的矩阵；x_c-直流网络的状态变量；A_c、B_c、C_c 和 D_c-状态矩阵、输入矩阵、输出矩阵和前馈矩阵

直流电压控制单元状态空间模型如下：

$$\begin{cases} \dot{x}_s = A_s x_s + B_s \Delta i_s \\ \Delta u_s = C_s x_s + D_s \Delta i_s \end{cases} \tag{5.1}$$

式中，x_s 为直流电压控制单元的状态变量；Δu_s 和 Δi_s 分别为直流电压控制单元出口处直流电压变化量和直流电流变化量；A_s 和 B_s 分别为状态矩阵和输入矩阵；C_s 和 D_s 分别为输出矩阵和前馈矩阵。

直流电压控制单元采用的变流器类型不同时，其状态矩阵 A_s 计及的详细动态也有所不同。采用 DC-DC 变流器时，一般考虑直流电压控制、电流内环控制等动态[8]。对于 DC-AC 变流器，则需考虑基于 dq 旋转坐标系的直流电压双环控制动态等[5,9]。当采用模块化多电平变流器(modular multilevel converter，MMC)时，还需考虑子模块电容、桥臂电压动态及环流抑制控制等的影响[10,11]。

分别对广义负荷和直流网络建模，通过接口变量耦合，最终形成全系统状态空间模型：

$$\dot{x}_{\text{sys}} = A_{\text{sys}} x_{\text{sys}} + B_{\text{sys}} \Delta P_{\text{ref}} \tag{5.2}$$

式中，x_{sys} 为直流微电网状态变量列向量；A_{sys} 和 B_{sys} 分别为相应状态矩阵和输入矩阵；ΔP_{ref} 为广义负荷功率参考变化量的列向量。

状态矩阵 A_{sys} 包含所有直流电压控制单元、广义负荷及直流网络详细动态，进而可通过特征值、参与因子或灵敏度等分析系统小扰动稳定性[12,13]。

基于详细状态空间模型的分析方法能够建立全系统完整模型，进而分析直流微电网高、低频多时间尺度稳定性，且不受直流网络拓扑约束影响。但由于详细状态空间模型的高阶特性，其仅能提供表征系统稳定性的数值信息，通过特征值、参与因子及灵敏度等的变化规律被动观测系统参数对系统稳定性的影响，难以有效揭示系统多时间尺度稳定的本质机理。此外，状态空间建模必须预先获取系统详细信息，当系统详细动态未知时，其适用性受限。

5.2.2　基于详细阻抗模型的分析方法

阻抗建模基本思路如图 5.3 所示。

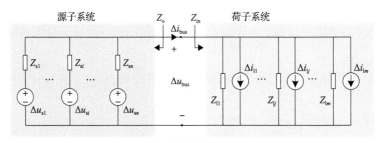

(a) 并联电路模型

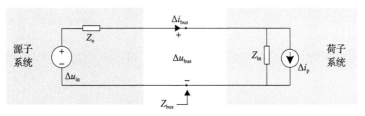

(b) 等效源荷阻抗模型

图 5.3　阻抗建模思路

对于简单源荷低压直流互联系统，可得图 5.3(b)所示等效源荷阻抗模型[14]，直流母线电压和电流动态可分别表示为

$$\begin{cases} \Delta u_{bus} = \Delta U_{ref} - Z_o \Delta i_{bus} \\ \Delta i_{bus} = \dfrac{\Delta u_{bus}}{Z_{in}} + \Delta i_{pref} \end{cases} \tag{5.3}$$

式中，Δu_{bus} 和 Δi_{bus} 分别为母线直流电压和电流变化量；ΔU_{ref} 和 Z_o 分别为直流电压控制单元等效直流电压源电压扰动量和等效输出阻抗；Δi_{pref} 和 Z_{in} 分别为广义负荷等效负载参考电流扰动量和等效输入阻抗。

对于多源多荷共母线系统，一般首先将其等效为图 5.3(a)所示并联电路模型，其中每个直流电压控制单元等效为直流电压源 Δu_{si} 与阻抗 Z_{si} 串联电路，广义负荷等效为直流电流源 Δi_{lj} 与阻抗 Z_{lj} 并联电路。然后做进一步等效，得到图 5.3(b)等效源荷阻抗模型[15,16]。其中，直流电压控制单元等效输出阻抗 Z_o 等于源侧总输出阻抗，广义负荷等效输入阻抗 Z_{in} 等于负荷侧总并联阻抗。

值得指出的是，直流电压控制单元等效输出阻抗 Z_o 可考虑其控制模式[17]、详细控制动态[4]以及多源交互动态[18]的影响。广义负荷等效输入阻抗 Z_{in} 可包含其控制策略及带宽[15]、负荷类型[19]以及多负荷交互动态[20]的影响。依据所得源侧输出阻抗 Z_o 及荷侧输入阻抗 Z_{in}，可采用基于阻抗的稳定性判据进行分析。基于阻抗的稳定性判据可分为两类，分别如图 5.4(a)和(b)所示。一类基于源荷阻抗比 $(T_m = Z_o / Z_{in})$，也称小回路增益 (minor loop gain)，包含米德尔布鲁克 (Middlebrook) 判据、增益相角 (GMPM) 判据、禁区 (opposing argument) 判据以及能量源联合分析 (ESAC) 判

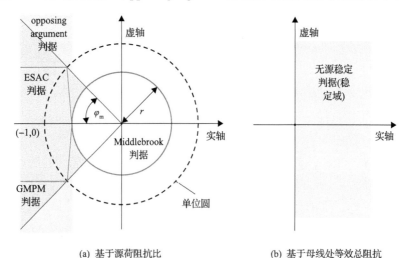

(a) 基于源荷阻抗比　　　　　　　　　(b) 基于母线处等效总阻抗

图 5.4　基于阻抗的稳定性判据

r-幅值；φ_m-阻尼角

据等[21,22]，此类稳定性判据针对阻抗比设定相应的禁止域，只要阻抗比不进入该域，则系统稳定。另一类则基于母线处等效总阻抗 Z_{bus}，采用无源稳定性判据[23,24]，当 Z_{bus} 满足①$Z_{bus}(s)$ 没有右半平面极点；②$Re\{Z_{bus}(s)\} \geqslant 0$ 两个条件时，系统稳定。

　　相比详细状态空间模型，详细阻抗模型不依赖系统详细信息，且可通过阻抗频率特性及稳定性判据研究源-网-荷及其交互动态对直流微电网小扰动稳定性的影响。表 5.1 对基于详细状态空间模型和详细阻抗模型的两种分析方法进行了比较。

表 5.1　不同小扰动建模分析方法比较

建模方法	建模思路	分析方法	应用场合	局限性
详细状态空间模型	在稳态运行点线性化处理，得到系统状态矩阵	通过特征值观测参数对系统稳定性的影响，通过参与因子、灵敏度等辨识影响系统稳定的关键环节	适用于分析接入设备及直流网络等详细信息已知的系统	需要预先获取系统详细建模信息；通过被动观测特征值变化趋势分析系统高频稳定性变化规律，均难以有效揭示稳定性的本质机理
详细阻抗模型	将系统从某一公共分界点划分为源、荷两个子系统，得到源输出阻抗以及荷输入阻抗	基于源荷阻抗比的稳定性判据：Nyquist 判据及其改进判据；基于母线处等效总阻抗的无源稳定性判据	适用于分析接入设备及直流网络全部信息已知的系统，或者部分信息未知的"黑箱"系统	即使系统是黑箱，依然可通过实时阻抗测量值，获取阻抗频率特性；通过观测 Nyquist 曲线变化分析高频稳定变化规律，难以直观揭示稳定性的本质机理

　　详细状态空间模型是在系统稳态运行点处进行线性化处理，得到系统状态空间矩阵，进而采用特征值、参数灵敏度以及参与因子分析系统稳定性。但详细状态空间模型需要预先获取系统详细信息，因此适用性受限。详细阻抗模型通常选取某一公共分界点，将系统分为等效源、荷两个子系统，分别得到两子系统频域阻抗模型，进而通过 Nyquist 判据及其改进稳定性判据评估系统稳定性，与状态空间模型不同，即使无法获取系统详细信息，依然可通过实时阻抗测量值，获取阻抗频率特性，进而分析系统小扰动稳定性。上述两种建模分析方法由于其建模的高阶特性，仅能通过观测系统参数对根轨迹或 Nyquist 曲线等的影响分析系统稳定性变化规律，仍难以有效揭示系统稳定机理。

　　综上可知，现有基于详细状态空间模型、详细阻抗模型的分析方法，往往从全频段角度出发研究系统宽频振荡稳定问题。这些方法没有充分考虑不同频段下直流微电网的差异化特性，并进行分时间尺度简化分析，因此难以从机理层面有效揭示系统在不同频段的小扰动稳定(如低频动态特性及高频振荡稳定)机理。如何结合不同频段中低压直流微电网系统稳定性特征，通过分时间尺度建模方法从机理层面揭示中低压直流微电网系统低频动态及高频振荡两类典型小扰动稳定的影响机理,是本章的主要内容。

5.3　由直流电压控制主导的低频动态机理

5.3.1　系统介绍

1. 拓扑及控制

考虑如图 5.5 所示典型共母线直流微电网结构,储能系统、新能源和直流负载通过相应的电力电子接口变流器接入公共直流母线。直流微电网可通过双向 DC-AC 变流器灵活接入交流配电网。从控制方法和实现功能角度看,可将直流微电网中的设备分为直流电压控制单元和恒功率负荷(CPL)两类。直流电压控制单元用于维持公共直流母线电压 u_{com} 稳定和功率平衡。工作在最大功率点跟踪控制或功率控制模式下的光伏、风电等新能源及具备恒功率控制特性的直流负载均可视为广义恒功率负荷,其功率流向可正可负。i_{odci} 和 u_{dci} 分别是标号为 i 的直流电压控制单元的直流电流和电压的实际值;Z_{slinei} 是直流电压控制单元 i 和公共直流母线之间的直流线路阻抗,以串联电阻 R_{slinei} 和电感 L_{slinei} 的形式表示。C_{pj} 是标号为 j 的恒功率单元的直流电容。值得注意的是,主从控制及下垂控制均可用于直流微电网直流母线电压稳定控制。主从控制需指定某一接入直流母线的变流器作为主电源控制母线电压稳定,下垂控制则可使多变流器共同参与直流母线电压控制及电流分配。

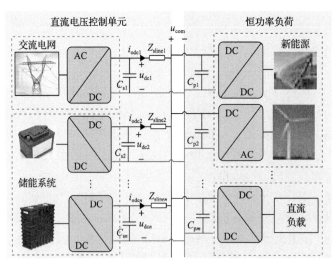

图 5.5　典型共母线直流微电网拓扑

直流电压控制单元常规控制策略如图 5.6 所示。

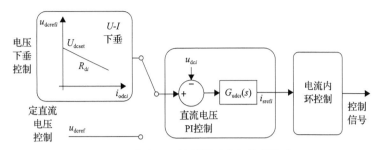

图 5.6 直流电压控制单元常规控制策略

当直流微电网采用电压下垂控制时，直流电压控制单元通常包含电压下垂、直流电压 PI 控制及电流内环控制等环节。当直流微电网采用主从控制模式时，直流电压控制单元可采用定直流电压控制策略。图 5.6 中，u_{dci} 表示第 i 个单元的直流电压；u_{dcref} 表示直流电压参考值；U_{dcset} 和 R_{di} 分别表示公共直流母线的额定电压设定值和电压下垂控制环节的下垂系数；u_{dcrefi} 表示通过就地量测直流电流 i_{odci}，进而根据电压下垂特性得到的直流电压参考值；$G_{udci}(s)$ 表示直流电压 PI 控制器的传递函数；i_{srefi} 表示由直流电压 PI 控制器生成的电流内环控制输入电流参考值。电流内环控制具体实现形式取决于电力电子变流器的类型，DC-AC 变流器可采用基于 dq 坐标系的矢量解耦控制器[25,26]，DC-DC 变流器可采用 PI 控制器[27,28]。特别指出，本章所有控制策略及建模均基于标幺值系统(per unit, p.u.)。

2. 稳态特性分析

直流电压控制单元采用电压下垂控制时，直流电压参考值 u_{dcrefi} 通过就地量测直流电流 i_{odci}，进而根据电压下垂特性得到，稳态时直流电压控制单元 i 输出电压等于其参考值，具体表达式如下：

$$\begin{cases} U_{dcrefi} = U_{dcset} - R_{di}I_{odci} \\ U_{dci} = U_{dcrefi} \end{cases} \tag{5.4}$$

式中，U_{dcrefi} 和 U_{dci} 分别为 u_{dcrefi} 和 u_{dci} 的稳态值；I_{odci} 为直流电流的稳态值。

考虑线路阻抗 Z_{slinei} 的影响时，直流电压控制单元 i 出口电压以及公共母线电压将满足如下稳态关系：

$$U_{com} = U_{dci} - R_{slinei}I_{odci} \tag{5.5}$$

式中，U_{com} 为公共母线电压稳态值；R_{slinei} 为线路电阻。

根据式(5.4)和式(5.5)，电压下垂控制模式下直流电压和直流电流稳态值满足：

$$\begin{cases} U_{\mathrm{dc}i} = \dfrac{R_{\mathrm{d}i}U_{\mathrm{com}} + R_{\mathrm{sline}i}U_{\mathrm{dcset}}}{R_{\mathrm{d}i} + R_{\mathrm{sline}i}} \\ I_{\mathrm{odc}i} = (U_{\mathrm{dcset}} - U_{\mathrm{com}})/(R_{\mathrm{d}i} + R_{\mathrm{sline}i}) \end{cases} \tag{5.6}$$

进一步可得多直流电压控制单元稳态电流分配满足如下关系:

$$I_{\mathrm{odc1}} : I_{\mathrm{odc2}} : \cdots : I_{\mathrm{odc}n} = \frac{1}{R_{\mathrm{d1}} + R_{\mathrm{sline1}}} : \frac{1}{R_{\mathrm{d2}} + R_{\mathrm{sline2}}} : \cdots : \frac{1}{R_{\mathrm{d}n} + R_{\mathrm{sline}n}} \tag{5.7}$$

5.3.2 降阶建模

1. 直流电压控制单元降阶建模

本小节将详细推导电压下垂控制直流电压控制单元基于等效电路的降阶模型。相比外环直流电压控制,由于电流内环控制带宽较高,其动态特性对直流电压控制动态稳定性的影响可以忽略[29]。为便于描述,下面介绍时将忽略直流电压控制单元 i 中变量的下标"i"。

在稳态运行点进行线性化处理,可得电压下垂控制直流电压控制单元传递函数模型,如图 5.7 所示,Δ 表示变量的小扰动增量。

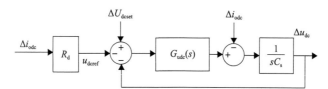

图 5.7 电压下垂控制直流电压控制单元传递函数模型

电压下垂控制直流电压控制单元出口直流电压动态可表示为

$$\begin{aligned} \Delta u_{\mathrm{dc}} &= \frac{G_{\mathrm{udc}}(s)}{sC_s + G_{\mathrm{udc}}(s)}\Delta U_{\mathrm{dcset}} - \left(\frac{1}{sC_s + G_{\mathrm{udc}}(s)}\Delta i_{\mathrm{odc}} + \frac{R_{\mathrm{d}}G_{\mathrm{udc}}(s)}{sC_s + G_{\mathrm{udc}}(s)}\Delta i_{\mathrm{odc}} \right) \\ &= \Delta U_{\mathrm{VM,ref}} - (Z_{\mathrm{VM,s}} + Z_{\mathrm{VM,Rd}})\Delta i_{\mathrm{o,dc}} \end{aligned} \tag{5.8}$$

式中,C_s 为直流母线处电容值;$\Delta U_{\mathrm{VM,ref}}$ 为电压下垂控制直流电压控制单元的等效直流电压源电压;$Z_{\mathrm{VM,s}}$ 为直流电压控制单元不计及下垂控制时的等效输出阻抗;$Z_{\mathrm{VM,Rd}}$ 为与下垂控制相关的等效阻抗。值得指出的是,当直流电压控制单元采用定直流电压控制时,直流电压控制单元将只包含 $Z_{\mathrm{VM,s}}$。

根据式(5.8),可得直流电压控制单元等效电路模型如图 5.8(a)所示。

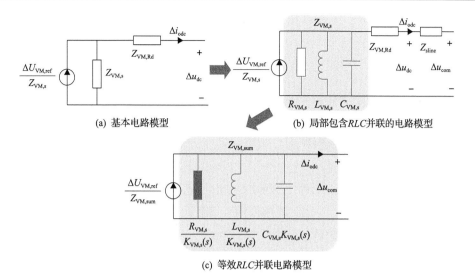

(a) 基本电路模型　　　(b) 局部包含RLC并联的电路模型

(c) 等效RLC并联电路模型

图 5.8　电压下垂控制直流电压控制单元等效电路模型演变过程

图 5.8(a)中等效阻抗 $Z_{VM,s}$ 具体表示形式如下:

$$\frac{1}{Z_{VM,s}} = \frac{1}{R_{VM,s}} + \frac{1}{sL_{VM,s}} + sC_{VM,s} \tag{5.9}$$

式中, $R_{VM,s}$、$L_{VM,s}$ 和 $C_{VM,s}$ 分别可表示为 $1/k_{pu}$、$1/k_{iu}$ 和 C_s, 其中 k_{pu} 和 k_{iu} 分别是直流电压 PI 控制器的比例系数和积分系数。

由式(5.9)可知, 电压下垂控制直流电压控制单元直流电压 PI 控制器的比例系数、积分系数与等效电路模型物理参数间具有明确的对应关系, 等效电阻 $R_{VM,s}$ 和等效电感 $L_{VM,s}$ 分别仅由直流电压 PI 控制器的比例系数 k_{pu} 和积分系数 k_{iu} 决定, 等效阻抗 $Z_{VM,s}$ 可表示成物理结构更加明确的并联 RLC 电路形式, 此时, 直流电压控制单元可进一步演变成图 5.8(b)所示的等效电路形式。

当计及电压下垂控制环节和线路阻抗因素时, 为保留等效 RLC 并联电路形式, 定义并引入等效阻抗比 $K_{VM,s}(s)$, 具体形式如下:

$$K_{VM,s}(s) = \frac{Z_{VM,s}}{Z_{VM,s} + Z_{VM,Rd} + Z_{sline}} = \frac{Z_{VM,s}}{Z_{VM,sum}}$$

$$= \frac{s}{L_{sline}C_s s^3 + (R_{sline}C_s + k_{pu}L_{sline})s^2 + [1 + k_{pu}(R_{sline} + R_d) + k_{iu}L_{sline}]s + k_{iu}(R_{sline} + R_d)} \tag{5.10}$$

式中, $Z_{VM,sum}$ 为电压下垂控制直流电压控制单元的总串联阻抗。

通过引入等效阻抗比 $K_{VM,s}(s)$, 电压下垂控制模式下直流电压动态可进一步

表示为

$$\Delta u_{\text{com}} = \Delta U_{\text{VM,ref}} - Z_{\text{VM,s}} \frac{Z_{\text{VM,sum}}}{Z_{\text{VM,s}}} \Delta i_{\text{odc}} = \Delta U_{\text{VM,ref}} - \frac{Z_{\text{VM,s}}}{K_{\text{VM,s}}(s)} \Delta i_{\text{odc}} \quad (5.11)$$

最终，可得直流电压控制单元等效 RLC 并联电路模型，如图 5.8（c）所示。

为实现模型降阶，首先对等效阻抗比 $K_{\text{VM,s}}(s)$ 进行简化处理，具体过程如下。

针对式（5.10）所示电压下垂控制等效阻抗比 $K_{\text{VM,s}}(s)$，直流电压控制单元的线路电感 L_{sline} 和出口电容 C_{s} 远小于直流电压 PI 控制器的比例系数 k_{pu} 和积分系数 k_{iu} 及下垂系数 R_{d}，因此可忽略等效阻抗比 $K_{\text{VM,s}}(s)$ 分母中的三阶项和二阶项，即可保留其低频特性，达到模型降阶的目的。此时，等效阻抗比 $K_{\text{VM,s}}(s)$ 可以等效成如下一阶高通滤波器形式：

$$\begin{aligned} K_{\text{VM,s}}(s) &\approx \frac{s}{[1 + k_{\text{pu}}(R_{\text{sline}} + R_{\text{d}}) + k_{\text{iu}}L_{\text{sline}}]s + k_{\text{iu}}(R_{\text{sline}} + R_{\text{d}})} \\ &= \frac{\dfrac{1}{1 + k_{\text{pu}}(R_{\text{sline}} + R_{\text{d}}) + k_{\text{iu}}L_{\text{sline}}}s}{s + \dfrac{k_{\text{iu}}(R_{\text{sline}} + R_{\text{d}})}{1 + k_{\text{pu}}(R_{\text{sline}} + R_{\text{d}}) + k_{\text{iu}}L_{\text{sline}}}} = \frac{k_{\text{VM,s}}s}{s + \omega_{\text{VM,s}}} \end{aligned} \quad (5.12)$$

式中，$\omega_{\text{VM,s}}$ 和 $k_{\text{VM,s}}$ 分别为等效阻抗比 $K_{\text{VM,s}}(s)$ 的转折频率和稳态增益。

图 5.9 给出了等效阻抗比 $K_{\text{VM,s}}(s)$ 的详细模型和简化模型的频域特性对比结果。由图可知，在低频段，$K_{\text{VM,s}}(s)$ 简化模型的频率特性和与之相对应的详细模型结果基本吻合，验证了上述降阶处理过程的有效性。

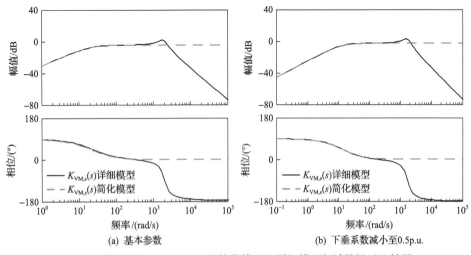

(a) 基本参数   (b) 下垂系数减小至0.5p.u.

图 5.9　等效阻抗比 $K_{\text{VM,s}}(s)$ 的简化模型和详细模型频域特性对比结果

2. 广义恒功率负荷建模

在研究直流微电网直流电压控制时间尺度动态特性时，具有恒功率特性的单元可等效为如图 5.10 所示 RC 并联电路模型。

R_p 表征了广义恒功率负荷的负电阻特性，具体表达式如下：

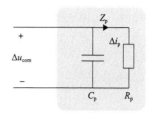

图 5.10　广义恒功率负荷等效电路模型

$$R_p = -U_{com}^2 \big/ P_{CPL} \tag{5.13}$$

式中，U_{com} 和 P_{CPL} 分别为稳态工作点处直流母线电压和恒功率负荷功率值，以流出直流母线为正方向。

3. 全系统降阶模型

基于上述直流电压控制单元、广义恒功率负荷降阶模型，可最终得到图 5.11

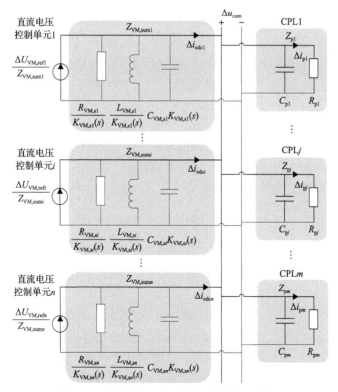

图 5.11　直流微电网全系统降阶等效电路模型

所示电压下垂直流微电网全系统降阶等效电路模型。

需要指出的是，该等效电路模型对于直流微电网采用主从控制策略时同样适用。此时只需把图 5.11 中直流电压控制单元数量设置为 1，且直流电压控制单元模型中的下垂系数取为 0 即可。直流微电网总并联阻抗 $Z_{\mathrm{VM,total}}$ 可表示为

$$
Z_{\mathrm{VM,total}} = 1 \bigg/ \left(\sum_{i=1}^{n} 1/Z_{\mathrm{VM,sum}i} + \sum_{j=1}^{m} 1/Z_{\mathrm{p}j} \right)
$$

$$
= \cfrac{1}{\left(\sum\limits_{i=1}^{n} K_{\mathrm{VM},si}(s)/R_{\mathrm{VM},si} + \sum\limits_{j=1}^{m} 1/R_{\mathrm{p}j} \right) + \cfrac{1}{s} \sum\limits_{i=1}^{n} K_{\mathrm{VM},si}(s)/L_{\mathrm{VM},si} + s \left(\sum\limits_{i=1}^{n} C_{\mathrm{VM},si} K_{\mathrm{VM},si}(s) + \sum\limits_{j=1}^{m} C_{\mathrm{p}j} \right)}
$$

$$(5.14)$$

基于图 5.11 所得的直流微电网降阶等效电路模型和总并联阻抗 $Z_{\mathrm{VM,total}}$，可从等效电路视角研究直流微电网低频动态问题，即由直流电压控制主导的低频动态特性机理。由直流电压控制单元与广义恒功率负荷之间交互动态形成的 LC 振荡回路是系统产生动态问题的本质原因。LC 振荡回路的等效电感主要由直流电压PI 控制器积分系数决定，等效电容则由直流电压控制单元和广义恒功率负荷的总并联电容组成，由直流电压 PI 控制器的比例系数影响的等效电阻和广义恒功率负荷的等效负电阻共同决定系统的总并联电阻，进而影响系统的阻尼特性。电压下垂控制模式中，下垂控制对系统等效电路模型的影响主要通过等效阻抗比间接实现。基于上述降阶模型，可有效降低直流微电网动态特性分析的复杂度。

5.3.3　理论分析

为对所提基于等效电路的降阶建模分析方法进行深入研究，本节将首先介绍直流微电网基本配置情况及其相应降阶电路模型，进而分析系统参数对直流电压动态特性以及电流分配特性的影响。

1. 系统配置

1）系统拓扑及参数

本节将以图 5.12(a) 所示直流微电网为例，在 PSCAD/EMTDC 中建立详细电磁暂态仿真模型，进行理论分析和仿真验证。在该系统中，两个 DC-AC 变流器采用电压下垂控制作为直流电压控制单元，并分别通过相应直流线路与公共直流母线互联。负载电阻 R_{load} 经 DC-DC 变流器与公共直流母线互联，DC-DC 变流器采用定负载电压控制模拟恒功率负荷。直流微电网基本参数如表 5.2 所示，直流微电网基准功率设定为 100kW。基于所提等效电路建模方法，直流微电网等效电路模型如图 5.12(b) 所示。

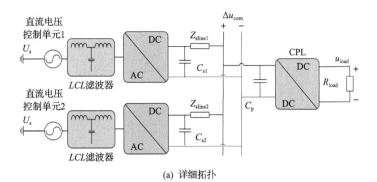

(a) 详细拓扑

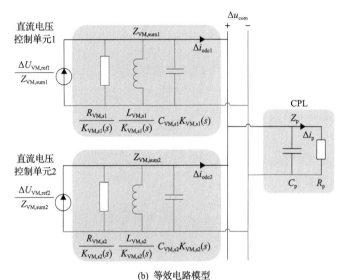

(b) 等效电路模型

图 5.12 直流微电网拓扑及其等效电路模型

表 5.2 图 5.12 直流微电网基本参数

端口	子系统	参数	数值
AC-DC 变流器 (直流电压控制单元)	硬件参数	额定直/交流电压	700V/310V
		LCL 滤波器	2mH/10μF，0.5Ω/0.12mH
		开关频率	10kHz
		直流电容	4000μF
		直流线路(L_{sline}/R_{sline})	0.12mH/0.11Ω
	直流电压设定值	U_{dcset}	1p.u.
	下垂控制	下垂系数(R_d)	1
	直流电压控制	k_{pu}/k_{iu}	0.65/32.6
	电流内环控制	比例系数/积分系数	1/100

续表

端口	子系统	参数	数值
DC-DC 变流器 (恒功率负荷)	硬件参数	额定负载电压(u_{load})	400V
		负载电阻(R_{load})	112.5Ω
		滤波电感	2mH
		高压侧电容	2000μF
		开关频率	10kHz
	负载电压控制	比例系数/积分系数	0.8/4
	电流内环控制	比例系数/积分系数	0.06/6.25

2) 降阶电路模型

结合表 5.2 中的基本参数，可以首先求解得到等效阻抗比 $K_{VM,s}(s)$ 的转折频率 $\omega_{VM,s}$ 和稳态增益 $k_{VM,s}$，进而可将电压下垂控制直流微电网总并联阻抗 $Z_{VM,total}$ 整理成如下含零点的二阶传递函数形式：

$$Z_{VM,total}=K_{VM} \cdot \left(\frac{\omega_n^2}{\omega_{VM,s}} \cdot \frac{s+\omega_{VM,s}}{s^2+2\zeta\omega_n s+\omega_n^2} \right) \tag{5.15}$$

式中，K_{VM} 为电压下垂控制系统二阶模型的等效增益；ω_n 和 ζ 分别为自然振荡频率和阻尼系数。

当电压下垂控制系统设计成二阶弱阻尼系统，即 $0<\zeta<1$ 时，式(5.15)中的 K_{VM}、ω_n、ζ 以及阻尼振荡频率 ω_d 的详细解析表达式如下：

$$\begin{cases} K_{VM}=\dfrac{\omega_{VM,s}}{[(C_{s1}+C_{s2})k_{VM,s}+C_p]\omega_n^2} \\[3mm] \omega_n=\sqrt{\dfrac{\omega_{VM,s}/R_p+k_{VM,s}(1/L_{VM,s1}+1/L_{VM,s2})}{(C_{s1}+C_{s2})k_{VM,s}+C_p}} \\[3mm] \zeta=\dfrac{1}{2}\dfrac{k_{VM,s}(1/R_{VM,s1}+1/R_{VM,s2})+1/R_p+C_p\omega_{VM,s}}{\sqrt{[(C_{s1}+C_{s2})k_{VM,s}+C_p][\omega_{VM,s}/R_p+k_{VM,s}(1/L_{VM,s1}+1/L_{VM,s2})]}} \\[3mm] \omega_d=\omega_n\sqrt{1-\zeta^2} \end{cases} \tag{5.16}$$

依据式(5.16)，可通过阻尼振荡频率 ω_d 和阻尼系数 ζ 两个指标直观刻画电压下垂控制系统的动态特性。然而，阻尼系数和阻尼振荡频率两个动态特性指标均基于系统极点信息解析得到，仅能反映系统极点对系统动态特性的作用，没有计及系统零点的影响。为更准确地刻画系统的动态特性，综合考虑系统零、极点的影响，可首先根据式(5.15)得到系统直流母线电压的动态响应，具体形式如下：

$$\Delta u_{\mathrm{com}}(t) = K_{\mathrm{VM}} \cdot [1 + re^{-\zeta\omega_{\mathrm{n}}t}\sin(\omega_{\mathrm{n}}\sqrt{1-\zeta^2}\,t + \varphi)]\Delta i_{\mathrm{pref}}(t) \tag{5.17}$$

式中，$\Delta i_{\mathrm{pref}}(t)$ 为公共母线处的电流扰动参考值；等效系数 r 和相位 φ 的形式分别如下：

$$\begin{cases} \varphi = -\pi + \arctan\dfrac{\omega_{\mathrm{n}}\sqrt{1-\zeta^2}}{\omega_{\mathrm{VM,s}} - \zeta\omega_{\mathrm{n}}} + \arctan\dfrac{\sqrt{1-\zeta^2}}{\zeta} \\[3mm] r = \dfrac{\sqrt{\omega_{\mathrm{VM,s}}^2 - 2\zeta\omega_{\mathrm{n}}\omega_{\mathrm{VM,s}} + \omega_{\mathrm{n}}^2}}{\omega_{\mathrm{VM,s}}\sqrt{1-\zeta^2}} \end{cases} \tag{5.18}$$

基于式(5.17)，进一步求解得到直流母线电压动态响应的峰值时间 t_{p} 和超调量 $\sigma\%$ 等动态特性指标：

$$\begin{cases} t_{\mathrm{p}} = [\arctan(\sqrt{1-\zeta^2}\big/\zeta) - \varphi]\big/(\omega_{\mathrm{n}}\sqrt{1-\zeta^2}) \\[2mm] \sigma\% = r\sqrt{1-\zeta^2}\,e^{-\zeta\omega_{\mathrm{n}}t_{\mathrm{p}}} \times 100\% \end{cases} \tag{5.19}$$

根据式(5.16)和式(5.19)所得动态特性指标的解析解(包含阻尼振荡频率 ω_{d}、阻尼系数 ζ、峰值时间 t_{p} 及超调量 $\sigma\%$)，可更加准确直观地描述直流电压动态特性。

2. 动态特性分析及验证

1)下垂控制对稳定性的影响

下垂系数对直流母线电压动态特性各指标的影响分别如图 5.13 所示。由图可知，下垂系数增大，系统阻尼系数和峰值时间略微增大，阻尼振荡频率略微减

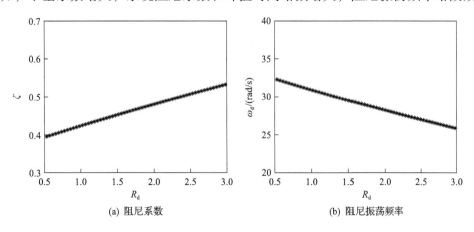

(a) 阻尼系数　　　　　　　　　　　　　　(b) 阻尼振荡频率

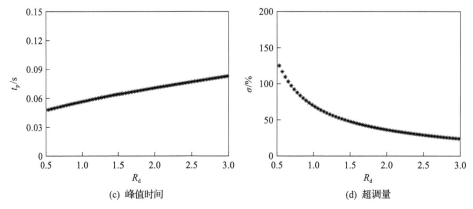

(c) 峰值时间　　　　　　　　　　　(d) 超调量

图 5.13　下垂系数对直流母线电压动态特性各指标的影响

小, 超调量减小。

　　取不同下垂系数, 直流母线电压的动态响应结果如图 5.14 所示。仿真工况设置为在第 3s 时将负载电阻 R_{load} 由 112.5Ω 减小至 56.25Ω, 以模拟恒功率负荷扰动。由图 5.14 可知, 所提降阶模型直流电压动态与详细模型几乎完全吻合, 下垂系数增大, 系统阻尼和峰值时间略微增大, 与前面理论分析一致, 验证了所提降阶建模分析方法的有效性。

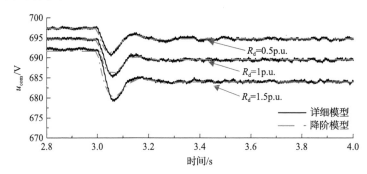

图 5.14　下垂系数变化时直流母线电压动态响应结果

　　2) 直流电压控制对稳定性的影响

　　直流电压控制参数对直流母线电压动态特性各指标的影响如图 5.15 所示。由图可知, 随着直流电压控制比例系数增大, 阻尼系数增大, 超调量减小; 增大直流电压控制积分系数将增大系统阻尼振荡频率, 减小峰值时间。图 5.16 所示仿真结果与上述理论分析一致, 验证了所提降阶建模方式的有效性。

5.3.4　实验验证

　　为了进一步验证所提降阶建模分析方法的有效性, 本节搭建了如图 5.17 所示

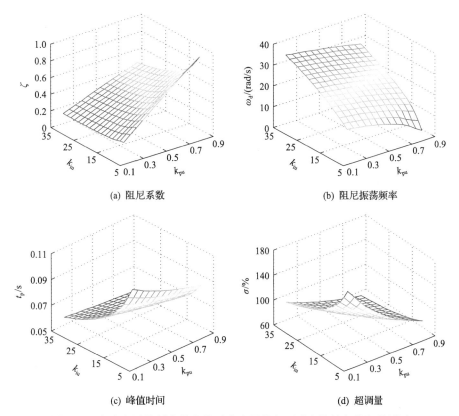

(a) 阻尼系数

(b) 阻尼振荡频率

(c) 峰值时间

(d) 超调量

图 5.15　直流电压控制参数变化对直流母线电压动态特性各指标的影响

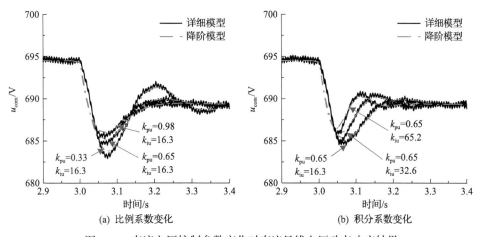

(a) 比例系数变化

(b) 积分系数变化

图 5.16　直流电压控制参数变化时直流母线电压动态响应结果

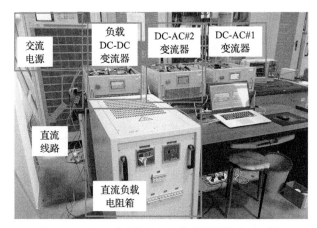

图 5.17　电压下垂控制直流微电网硬件实验平台

电压下垂控制直流微电网硬件实验平台,系统结构与图 5.12 (a) 所示直流微电网拓扑一致。实验平台参数与前面仿真模型一致。DC-AC#1 和 DC-AC#2 变流器作为直流电压控制单元,采用电压下垂控制策略,直流负载电阻箱经负载 DC-DC 变流器与系统互联,DC-DC 变流器采用定负载电压控制模拟恒功率负荷,通过调节电阻箱接入电阻大小改变恒功率负荷的输出功率。

　　为模拟恒功率负荷扰动,在 t 时刻,负载电阻 R_{load} 从 112.5Ω 减小到 56.25Ω。控制参数变化时仿真与实验结果对比如图 5.18 所示。

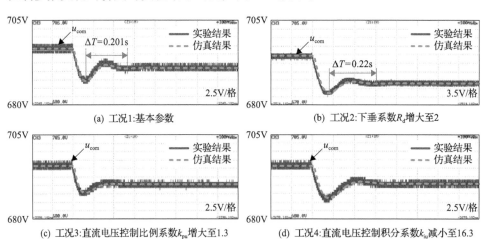

图 5.18　控制参数变化时仿真与实验结果对比

　　由图 5.18 可知,不同控制参数下,基于降阶模型的仿真结果与相应实验结果的直流电压动态几乎吻合,验证了所提降阶建模方法的有效性。由图 5.18 (a) 可知,采用基本参数时直流电压实验结果的振荡频率约为 31.26rad/s,与降阶模型理论计算结果 30.86rad/s 几乎吻合。此外，对比图 5.18(a) 和 (b) 实验结果可知，下垂系数 R_d 从 1p.u.增大到 2p.u.时，直流电压振荡频率减小。对比图 5.18(a) 和 (c) 实验结果可知，直流电压控制比例系数 k_{pu} 增大至 1.3p.u.时，直流电压波动较小，系统阻尼增大。对比图 5.18(a) 和 (d) 实验结果可知，直流电压控制积分系数 k_{iu} 减小至 16.3p.u.时，直流电压振荡频率减小，峰值时间增大。上述实验结果与前面理论分析一致。

5.4　由电磁振荡回路主导的高频振荡稳定机理

5.4.1　系统介绍

考虑如图 5.19 所示直流微电网，系统包含两个直流电压控制单元及一个恒功率负荷。直流电压控制单元由模拟恒定直流电压源和双向 Buck/Boost 型 DC-DC 变流器构成，用于维持直流母线电压稳定及功率平衡。实际应用场景中采用功率控制模式的互联装置或分布式电源及直流负载等具备恒功率运行特性的设备均可看作恒功率负荷，在建模时可等效为一个恒功率源与电容并联结构。u_{bus} 为公共母线直流电压；C_{bus} 为公共母线处电容；$u_{si}(i=1, 2)$ 和 i_{si} 分别为直流电压控制单元直流源电压及直流源输出电流；u_{oi} 和 i_{oi} 分别为直流电压控制单元出口电压及输出电流；R_{si} 和 L_{si} 分别为直流电压控制单元直流源侧电阻和电感；C_{si} 为直流电压控制单元出口电容；R_{ei} 和 L_{ei} 分别为直流电压控制单元出口线路的电阻和电感；P_{CPL} 为恒功率负荷功率；i_{op} 为公共母线流入恒功率负荷电流。

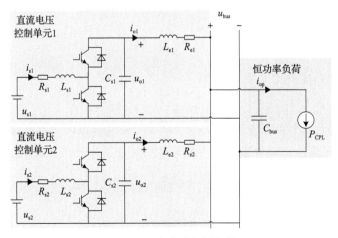

图 5.19　直流微电网拓扑

直流电压控制单元控制策略如图 5.20(a) 所示，为简化，下面描述中省略表示直流电压控制单元编号的下角标。

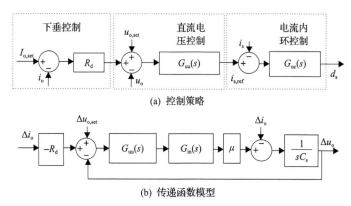

(a) 控制策略

(b) 传递函数模型

图 5.20　直流电压控制单元控制策略及其传递函数模型

图 5.20 中，$I_{\text{o,set}}$ 和 $u_{\text{o,set}}$ 分别表示直流电压控制单元输出电流和直流电压设定值，R_{d} 为下垂系数，$i_{\text{s,ref}}$ 为内环电流参考值，d_{s} 为输出占空比。$G_{\text{uu}}(s)$ 和 $G_{\text{uc}}(s)$ 分别表示直流电压控制器和电流内环控制器，具体形式如下：

$$\begin{cases} G_{\text{uu}}(s) = k_{\text{pu}} + \dfrac{k_{\text{iu}}}{s} \\[2mm] G_{\text{uc}}(s) = k_{\text{pc}} + \dfrac{k_{\text{ic}}}{s} \end{cases} \tag{5.20}$$

式中，k_{pu} 和 k_{iu} 分别为直流电压控制比例系数和积分系数；k_{pc} 和 k_{ic} 分别为电流内环控制比例系数和积分系数。

5.4.2　降阶建模

1. 直流电压控制单元降阶建模

在稳态运行点进行线性化处理，可得图 5.20(b)所示直流电压控制单元小信号传递函数模型。其中，μ 表示双向 DC-DC 变流器电流转换系数，满足 $\mu = U_{\text{s}}/U_{\text{o}}$，$U_{\text{s}}$ 和 U_{o} 分别表示 DC-DC 变流器低压侧直流电压源电压和出口电压稳态值。$G_{\text{in}}(s)$ 表示电流内环闭环传递函数，具体形式如下：

$$G_{\text{in}}(s) = \frac{\Delta i_{\text{s}}}{\Delta i_{\text{s,ref}}} = \frac{U_{\text{o}}(sk_{\text{pc}} + k_{\text{ic}})}{s^2 L_{\text{s}} + (k_{\text{pc}} U_{\text{o}} + R_{\text{s}})s + k_{\text{ic}} U_{\text{o}}} \tag{5.21}$$

直流电压输出响应可进一步表示为

$$\Delta u_{o} = \Delta U_{set} - Z_{u}\Delta i_{o,dc} \tag{5.22}$$

式中，ΔU_{set} 和 Z_{u} 分别为等效直流电压源及详细等效输出阻抗，具体形式如下：

$$\begin{cases} \Delta U_{set} = \dfrac{\mu G_{in}(s)G_{uu}(s)}{sC_{s} + \mu G_{in}(s)G_{uu}(s)}\Delta u_{o,set} \\[4mm] Z_{u} = R_{d}G_{s}(s) = R_{d}\dfrac{\mu G_{in}(s)G_{uu}(s) + 1/R_{d}}{sC_{s} + \mu G_{in}(s)G_{uu}(s)} \end{cases} \tag{5.23}$$

其中，$G_{s}(s)$ 为直流电压控制动态对直流电压控制单元等效输出阻抗影响的传递函数。

综上可得直流电压控制单元的详细阻抗模型，如图 5.21 (a) 所示。

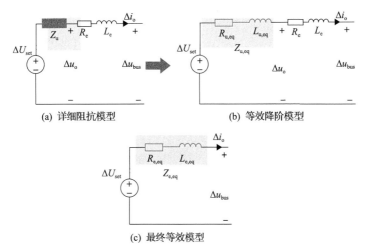

(a) 详细阻抗模型　　　　　　　　(b) 等效降阶模型

(c) 最终等效模型

图 5.21　直流电压控制单元降阶建模演变过程

为实现模型降阶，且保留详细等效输出阻抗 Z_{u} 主导高频模态附近的频率特性，首先将 $s = j\omega_{0}$（假设其为主导高频模态）代入 $G_{s}(s)$，并按照式 (5.24) 所示处理方式将其等效为一阶环节 $G_{s,eq}(s)$。

$$\begin{aligned} G_{s,eq}(s) &\triangleq \operatorname{Re}\big(G_{s}(j\omega_{0})\big) + j\operatorname{Im}\big(G_{s}(j\omega_{0})\big) \\ &= k_{s} + k_{q}s \end{aligned} \tag{5.24}$$

式中，$\operatorname{Re}(\cdot)$ 表示取实部；$\operatorname{Im}(\cdot)$ 表示取虚部；k_{s} 和 k_{q} 分别为 $G_{s,eq}(s)$ 的等效比例项系数和微分项系数，具体形式如下：

$$
\begin{cases}
k_\mathrm{s} = \dfrac{\mu^2(k_{iu}k_{ic}U_\mathrm{o} - \omega_0^2 k_{pu}k_{pc}U_\mathrm{o})^2 + \omega_0^2\mu^2(k_{iu}k_{pc}U_\mathrm{o} + k_{pu}k_{ic}U_\mathrm{o})^2 + \omega_0^2\mu\frac{1}{R_\mathrm{d}}[(k_{ic}U_\mathrm{o} - \omega_0^2 L_\mathrm{s})(k_{iu}k_{pc}U_\mathrm{o} + k_{pu}k_{ic}U_\mathrm{o}) - (k_{pc}U_\mathrm{o} + R_\mathrm{s})(k_{iu}k_{ic}U_\mathrm{o} - \omega_0^2 k_{pu}k_{pc}U_\mathrm{o})]}{\begin{array}{c} \mu^2(k_{iu}k_{ic}U_\mathrm{o} - \omega_0^2 k_{pu}k_{pc}U_\mathrm{o})^2 + \omega_0^2\mu^2(k_{iu}k_{pc}U_\mathrm{o} + k_{pu}k_{ic}U_\mathrm{o})^2 + (\omega_0 C_\mathrm{s})^2[\omega_0^4(k_{pc}U_\mathrm{o} + R_\mathrm{s})^2 + \omega_0^2(k_{ic}U_\mathrm{o} - \omega_0^2 L_\mathrm{s})^2] \\ -2\omega_0^2\mu C_\mathrm{s}[(k_{ic}U_\mathrm{o} - \omega_0^2 L_\mathrm{s})(k_{iu}k_{ic}U_\mathrm{o} - \omega_0^2 k_{pu}k_{pc}U_\mathrm{o}) + \omega_0^2(k_{pc}U_\mathrm{o} + R_\mathrm{s})(k_{iu}k_{pc}U_\mathrm{o} + k_{pu}k_{ic}U_\mathrm{o})] \end{array}} \\[4mm]
\dfrac{-\omega_0^2\mu C_\mathrm{s}[(k_{ic}U_\mathrm{o} - \omega_0^2 L_\mathrm{s})(k_{iu}k_{ic}U_\mathrm{o} - \omega_0^2 k_{pu}k_{pc}U_\mathrm{o}) + \omega_0^2(k_{pc}U_\mathrm{o} + R_\mathrm{s})(k_{iu}k_{pc}U_\mathrm{o} + k_{pu}k_{ic}U_\mathrm{o})]}{} \\[8mm]
k_\mathrm{q} = \dfrac{\begin{array}{c}\mu\frac{1}{R_\mathrm{d}}[(k_{ic}U_\mathrm{o} - \omega_0^2 L_\mathrm{s})(k_{iu}k_{ic}U_\mathrm{o} - \omega_0^2 k_{pu}k_{pc}U_\mathrm{o}) + \omega_0^2(k_{pc}U_\mathrm{o} + R_\mathrm{s})(k_{iu}k_{pc}U_\mathrm{o} + k_{pu}k_{ic}U_\mathrm{o})] \\ -C_\mathrm{s}\left\{\frac{1}{R_\mathrm{d}}[\omega_0^4(k_{pc}U_\mathrm{o} + R_\mathrm{s})^2 + \omega_0^2(k_{ic}U_\mathrm{o} - \omega_0^2 L_\mathrm{s})^2] + \omega_0^2\mu[(k_{ic}U_\mathrm{o} - \omega_0^2 L_\mathrm{s})(k_{iu}k_{pc}U_\mathrm{o} + k_{pu}k_{ic}U_\mathrm{o}) - (k_{pc}U_\mathrm{o} + R_\mathrm{s})(k_{iu}k_{ic}U_\mathrm{o} - \omega_0^2 k_{pu}k_{pc}U_\mathrm{o})]\right\}\end{array}}{\begin{array}{c}\mu^2(k_{iu}k_{ic}U_\mathrm{o} - \omega_0^2 k_{pu}k_{pc}U_\mathrm{o})^2 + \omega_0^2\mu^2(k_{iu}k_{pc}U_\mathrm{o} + k_{pu}k_{ic}U_\mathrm{o})^2 + (\omega_0 C_\mathrm{s})^2[\omega_0^4(k_{pc}U_\mathrm{o} + R_\mathrm{s})^2 + \omega_0^2(k_{ic}U_\mathrm{o} - \omega_0^2 L_\mathrm{s})^2] \\ -2\omega_0^2\mu C_\mathrm{s}[(k_{ic}U_\mathrm{o} - \omega_0^2 L_\mathrm{s})(k_{iu}k_{ic}U_\mathrm{o} - \omega_0^2 k_{pu}k_{pc}U_\mathrm{o}) + \omega_0^2(k_{pc}U_\mathrm{o} + R_\mathrm{s})(k_{iu}k_{pc}U_\mathrm{o} + k_{pu}k_{ic}U_\mathrm{o})]\end{array}}
\end{cases}
$$

$$(5.25)$$

详细等效输出阻抗 Z_u 可进一步简化为等效输出阻抗 $Z_\mathrm{u,eq}$。

$$Z_\mathrm{u,eq} = R_\mathrm{d}G_\mathrm{s,eq}(s) = R_\mathrm{d}(k_\mathrm{s} + k_\mathrm{q}s) = R_\mathrm{u,eq} + sL_\mathrm{u,eq} \tag{5.26}$$

式中，$R_\mathrm{u,eq}$ 和 $L_\mathrm{u,eq}$ 分别为 $Z_\mathrm{u,eq}$ 的等效电阻和等效电感。

此时，直流电压控制单元可由图 5.21(a) 详细阻抗模型等效为图 5.21(b) 所示降阶形式。等效输出阻抗 $Z_\mathrm{u,eq}$ 本质上是直流电压控制单元详细控制动态在等效电路模型中的直接映射，因此可从等效电路视角，基于等效输出阻抗 $Z_\mathrm{u,eq}$ 量化分析直流电压控制单元下垂控制、直流电压控制及电流内环控制等环节对系统高频稳定性的影响，揭示直流微电网高频振荡稳定机理。当计及直流电压控制单元线路阻抗时，可将等阶输出阻抗 $Z_\mathrm{u,eq}$ 与线路阻抗合并，得到图 5.21(c) 所示直流电压控制单元最终的等效 RL 串联电路模型。$Z_\mathrm{e,eq}$ 为直流电压控制单元等效总阻抗，$R_\mathrm{e,eq}$ 和 $L_\mathrm{e,eq}$ 分别为等效总电阻和等效总电感。

2. 直流微电网降阶模型

结合前面所得直流电压控制单元降阶模型，可最终得到直流微电网全系统详细阻抗模型以及等效降阶模型，如图 5.22 所示。

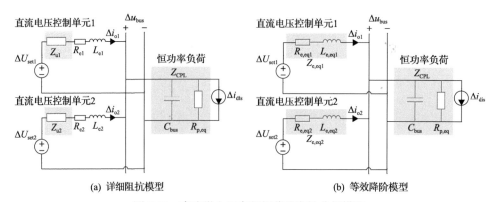

图 5.22 直流微电网高频振荡稳定性分析模型

图 5.22 中，Δi_{dis} 为表示恒功率负荷的扰动电流，$R_{p,eq}$ 为恒功率负荷的等效电阻，具体形式如下：

$$R_{p,eq} = -U_{bus}^2 \big/ P_{CPL} \tag{5.27}$$

式中，U_{bus} 为直流母线电压稳态值。

结合图 5.22(b) 直流微电网等效降阶模型，当忽略直流电源扰动时，直流母线电压动态可表示为

$$\Delta u_{bus} = -Z_{bus} \Delta i_{dis} \tag{5.28}$$

式中，Z_{bus} 为直流微电网总等效并联阻抗，形式如下：

$$Z_{bus} = \frac{1}{1/(R_{e,eq1} + sL_{e,eq1}) + 1/(R_{e,eq2} + sL_{e,eq2}) + sC_{bus} + 1/R_{p,eq}} \tag{5.29}$$

当两直流电压控制单元采用相同参数时，总等效并联阻抗 Z_{bus} 为可进一步表示为

$$\begin{aligned} Z_{bus} &= 1 \big/ [2/(R_{e,eq1} + sL_{e,eq1}) + sC_{bus} + 1/R_{p,eq}] \\ &= \frac{R_{p,eq}(R_{e,eq1} + sL_{e,eq1})}{R_{p,eq}C_{bus}L_{e,eq1}s^2 + (R_{p,eq}C_{bus}R_{e,eq1} + L_{e,eq1})s + (2R_{p,eq} + R_{e,eq1})} \end{aligned} \tag{5.30}$$

基于式 (5.30) 可得系统极点的解析表达式：

$$\begin{aligned} s_{1,2} = &-(R_{p,eq}C_{bus}R_{e,eq1} + L_{e,eq1}) \big/ (2R_{p,eq}C_{bus}L_{e,eq1}) \\ &\pm \sqrt{\begin{array}{c}(R_{p,eq}C_{bus}R_{e,eq1} + L_{e,eq1})^2 \\ -4R_{p,eq}C_{bus}L_{e,eq1}(2R_{p,eq} + R_{e,eq1})\end{array}} \bigg/ (2R_{p,eq}C_{bus}L_{e,eq1}) \end{aligned} \tag{5.31}$$

为保证系统稳定，系统极点必须满足实部为负，具体包含极点为负实数或具有负实部的共轭复数两种情况，由此需满足如下稳定性判据：

$$\begin{cases} \alpha = (R_{p,eq}C_{bus}R_{e,eq1} + L_{e,eq1}) \big/ (2R_{p,eq}C_{bus}L_{e,eq1}) > 0 \\ \beta = R_{p,eq}C_{bus}L_{e,eq1}(2R_{p,eq} + R_{e,eq1}) > 0 \end{cases} \tag{5.32}$$

式中，α 和 β 分别为两个判据因子。当 α 和 β 均大于 0 时，系统稳定。而当任一判据因子小于 0 时，将存在右半平面极点，系统将发生高频振荡。

综上可知，直流电压控制单元等效总电感及恒功率负荷母线电容构成的 *LC* 振荡回路是产生直流微电网高频振荡的物理电路基础。直流电压控制单元各个控制环节将直接影响等效串联电阻和电感的大小，进而影响系统高频稳定性。基于

所提降阶模型，可通过等效电阻、电感量化分析直流电压控制单元控制动态对系统高频稳定性的影响，从本质上揭示系统高频振荡稳定机理。

5.4.3　理论分析

1. 系统配置

为进一步量化分析系统参数对高频振荡稳定性的影响，本节以图 5.19 所示直流微电网为例进行深入研究，系统基本参数如表 5.3 所示。

表 5.3　图 5.19 直流微电网基本参数

类型	子系统	参数	数值
直流电压控制单元	电路参数	额定直流电压	200V
		直流源电压	100V
		源侧电感/电阻	2mH/0.04Ω
		开关频率	10kHz
		直流电容	2200μF
		直流电路(L_e/R_e)	0.3mH/0.04Ω
	下垂控制	直流电压/电流参考值 ($u_{o,set}/I_{o,set}$)	200V/0A
		下垂系数 (R_d)	0.5
	直流电压控制	比例系数/积分系数	0.5/100
	电流内环控制	比例系数/积分系数	0.02/40
恒功率负荷单元	电路参数	母线侧电容	2200μF
	功率设定	功率值 (P_{CPL})	700W

2. 稳定性分析

1) 下垂控制参数对稳定性的影响

图 5.23 描述了下垂系数 R_d 变化对直流微电网高频主导特征值的影响情况，且对比了详细阻抗模型和等效降阶模型的结果。由图可知：①基于等效降阶模型所得的高频主导特征值与基于详细阻抗模型所获得的结果基本一致，验证了所提等效降阶模型的有效性；②随着下垂系数 R_d 从 0.2 增大至 1.2，该高频主导特征值将向右移动，并进入右半平面，此时系统将发生高频振荡，表明增大下垂系数有可能导致直流微电网出现高频振荡失稳问题。

上述下垂系数变化对直流电压控制单元等效阻抗以及判据因子的影响趋势分别如图 5.24 和图 5.25 所示。由图 5.24(a)可知，下垂系数 R_d 增大，直流电压控制单元等效电阻 $R_{u,eq}$ 负电阻特性增强。

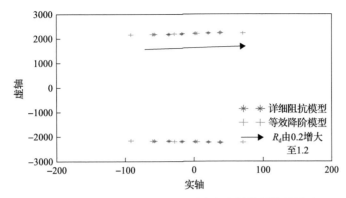

图 5.23　下垂系数对直流微电网高频主导特征值的影响

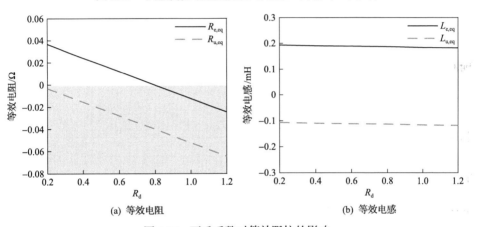

图 5.24　下垂系数对等效阻抗的影响

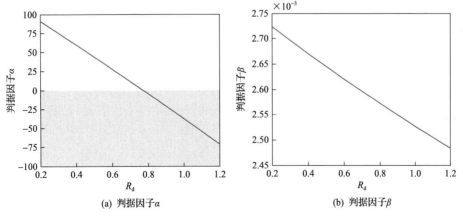

图 5.25　下垂系数对判据因子的影响

当下垂系数大于 0.8 时，等效总电阻 $R_{e,eq}$ 由正变负，进而导致判据因子 α 小于 0，如图 5.25(a) 所示，此时系统将发生高频失稳。

可见，采用所提降阶模型，可清晰地揭示下垂系数增大，使得直流电压控制单元等效负电阻特性增强，诱发系统高频振荡失稳这一本质机理。

2）直流电压控制参数对稳定性的影响

（1）比例系数的影响。

图 5.26 描述了直流电压控制比例系数 k_{pu} 变化对直流微电网高频主导特征值的影响情况，且对比了详细阻抗模型和等效降阶模型的结果。由图可知，随着 k_{pu} 由 0.2 增大到 1.6，该高频主导特征值将向右移动，并进入右半平面，此时系统将发生高频振荡，表明增大直流电压控制比例系数有可能导致直流微电网出现高频振荡失稳问题。

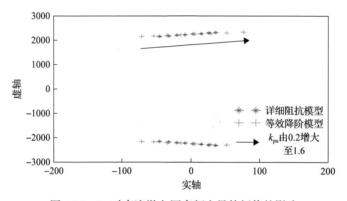

图 5.26　k_{pu} 对直流微电网高频主导特征值的影响

在上述直流电压控制比例系数变化下，直流电压控制单元等效阻抗以及判据因子的变化情况分别如图 5.27 和图 5.28 所示。可知，随着 k_{pu} 增大，直流电压控制单元等效电阻 $R_{u,eq}$ 将呈现负电阻特性。当 $k_{pu} \geqslant 1$ 时，将导致等效总电阻 $R_{e,eq}$

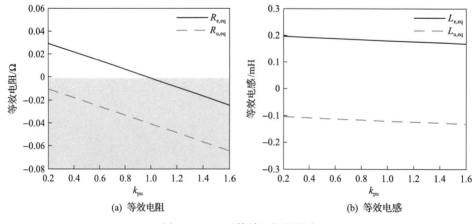

(a) 等效电阻　　　　　　　　　　(b) 等效电感

图 5.27　k_{pu} 对等效阻抗的影响

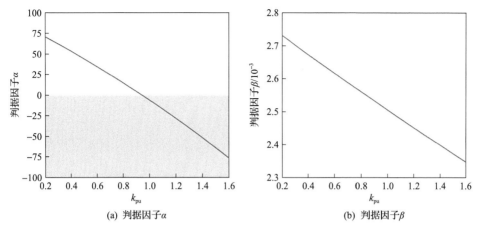

(a) 判据因子α　　　　　　(b) 判据因子β

图 5.28 k_{pu} 对判据因子的影响

由正变负，进而判据因子 α 小于 0，系统将发生高频振荡。此外，当直流电压控制比例系数 k_{pu} 在一定范围内变化时，等效电感变化很小。

(2) 积分系数的影响。

图 5.29 描述了直流电压控制积分系数 k_{iu} 变化对直流微电网高频主导特征值的影响情况。随着 k_{iu} 由 50 增大至 250，系统高频主导特征值向右移动，靠近虚轴，但没有进入右半平面。直流电压控制单元等效阻抗、判据因子变化情况分别如图 5.30 和图 5.31 所示。可知，k_{iu} 对等效电阻 $R_{u,eq}$ 的变化影响很小，等效总电阻 $R_{e,eq}$ 始终为正，判据因子 α 和 β 均大于 0，系统稳定。

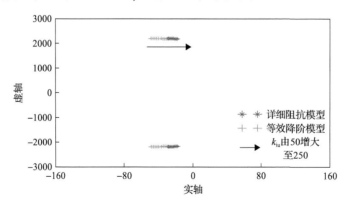

图 5.29 k_{iu} 对直流微电网高频主导特征值的影响

3) 电流内环控制参数对稳定性的影响

(1) 比例系数的影响。

图 5.32 描述了电流内环控制比例系数 k_{pc} 变化对直流微电网高频主导特征值的影响情况。由图可知，随着 k_{pc} 从 0.005 增大到 0.035，高频主导特征值将从不

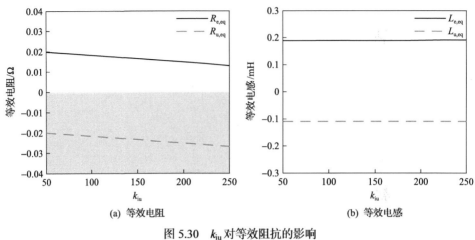

(a) 等效电阻

(b) 等效电感

图 5.30 k_{iu} 对等效阻抗的影响

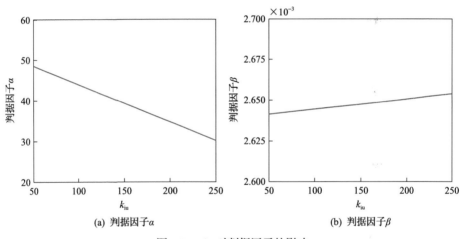

(a) 判据因子α

(b) 判据因子β

图 5.31 k_{iu} 对判据因子的影响

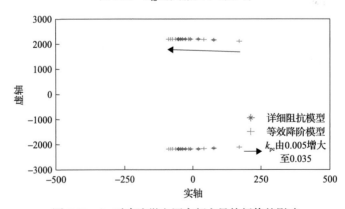

图 5.32 k_{pc} 对直流微电网高频主导特征值的影响

稳定的右半平面穿越虚轴进入稳定的左半平面。相应的直流电压控制单元等效阻抗以及判据因子变化情况分别如图 5.33 和图 5.34 所示。可以看出，当 k_{pc} 较小时，直流电压控制单元输出等效电阻 $R_{u,eq}$ 呈现出较强的负电阻特性，致使等效总电阻 $R_{e,eq}$ 为负，因而判据因子 α 小于 0，系统受扰后将出现高频失稳现象。随着 k_{pc} 增大，$R_{u,eq}$ 负电阻特性减弱，因此使得 $R_{e,eq}$ 呈现正电阻特性，使判据因子 α 和 β 均大于 0，系统稳定。

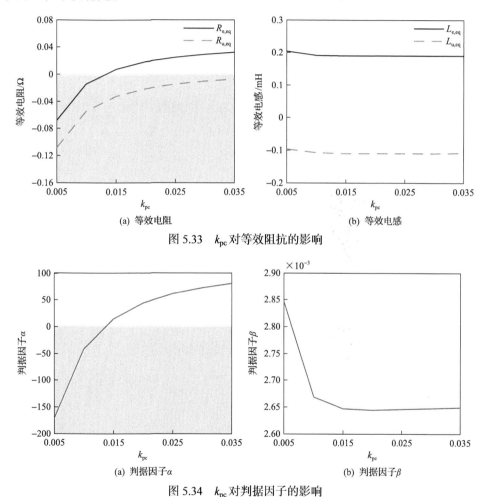

(a) 等效电阻　　　　　　　　　　　(b) 等效电感

图 5.33　k_{pc} 对等效阻抗的影响

(a) 判据因子 α　　　　　　　　　(b) 判据因子 β

图 5.34　k_{pc} 对判据因子的影响

(2) 积分系数的影响。

图 5.35 描述了电流内环控制积分系数 k_{ic} 变化对直流微电网高频主导特征值的影响情况。随着积分系数 k_{ic} 从 10 增大到 100，高频主导特征值始终位于代表系统小扰动稳定的左半平面。相应的直流电压控制单元等效阻抗、判据因子变化情况分别如图 5.36 和图 5.37 所示。可以看出，等效总电阻 $R_{e,eq}$ 始终为正，判据因

子 α 和 β 均大于 0，表明直流微电网在 k_{ic} 变化条件下始终能保持小扰动稳定。

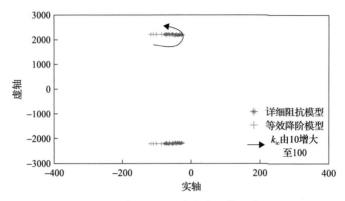

图 5.35　k_{ic} 对直流微电网高频主导特征值的影响

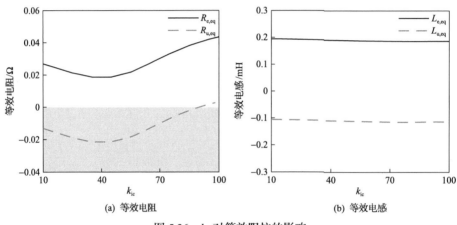

图 5.36　k_{ic} 对等效阻抗的影响

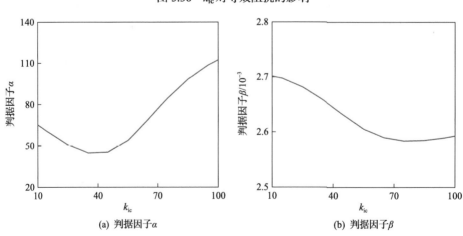

图 5.37　k_{ic} 对判据因子的影响

5.4.4　实验验证

为验证本章所提高频等效降阶模型的有效性，搭建如图 5.38 所示基于半实物实时仿真平台(RT-BOX)的直流微电网实验平台，系统拓扑如图 5.19 所示，基本参数见表 5.3。

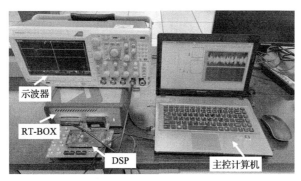

图 5.38　基于 RT-BOX 硬件在环的直流微电网实验平台

数字信号处理器(digital signal processor，DSP)

1) 下垂系数对稳定性的影响

为验证下垂系数对直流微电网高频振荡稳定性的影响，分别取下垂系数等于 0.5 和 1，在 t 时刻恒功率负荷突然增加，直流母线电压 u_{bus} 实验结果如图 5.39 所示。由图可知，下垂系数 R_d=0.5 时，负荷扰动后直流母线电压经短暂波动后迅速恢复稳定；下垂系数 R_d=1 时，受扰后直流母线电压发生高频振荡，实验结果与前面理论分析一致，验证了所提基于高频振荡降阶模型的有效性。

2) 直流电压控制参数对稳定性的影响

为验证直流电压控制比例系数 k_{pu} 对系统高频稳定性的影响，分别取 k_{pu} 为 0.5 和 1，模拟恒功率负荷突增，直流母线电压实验结果如图 5.40 所示。当 k_{pu} 增大

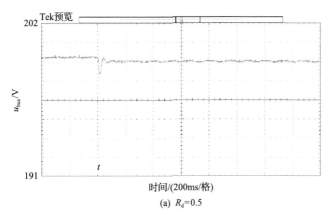

(a) R_d=0.5

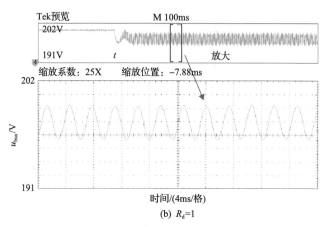

图 5.39　R_d 变化时直流母线电压动态实验结果

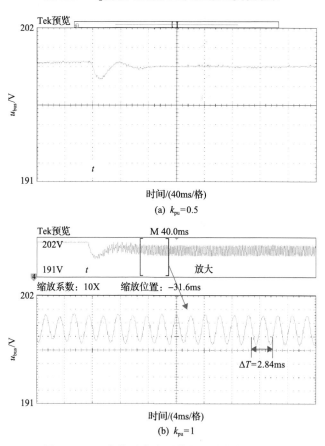

图 5.40　k_{pu} 变化时直流母线电压动态实验结果

从图中可以看出，当 k_{pu} 设置为 0.5 时，负荷扰动后直流母线电压能够保持稳定；

至 1 时，受扰直流母线电压出现高频振荡现象，振荡周期约为 2.84ms（对应振荡频率约为 2212rad/s），与前面理论计算结果 2248rad/s 几乎吻合，即实验结果与理论分析一致，验证了所提降阶模型的有效性。

分别选择直流电压控制积分系数 k_{iu} 为 100 和 200，模拟恒功率负荷突增，直流母线电压实验波形如图 5.41 所示。从图中可以看出，不同积分系数下，系统均能保持稳定，实验结果与前面的理论分析及仿真结果均一致。此外，通过对比可知，增大积分系数，能有效缩短直流母线电压恢复至稳态的时间。

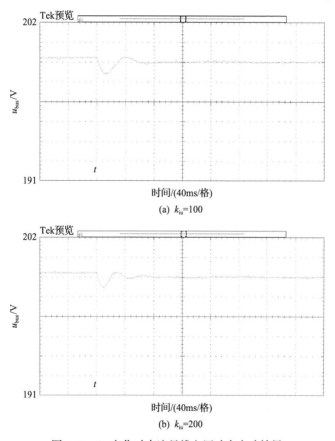

图 5.41　k_{iu} 变化时直流母线电压动态实验结果

3) 电流内环控制参数的影响

图 5.42 描述了电流内环控制比例系数 k_{pc} 对系统高频稳定性的影响。由图可知，当电流内环控制比例系数 k_{pc} 设置为 0.02 时，负荷扰动后直流母线电压经过短暂波动后迅速恢复稳定；当 k_{pc} 减小至 0.004 时，受扰后直流母线电压发生高频振荡失稳，实验结果与前面理论分析基本一致，验证了所提降阶模型的有效性。

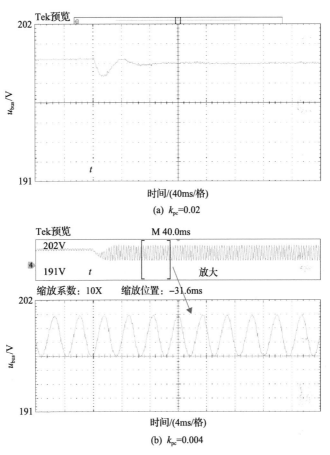

(a) $k_{pc}=0.02$

(b) $k_{pc}=0.004$

图 5.42　k_{pc} 变化时直流母线电压实验结果

　　分别选择电流内环控制积分系数 k_{ic} 为 40 和 100，模拟恒功率负荷突增，直流母线电压实验波形如图 5.43 所示。从图中可以看出，不同电流内环控制积分系

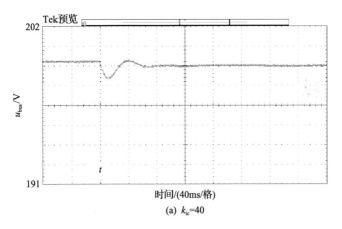

(a) $k_{ic}=40$

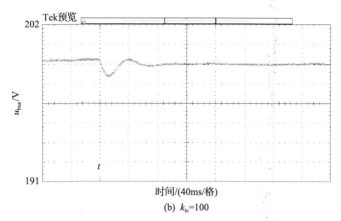

(b) k_{ic}=100

图 5.43　k_{ic} 变化时直流母线电压动态实验结果

数下，系统均能保持稳定，实验结果与前面的理论分析及仿真结果均一致。此外，通过对比可知，增大积分系数，能提升直流电压控制动态响应速度，有效缩短直流母线电压恢复至稳态的时间。

5.5　本章小结

本章主要工作总结如下。

（1）针对由直流电压控制主导的低频动态问题，提出了基于等效 RLC 并联电路的模型。直流电压控制积分系数影响的等效电感与直流母线电容构成的等效 LC 回路是产生直流微电网低频动态问题的本质原因，直流电压控制比例系数影响的等效电阻及恒功率负荷的等效负电阻均将影响系统阻尼。

（2）针对由电磁振荡回路主导的高频振荡稳定问题，提出了基于等效 RLC 串联电路的模型。通过在高频主导模态处对详细阻抗模型降阶处理，将直流电压控制单元下垂控制、直流电压控制及电流内环控制等环节对系统高频稳定性的影响，以可量化分析的等效电阻、等效电感形式呈现，物理意义更加明确。下垂系数增大，直流电压控制比例系数增大以及电流内环控制比例系数减小均会导致直流电压控制单元等效负电阻特性增强，容易使系统发生高频振荡。

参 考 文 献

[1] Liu W, Zhang M, Zhan M. Modeling for analyzing practical oscillation event of AC/DC distribution networks with power electronic transformer[C]. IEEE 4th International Electrical and Energy Conference（CIEEC）, Wuhan, 2021.

[2] 郭力, 冯怿彬, 李霞林, 等. 直流微电网稳定性分析及阻尼控制方法研究[J]. 中国电机工程学报, 2016, 36（4）: 927-936.

[3] Gao F, Bozhko S, Costabeber A, et al. Comparative stability analysis of droop control approaches in voltage-source-

converter-based DC microgrids[J]. IEEE Transactions on Power Electronics, 2017, 32(3): 2395-2415.

[4] Gao F, Bozhko S. Modeling and impedance analysis of a single DC bus-based multiple-source multiple-load electrical power system[J]. IEEE Transactions on Transportation Electrification, 2016, 2(3): 335-346.

[5] Amin M, Molinas M. Small-signal stability assessment of power electronics based power systems: A discussion of impedance- and eigenvalue-based methods[J]. IEEE Transactions on Industry Applications, 2017, 53(5): 5014-5030.

[6] 李鹏飞, 郭力, 王洪达, 等. 直流微电网高频振荡稳定问题的降阶建模及分析[J]. 电力自动化设备, 2021, 41(5): 65-72.

[7] 赵雨童, 高飞, 张博深. 基于交流电流下垂特性控制的 VSC 建模和稳定性分析[J]. 电力自动化设备, 2021, 41(5): 50-55.

[8] Mohamad A M E I, Mohamed Y A I. Investigation and assessment of stabilization solutions for DC microgrid with dynamic loads[J]. IEEE Transactions on Smart Grid, 2019, 10(5): 5735-5747.

[9] Wang C S, Li X L, Guo L, et al. A nonlinear-disturbance-observer-based DC-bus voltage control for a hybrid AC/DC microgrid[J]. IEEE Transactions on Power Electronics, 2014, 29(11): 6162-6177.

[10] 梅念, 尹诗媛, 魏争, 等. 考虑内部谐波耦合特性的 MMC 小信号建模及稳定性分析[J]. 电网技术, 2019, 43(12): 4495-4501.

[11] 李探, Gole A M, 赵成勇. 考虑内部动态特性的模块化多电平换流器小信号模型[J]. 中国电机工程学报, 2016, 36(11): 2890-2899.

[12] Li X L, Guo L, Zhang S H, et al. Observer-based DC voltage droop and current feed-forward control of a DC microgrid[J]. IEEE Transactions on Smart Grid, 2018, 9(5): 5207-5216.

[13] Anand S, Fernandes B G. Reduced-order model and stability analysis of low-voltage DC microgrid[J]. IEEE Transactions on Industrial Electronics, 2013, 60(11): 5040-5049.

[14] Hussain M N, Agarwal V. A novel feedforward stabilizing technique to damp power oscillations caused by DC-DC converters fed from a DC bus[J]. IEEE Journal of Emerging and Selected Topics in Power Electronics, 2020, 8(2): 1528-1535.

[15] Radwan A A A, Mohamed Y A I. Assessment and mitigation of interaction dynamics in hybrid AC/DC distribution generation systems[J]. IEEE Transactions on Smart Grid, 2012, 3(3): 1382-1393.

[16] Rashidirad N, Hamzeh M, Sheshyekani K, et al. High-frequency oscillations and their leading causes in DC microgrids[J]. IEEE Transactions on Energy Conversion, 2017, 32(4): 1479-1491.

[17] 张学, 裴玮, 邓卫, 等. 含恒功率负载的交直流混联配电系统稳定性分析[J]. 中国电机工程学报, 2017, 37(19): 5572-5582.

[18] Ghadiriyan S, Rahimi M. Mathematical representation, stability analysis and performance improvement of DC microgrid system comprising hybrid wind/battery sources and CPLs[J]. IET Generation, Transmission & Distribution, 2019, 13(10): 1845-1855.

[19] Liu Z W, Zhao J Q, Zou Z Q. Impedance modeling, dynamic analysis and damping enhancement for DC microgrid with multiple types of loads[J]. International Journal of Electrical Power & Energy Systems, 2020, 122: 106183.

[20] 郑凯元, 杜文娟, 王海风. 聚合恒功率负荷对直流微电网稳定性影响的阻抗法分析[J]. 电网技术, 2021, 45(1): 134-148.

[21] Riccobono A, Santi E. Comprehensive review of stability criteria for DC power distribution systems[J]. IEEE Transactions on Industry Applications, 2014, 50(5): 3525-3535.

[22] Vesti S, Suntio T, Oliver J A, et al. Impedance-based stability and transient-performance assessment applying maximum peak criteria[J]. IEEE Transactions on Power Electronics, 2013, 28(5): 2099-2104.

[23] Gu Y J, Li W H, He X N. Passivity-based control of DC microgrid for self-disciplined stabilization[J]. IEEE Transactions on Power Systems, 2015, 30(5): 2623-2632.

[24] Riccobono A, Santi E. A novel passivity-based stability criterion (PBSC) for switching converter DC distribution systems[C]. Twenty-Seventh Annual IEEE Applied Power Electronics Conference and Exposition (APEC), Orlando, 2012.

[25] 李鲁阳, 裴玮, 孔力. 基于电压源型换流器的多端直流配电系统降阶小信号模型[J]. 电网技术, 2019, 43(4): 1187-1196.

[26] Rashidirad N, Hamzeh M, Sheshyekani K, et al. A simplified equivalent model for the analysis of low-frequency stability of multi-bus DC microgrids[J]. IEEE Transactions on Smart Grid, 2018, 9(6): 6170-6182.

[27] 姚广增, 彭克, 李海荣, 等. 柔性直流配电系统高频振荡降阶模型与机理分析[J]. 电力系统自动化, 2020, 44(20): 29-46.

[28] 张浩, 彭克, 刘盈杞, 等. 基于 MMC 的柔性直流配电系统低频振荡机理分析[J]. 电力自动化设备, 2021, 41(5): 1-7.

[29] 林刚, 李勇, 王姿雅, 等. 低压直流配电系统谐振机理分析与有源抑制方法[J]. 电网技术, 2017, 41(10): 3358-3364.

第6章　直流微电网高频振荡稳定性提升

第 5 章从等效电路模型的视角，详细阐述了直流微电网宽频振荡失稳机理。本章将专门针对直流微电网高频振荡稳定问题，研究稳定性提升控制方法。6.1 节和 6.2 节基于特征值分析方法，系统性地分析了直流负荷功率及类型、下垂控制参数和直流电压环比例系数对高频振荡稳定性的影响；6.3 节提出了基于低通滤波环节的有源阻尼方法，可以有效提升直流微电网高频模态稳定性，但仍无法有效解决在大功率扰动下直流电压波动大、动态响应慢及多 DC-DC 变流器均流性能差等问题；6.4 节提出一种基于非线性干扰观测器的直流电压下垂控制策略，实现了多 DC-DC 变流器电源在直流微电网组网并联控制中动态响应、稳定裕度、功率均流等多项关键指标同时有效提升，解决了直流微电网中的大扰动冲击和直流电压稳定控制问题。

6.1　直流微电网小信号稳定性分析模型

6.1.1　直流微电网基本结构

典型直流微电网结构如图 6.1 所示，主要包括：①双向 DC-AC 变流器作为直流微电网与外部交流电网之间的能量转换接口，可实现交直流系统间的功率交换；②风机、光伏等分布式电源一般通过 AC-DC 变流器或 DC-DC 变流器接入直流母线；③储能单元通过双向 DC-DC 变流器接入，通常采用定直流母线电压控制或

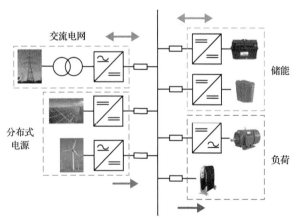

图 6.1　典型直流微电网结构图[1,2]

者恒功率充放电控制，以维持系统内功率平衡、平抑电压波动；④直流微电网中还存在多种类型的负荷，其中电阻性负荷可直接接入直流母线，大部分传统的交流负荷、新型电力电子型负荷等则需要通过相应的 DC-AC 变流器、DC-DC 变流器接入。由于负载变流器通常采用闭环控制调节负荷端电压，这类负荷将对外呈现为恒功率特性。

　　直流微电网正常运行时，直流母线电压可以通过并网 DC-AC 变流器或者储能单元进行调节。若由 DC-AC 变流器控制母线电压，其余电源控制功率输出（如储能单元可采用恒功率充放电控制、分布式电源采用最大功率点跟踪控制等），当直流微电网从并网转为独立运行时，为保证稳定运行，储能单元需要切换为直流母线电压控制模式，这增加了控制系统的复杂性。若由储能单元控制直流母线电压，DC-AC 变流器调节直流微电网与交流系统间的交互功率，可实现交直流系统的解耦运行，此时交流电网可以等效为一个可控的恒定功率源。因此，直流微电网中由储能单元控制直流母线电压更易于实现运行模式的平滑切换[1]。

　　接下来本章以图 6.2 所示结构分析直流微电网常规下垂控制策略下的稳定性及相应稳定性提升方法。

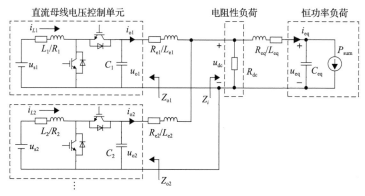

图 6.2　简化直流微电网模型

u_{eq}-恒功率负荷的端电压

　　图 6.2 中包含多个采用常规电压下垂控制的 DC-DC 变流器、电阻性负荷和恒功率负荷的等效模型。考虑到恒功率负荷动态响应较快，在稳定性分析时可以忽略其控制系统的影响，将其等效为一个恒功率源与电容并联的简化结构[2]。为便于后续定量分析，表 6.1 给出了相应的主电路参数。

6.1.2　直流微电网小信号建模

　　小信号数学模型可用于分析非线性动力系统在平衡点处的稳定性。本节基于图 6.2 所示直流微电网结构，详细介绍其小信号数学模型的建立方法，为下面直

表 6.1　直流微电网主电路参数

子系统	参数名称	数值
直流母线电压控制单元	输入电压 u_s	100V
	滤波电感/等效电阻 (L/R)	2mH/0.04Ω
	稳压电容 C	2200μF
	开关频率 f_s	10kHz
	下垂系数 R_d	0.5
	直流电压环系数 k_{pu}/k_{iu}	1/10
	电流环系数 k_{pc}/k_{ic}	0.02/40
恒功率负荷	等效功率 P_{sum}	5kW
	等效稳压电容 C_{eq}	2200μF
	等效线路阻抗 R_{eq}/L_{eq}	0.1Ω/0.1mH
直流网络	直流母线电压 u_{dc}	200V
	线路阻抗 R_e/L_e	0.1Ω/0.1mH
	电阻性负荷 R_{dc}	60Ω

流微电网的小信号稳定性分析提供基础模型。

1. 直流母线电压控制单元建模

如图 6.2 所示，直流母线电压控制单元由储能单元与双向 Buck/Boost 型 DC-DC 变流器构成，基于状态平均建模方法，其主电路动态特性表示为

$$
\begin{cases}
C_i \dfrac{\mathrm{d}u_{oi}}{\mathrm{d}t} = (1-d_i)i_{Li} - i_{oi} \\[2mm]
u_{si} = R_i i_{Li} + L_i \dfrac{\mathrm{d}i_{Li}}{\mathrm{d}t} + (1-d_i)u_{oi} \\[2mm]
u_{oi} = R_{ei} i_{oi} + L_{ei} \dfrac{\mathrm{d}i_{oi}}{\mathrm{d}t} + u_{dc}
\end{cases}
\tag{6.1}
$$

式中，下标 $i(i=1,2,\cdots,N)$ 为第 i 个直流母线电压控制单元(假定系统中有 N 个直流母线电压控制单元)；C_i、L_i、R_i、d_i 分别为第 i 个 DC-DC 变流器出口侧稳压电容、滤波电感、等效电阻、开关管的占空比；R_{ei}、L_{ei} 为线路的等效电阻和等效电感；u_{si}、u_{oi}、i_{Li}、i_{oi} 和 u_{dc} 分别为储能单元端电压、变流器出口侧电压、电感电流、输出电流和直流母线电压。

为了实现直流微电网内多直流母线电压控制单元的功率自动分配以及即插即用，本章考虑采用如图 6.3 所示的直流电压下垂控制结构，外环为电压-输出电流下垂控制，内环为电压/电流双闭环控制。

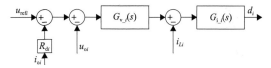

图 6.3　直流电压下垂控制框图

由图 6.3 可得

$$\begin{cases} d_i = k_{\mathrm{pc\_}i}[k_{\mathrm{pu\_}i}(u_{\mathrm{ref}i} - R_{\mathrm{d}i}i_{oi} - u_{oi}) + k_{\mathrm{iu\_}i}u_{\mathrm{ur\_}i} - i_{Li}] + k_{\mathrm{ic\_}i}u_{\mathrm{ir\_}i} \\[2mm] \dfrac{\mathrm{d}u_{\mathrm{ur\_}i}}{\mathrm{d}t} = u_{\mathrm{ref}i} - R_{\mathrm{d}i}i_{oi} - u_{oi} \\[2mm] \dfrac{\mathrm{d}u_{\mathrm{ir\_}i}}{\mathrm{d}t} = k_{\mathrm{pu\_}i}(u_{\mathrm{ref}i} - R_{\mathrm{d}i}i_{oi} - u_{oi}) + k_{\mathrm{iu\_}i}u_{\mathrm{ur\_}i} - i_{Li} \end{cases} \tag{6.2}$$

式中，$u_{\mathrm{ref}i}$ 为变流器输出电压参考值；$R_{\mathrm{d}i}$ 为下垂系数；$k_{\mathrm{pc\_}i}$ 和 $k_{\mathrm{ic\_}i}$ 为电流环 PI 控制器的比例系数和积分系数，$k_{\mathrm{pu\_}i}$ 和 $k_{\mathrm{iu\_}i}$ 分别为电压环 PI 控制器的比例系数和积分系数，其传递函数表示为 $G_{\mathrm{i\_}i}(s) = k_{\mathrm{pc\_}i} + k_{\mathrm{ic\_}i}/s$，$G_{\mathrm{v\_}i}(s) = k_{\mathrm{pu\_}i} + k_{\mathrm{iu\_}i}/s$；$u_{\mathrm{ur\_}i}$、$u_{\mathrm{ir\_}i}$ 分别为电压环、电流环的积分项输出。

2. 电阻性负荷及恒功率负荷建模

当直流微电网系统中存在多个并联运行的恒功率负荷时，其可用如图 6.4 所示简化模型等效表示。

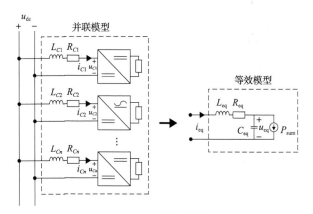

图 6.4　n 个恒功率负荷等效模型

假设恒功率负荷的数量为 n，则 n 条线路的微分方程为

$$
\begin{cases}
\dfrac{\mathrm{d}i_{C1}}{\mathrm{d}t} = \dfrac{1}{L_{C1}}(u_{C1} - u_{\mathrm{dc}}) - \dfrac{R_{C1}}{L_{C1}}i_{C1} \\[2mm]
\dfrac{\mathrm{d}i_{C2}}{\mathrm{d}t} = \dfrac{1}{L_{C2}}(u_{C2} - u_{\mathrm{dc}}) - \dfrac{R_{C2}}{L_{C2}}i_{C2} \\[2mm]
\vdots \\[2mm]
\dfrac{\mathrm{d}i_{Cn}}{\mathrm{d}t} = \dfrac{1}{L_{Cn}}(u_{Cn} - u_{\mathrm{dc}}) - \dfrac{R_{Cn}}{L_{Cn}}i_{Cn}
\end{cases}
\tag{6.3}
$$

式中，L_{Ci}/R_{Ci} 为恒功率负荷的线路阻抗；u_{Ci} 和 i_{Ci} 分别为输入侧电容电压和电流。

恒功率负荷的输入电流之和 i_{eq} 为

$$
i_{\mathrm{eq}} = i_{C1} + i_{C2} + \cdots + i_{Cn}
\tag{6.4}
$$

假设直流微电网各线路 R_{Ci} 与 L_{Ci} 的比值近似相等且各电压 $u_{C1}, u_{C2}, \cdots, u_{Cn}$ 也近似相等，以及各个恒功率负荷输入侧电压 u_{eq} 近似相等，则可得

$$
\frac{\mathrm{d}i_{\mathrm{eq}}}{\mathrm{d}t} = \frac{\mathrm{d}}{\mathrm{d}t}\sum_{i=1}^{n} i_{Ci} \approx \sum_{i=1}^{n}\frac{1}{L_{Ci}}(u_{\mathrm{eq}} - u_{\mathrm{dc}}) - \frac{R_{Ci}}{L_{Ci}}i_{\mathrm{eq}}
\tag{6.5}
$$

L_{eq} 和 R_{eq} 表示为

$$
\begin{cases}
L_{\mathrm{eq}} = 1 \Big/ \displaystyle\sum_{i=1}^{n}\frac{1}{L_{Ci}} \\[4mm]
R_{\mathrm{eq}} = L_{\mathrm{eq}}\dfrac{R_{Ci}}{L_{Ci}}
\end{cases}
\tag{6.6}
$$

式中，R_{eq} 和 L_{eq} 分别为等效模型中线路的等效电阻与电感。

同理，利用恒功率负荷输入侧稳压电容并联特性，可得

$$
\begin{cases}
C_{\mathrm{eq}} = C_{\mathrm{CPL1}} + C_{\mathrm{CPL2}} + \cdots + C_{\mathrm{CPL}n} = \displaystyle\sum_{i=1}^{n} C_{\mathrm{CPL}i} \\[4mm]
P_{\mathrm{CPL}} = P_{\mathrm{CPL1}} + P_{\mathrm{CPL2}} + \cdots + P_{\mathrm{CPL}n} = \displaystyle\sum_{i=1}^{n} P_{\mathrm{CPL}i}
\end{cases}
\tag{6.7}
$$

式中，$C_{\mathrm{CPL}i}$、$P_{\mathrm{CPL}i}$ 分别为第 i 个恒功率负荷输入侧电容以及负荷功率；C_{eq}、P_{CPL} 分别为等效模型的电容及功率。

考虑到直流微电网中分布式电源等输出功率的影响，图 6.4 中等效模型的功率可以修正为

$$
P_{\mathrm{sum}} = P_{\mathrm{CPL}} - P_{\mathrm{PSC}}
\tag{6.8}
$$

当 $P_{\text{sum}} > 0$ 时，说明恒功率负荷消耗的功率 P_{CPL} 大于分布式电源等的输出功率 P_{PSC}，此时储能单元需要放电以维持系统内功率平衡；反之则表示当前分布式电源等的输出功率大于负荷消耗的功率，剩余功率将对储能单元进行充电。

因此，最终直流微电网中恒功率负荷的状态方程可以表示为

$$\begin{cases} C_{\text{eq}} \dfrac{\text{d}u_{\text{eq}}}{\text{d}t} = i_{\text{eq}} - \dfrac{P_{\text{sum}}}{u_{\text{eq}}} \\ u_{\text{dc}} = R_{\text{eq}} i_{\text{eq}} + L_{\text{eq}} \dfrac{\text{d}i_{\text{eq}}}{\text{d}t} + u_{\text{eq}} \end{cases} \tag{6.9}$$

若直流微电网中电阻性负荷的阻值为 R_{dc}，则其满足

$$u_{\text{dc}} = R_{\text{dc}} \left(\sum_{i=1}^{n} i_{oi} - i_{\text{dc}} \right) \tag{6.10}$$

3. 直流微电网完整小信号模型

式 (6.1)、式 (6.2)、式 (6.5)、式 (6.9)、式 (6.10) 完整描述了图 6.2 所示直流微电网大信号动态特性。针对复杂直流微电网结构，仍可按照上述建模思路，建立相应数学模型。本章侧重于研究直流微电网在平衡点处的小信号稳定性，因此需要基于上述模型，在其平衡点处做线性化处理，可得该直流微电网系统的小信号模型：

$$\dot{x}_{\text{dcsys}}(t) = A x_{\text{dcsys}}(t) \tag{6.11}$$

式中，状态变量 $x_{\text{dcsys}}(t)$ 定义如下：

$$x_{\text{dcsys}}(t) = \begin{bmatrix} \Delta u_{oi} & \Delta i_{Li} & \Delta i_{oi} & \Delta u_{\text{ur}\_i} & \Delta u_{\text{ir}\_i} & \Delta u_{\text{eq}} & \Delta i_{\text{eq}} \end{bmatrix}^{\text{T}} \tag{6.12}$$

A 为特征矩阵，由特征值理论可知当矩阵 A 中所有的特征值均位于 s 域左半平面时，直流微电网系统在稳态运行点附近才是小扰动稳定的。

6.2　直流微电网稳定性分析

基于 6.1 节所得的直流微电网小信号模型，本节将通过特征值分析如图 6.2 所示的下垂控制直流微电网系统发生高频振荡失稳的原因，并且将通过相应的详细电磁暂态时域仿真结果和基于实物验证平台的实验结果进行验证。

6.2.1 关键参数影响分析

1. 负荷功率及类型的影响

为了简化分析，本节首先讨论系统中仅包含一个直流母线电压控制单元时，直流微电网系统的稳定问题。图 6.5 为负荷功率 P_{sum} 从 0.5kW 增加到 5kW 时，该直流微电网的特征值变化曲线，其中特征值 1、2(分别如"*""+"所示)代表直流系统中仅存在电阻性负荷，直流母线电压控制单元的下垂系数 R_d 分别为 0 和 0.5 时，主导特征值的变化轨迹；特征值 3、4(分别如"·""×"所示)代表系统中仅存在恒功率负荷，直流母线电压控制单元的下垂系数 R_d 分别为 0 和 0.5 时，主导特征值的变化轨迹。

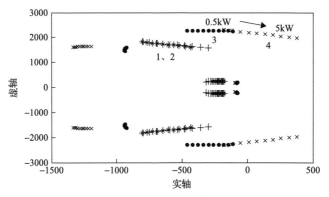

图 6.5　负荷功率变化对直流微电网主导特征值的影响情况

从图 6.5 中可知：①随着负荷功率增大，直流微电网的主导特征值将向右半平面移动；②增大变流器的下垂系数同样导致主导特征值向右半平面方向移动，会降低系统的稳定裕度。通过对比特征值 1、2 和 3、4 可得：在相同的负荷功率 P_{sum} 水平下，相比于电阻性负荷，恒功率负荷特性将会大大降低直流微电网稳定裕度，此时，直流微电网系统所允许的最大恒功率负荷功率 P_{sum} 为 1.9kW。

由上述分析可得，恒功率负荷对系统稳定性的影响更大。在后续的分析中，将以恒功率负荷功率变化为例研究负荷功率对直流系统稳定性的影响。

2. 下垂控制参数的影响

图 6.6 为包含 2 个直流母线电压控制单元时，该直流微电网的特征值随负荷功率的变化曲线，其中负荷功率从 1kW 增加到 10kW，下垂系数 $R_{d1}=R_{d2}=0.5$。对比图 6.5 与图 6.6 可发现，当直流微电网中增加一个直流母线电压控制单元时，系统中除了原先那对主导特征值(特征值 1)，还会出现一对新的主导特征值(特征值 2)。与特征值 1 类似，特征值 2 由变流器出口侧电容 C_i 及线路等效阻抗 R_{ei}/L_{ei} 所形成的

LC 环节引入；同时，由于变流器采用电压控制，其内阻远小于恒功率负荷的等效阻抗，因此由直流母线电压控制单元引入的 LC 环节阻尼更小，特征值 2 比特征值 1 更偏向于右半平面。由图 6.6 可得，此时直流微电网系统中所允许的最大恒功率负荷功率 P_{sum} 降至 1.2kW，即平均每台变流器所能输出的最大功率为 0.6kW。

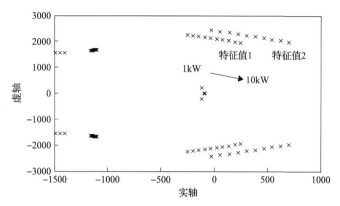

图 6.6　负荷功率变化对含 2 个直流母线电压控制单元的直流微电网特征值的影响情况

图 6.7 为保持负荷功率 P_{sum}=10kW，R_{d1}=0.5，变流器 2 的下垂系数 R_{d2} 由 0.1 增加到 1 时直流微电网系统的特征值轨迹曲线。由图易得，下垂系数增大时，特征值 1 与特征值 2 同时向平面右侧偏移，系统的稳定裕度下降。当直流系统内直流母线电压控制单元的数量进一步增加时，新的主导特征值也会相应增加，其成因和特性均与特征值 2 类似，受篇幅限制，这里不再赘述。

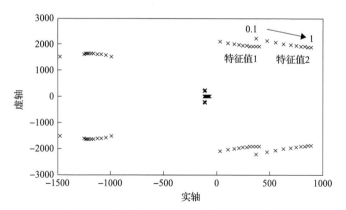

图 6.7　系统特征值随下垂系数 R_{d2} 变化情况

3. 直流电压环比例系数的影响

当直流微电网两 DC-DC 变流器下垂系数取为 0.5，直流电压环比例系数 k_{pu} 分别选择为 0.25、1.0 和 1.5，负荷功率 P_{sum} 从 0.1kW 变化至 2.5kW 时，直流微电网高频主导特征值的变化轨迹如图 6.8 所示。

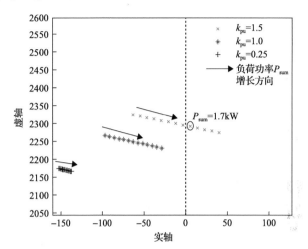

图 6.8　直流电压环比例系数对直流微电网稳定性的影响

从图 6.8 中可以看出，随着直流电压环比例系数的增大，直流微电网稳定性和裕度逐渐下降。如 k_{pu} 为 1.5 时，当负荷功率 P_{sum} 超过 1.7kW 时，高频主导特征值就会具有正实部，意味着直流微电网在该平衡点处是小扰动不稳定的。但同时需要指出的是，若选择较小的直流电压环比例系数，尽管能保证稳定性，但直流电压控制动态响应会受到一定影响。

6.2.2　仿真验证

为了验证上述理论分析的结论，本节在 PSCAD/EMTDC 仿真软件中搭建了如图 6.2 所示直流微电网的详细电磁暂态仿真模型，系统参数如表 6.1 所示。

1. 不同负荷功率及类型的影响

图 6.9 为直流系统包含 1 个直流母线电压控制单元，分别带电阻性负荷和恒功率负荷时，在负荷突增时的直流母线电压的瞬时值波形。

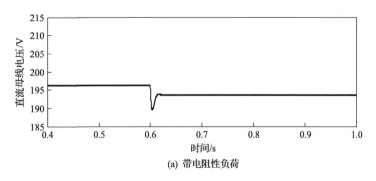

(a) 带电阻性负荷

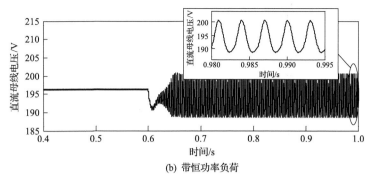

(b) 带恒功率负荷

图6.9　负荷功率及类型对直流微电网稳定性的影响

具体仿真工况为下垂系数 R_d=0.5，两种类型负荷的功率均为 1.5kW；在 t=0.6s 时，模拟突增负荷功率至 2.5kW。由图6.9可得，对于相同的负荷功率变化，当系统中带电阻性负荷时，直流微电网保持稳定运行；而当系统中带恒功率负荷时，直流微电网系统发生振荡失稳，直流母线电压上会叠加一个高频的振荡分量。图6.9(b)中的振荡频率为 2104rad/s，与图6.5中的理论频率 2163rad/s 基本吻合，从而验证了理论分析的正确性。

2. 不同下垂控制参数的影响

图6.10和图6.11对比了不同下垂系数下，相同恒功率负荷扰动对含电压下垂直流电压控制单元直流微电网稳定性的影响。具体仿真工况为模拟恒功率负荷从 1.125kW 突增至 1.875kW。图6.10所示为下垂系数 R_d=0.1 的结果，图6.11所示

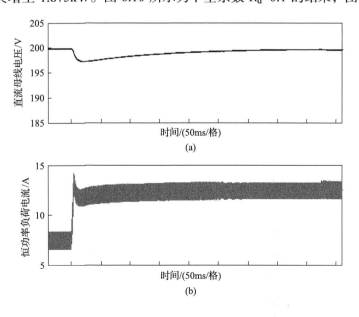

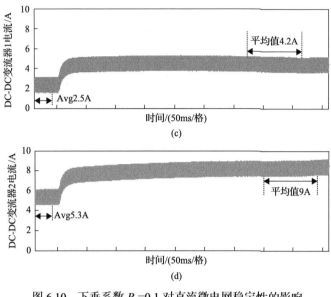

图 6.10　下垂系数 R_d=0.1 对直流微电网稳定性的影响

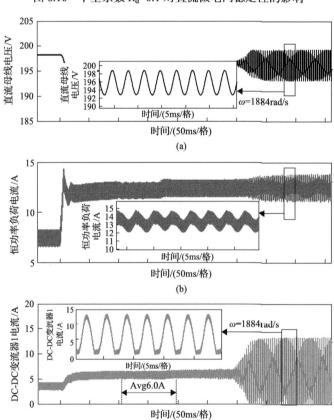

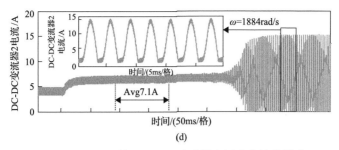

图 6.11 下垂系数 R_d=0.8 对直流微电网稳定性的影响

为下垂系数 R_d=0.8 的结果,其余控制参数与表 6.1 中相同,其中子图(a)～(d)分别表示直流母线电压、恒功率负荷电流、两 DC-DC 变流器电流波形,Avg 表示平均值。

对比图 6.10 和图 6.11 可知,在相同的恒功率负荷扰动下,下垂系数越大,越容易导致直流系统出现高频振荡,仿真结果与图 6.7 中的理论分析相吻合。如图 6.10 所示,负荷扰动前后,两变流器输出电流比值分别为 2.5:5.3 和 4.2:9,与期望的电流均分效果(即满足 1:1)有较大偏差。仿真结果表明减小下垂系数可以提升稳定性,但多机之间的均流性能会受到影响。因此,如何既能提升系统稳定性,又能改善均流性能? 6.4 节将给出一种解决方案。

3. 不同直流电压环比例系数的影响

图 6.12 和图 6.13 描述了不同直流电压环比例系数对直流微电网稳定性的影响。具体仿真工况为:模拟恒功率负荷从 0.704kW 突增至 1.55kW。图 6.12 中直

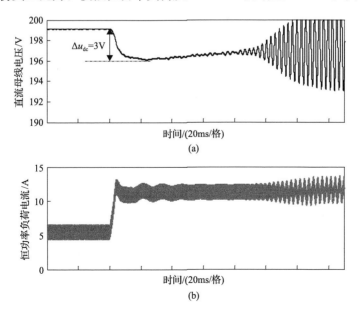

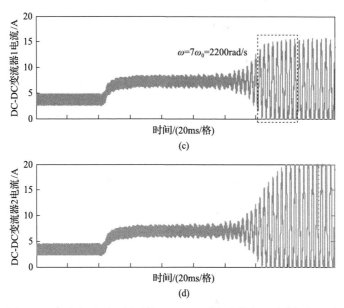

图 6.12　直流电压环比例系数 $k_{pu} = 1.5$ 对直流微电网稳定性的影响

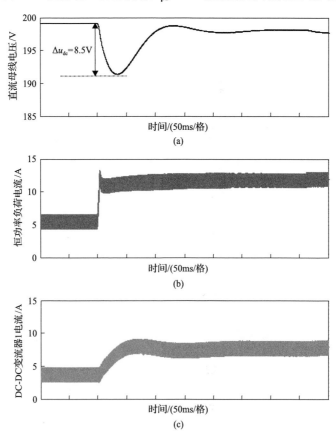

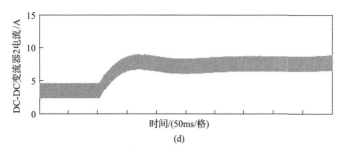

图 6.13 直流电压环比例系数 $k_{pu} = 0.25$ 对直流微电网稳定性的影响

流电压环比例系数 $k_{pu}=1.5$，图 6.13 中 $k_{pu}=0.25$，其余控制参数与表 6.1 中相同。

如图 6.12 所示，在恒功率负荷突增暂态工况下，直流微电网出现了高频振荡失稳，直流母线电压和各单元直流电流高频振荡频率约 2200rad/s，仿真结果与图 6.8 中特征值理论分析结果相吻合。

当直流电压环比例系数 k_{pu} 减小至 0.25 后，在相同的恒功率负荷扰动下，直流微电网稳定性得到显著提升，仿真结果如图 6.13 所示。

但需要注意的是，对比图 6.12(a) 和图 6.13(a) 所示直流母线电压波形，在 0.846kW 的负荷冲击下，直流电压环比例系数分别设置为 1.5 和 0.25 时，直流母线电压最大跌落值分别为 3V 和 8.5V。仿真结果表明，增大直流电压环比例系数，能够有效提升直流电压控制系统动态响应，减小直流母线电压偏差，但也更容易降低直流微电网高频振荡模态的稳定裕度。如何既能提升系统稳定性，又能提升直流电压控制系统动态响应速度？6.4 节将给出一种解决方案。

6.2.3 实验验证

为了验证上述理论分析和仿真结果的有效性，本节根据图 6.2 搭建了如图 6.14 所示的直流微电网实验结构，对应的硬件实验平台如图 6.15 所示。实验系统参数与理论分析和仿真模型一致(表 6.1)，下垂控制 DC-DC 变流器 1、2 输入侧电压

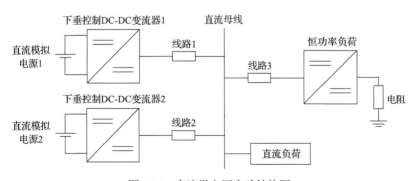

图 6.14 直流微电网实验结构图

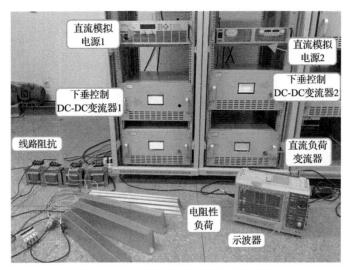

图 6.15　直流微电网实验系统硬件平台

由安捷伦 N8741A 型直流模拟电源提供,恒功率负荷用接电阻的 DC-DC 变流器模拟,通过调节负荷电阻端电压来改变恒功率负荷的输出功率。

1. 不同负荷功率及类型的影响

下垂控制 DC-DC 变流器 1 维持直流母线电压在 200V,下垂系数 R_d=0.5,下垂控制 DC-DC 变流器 2 不投入运行。在图 6.16 中 t 时刻,直流负荷功率由 667W 增大到 1167W,图 6.16 对应直流微电网系统带电阻性负荷和恒功率负荷时的波形。其中电阻性负荷是在 60Ω 基础上再并联 80Ω;恒功率负荷突增通过控制负荷电阻端电压由 110V 增加到 150V 模拟来实现。由图可得,带电阻性负荷的直流微电网能保持稳定运行,而带恒功率负荷时,直流微电网发生振荡失稳,且图中的振荡频率约为 1957rad/s,与图 6.5 中的特征值理论分析及 6.9 所示仿真结果相符。因

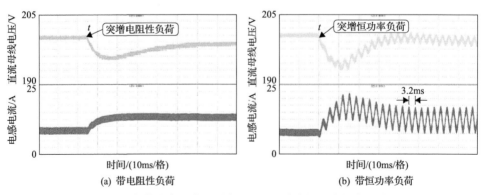

图 6.16　负荷功率及类型对直流微电网稳定性影响的实验验证

此，相比于电阻性负荷，恒功率负荷对系统稳定性的影响更大；直流微电网系统的稳定裕度会随着负荷功率的增大而降低。

2. 不同下垂控制参数的影响

图 6.17 和图 6.18 描述了不同下垂系数对直流微电网稳定性的影响。具体实验工况为模拟恒功率负荷在 t_0 时刻从 1.125kW 突增至 1.875kW。图 6.17 所示为下垂系数 R_d=0.1 的实验结果，图 6.18 所示为下垂系数 R_d=0.8 的实验结果，其余控制参数均与表 6.1 中相同。该实验工况与图 6.10、图 6.11 中仿真工况完全一致。

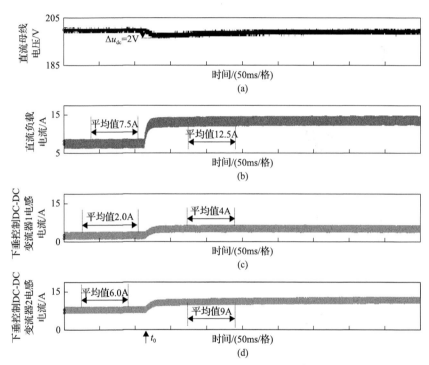

图 6.17　下垂系数 R_d=0.1 对直流微电网稳定性影响的实验结果

对比图 6.17 和图 6.18 可知，在相同的恒功率负荷扰动下，当下垂系数选择为 0.8 时，直流母线电压、下垂控制 DC-DC 变流器电流出现了振荡频率为 1962rad/s 的高频振荡分量，实验结果与图 6.7 中理论分析、图 6.11 中所示仿真结果基本吻合。当下垂系数减小至 0.1 时，直流微电网稳定性得到有效提升，如图 6.17 所示。但从图 6.17 中也可以看到，负荷扰动前后，两变流器电感电流比值分别为 2:6 和 4:9，与期望的输出电流均分效果(即满足 1:1)有较大偏差。实验结果表明减小下垂系数可以提升稳定性，但多机之间的均流性能会受到影响。

但当下垂系数增大至 0.8 时，扰动前、后，两变流器输出电流比值分别为

3.5:4.5 和 5.5:7，实验结果如图 6.18 所示，均流性能得到有效提升，但直流系统高频稳定性降低。

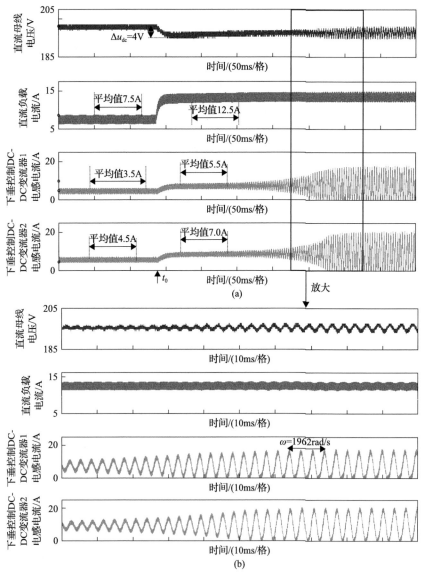

图 6.18　下垂系数 R_d=0.8 对直流微电网稳定性影响的实验结果

3. 不同直流电压环比例系数的影响

图 6.19 和图 6.20 描述了直流电压环比例系数对直流微电网稳定性的影响。具体实验工况为模拟恒功率负荷在 t_0 时刻从 0.704kW 突增至 1.55kW。图 6.19 所示

为直流电压环比例系数 k_{pu}=1.5 的实验结果,图 6.20 所示为 k_{pu}=0.25 时的实验结果。该实验工况与图 6.12、图 6.13 中仿真工况完全一致。

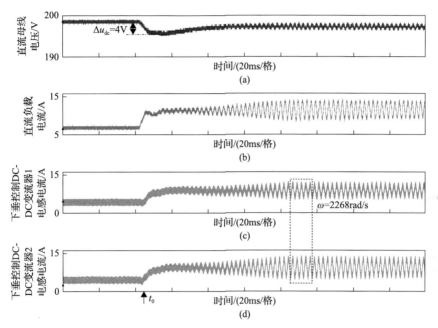

图 6.19　直流电压环比例系数 k_{pu} = 1.5 对直流微电网稳定性影响的实验验证

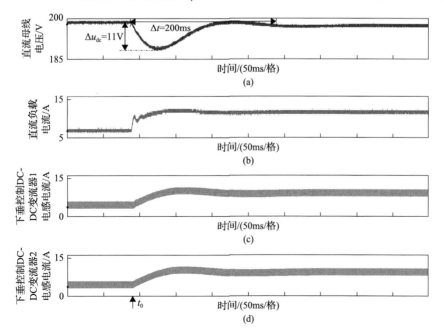

图 6.20　直流电压环比例系数 k_{pu} = 0.25 对直流微电网稳定性影响的实验结果

从图 6.19 可知，在恒功率负荷突增时，直流微电网出现了高频振荡失稳，直流母线电压和各单元直流电流高频振荡频率约 2268rad/s，实验结果与图 6.8 中特征值理论分析结果及图 6.12 中的仿真结果均相吻合，表明直流电压环比例系数过大易导致直流系统中出现高频振荡失稳现象。

当直流电压环比例系数减小到 0.25 时，在相同 0.846kW 的恒功率负荷冲击下，直流微电网稳定性得到显著提升，实验结果如图 6.20 所示。此外，对比图 6.19(a)和图 6.20(a) 所示直流母线电压波形，当直流电压环比例系数分别为 1.5 和 0.25 时，直流母线电压最大跌落值分别为 4V 和 11V。实验结果表明，增大直流电压环比例系数，能够有效提升直流电压控制系统动态响应，减小暂态功率对直流电压的冲击，但会降低直流微电网高频模态稳定性。

通过本节理论分析及仿真、实验结果，可以得到如下结论。

(1) 相比电阻性负荷，具有恒功率特性的负荷扰动更容易导致直流系统出现高频振荡失稳问题。

(2) 下垂控制系数同时影响直流微电网高频振荡稳定性和多 DC-DC 变流器均流性能，且无法通过调整下垂系数保证两者性能同时提升，因为增大下垂系数能提升均流性能，但会降低稳定裕度。

(3) 直流电压环比例系数同时影响直流微电网高频振荡稳定性和直流母线电压控制动态响应速度，但无法通过调整该系数保证两者性能同时提升，因为减小直流电压环比例系数，尽管能有效提升直流微电网高频稳定性，但会导致直流母线电压控制动态响应速度降低，在同样的负荷扰动下，直流母线电压波动更大，直流母线电压恢复至稳态时间更长。

6.3　高频振荡有源阻尼

在 6.2 节中，特征值理论分析、详细电磁暂态仿真和实验结果均表明在含高比例恒功率负荷的直流微电网中，下垂系数过大或直流电压环比例系数过大，均易导致直流微电网出现高频振荡失稳。本节将利用阻抗匹配准则，提出基于低通滤波的有源阻尼方法[2]，通过改变直流母线电压控制单元 DC-DC 变流器的等效输出阻抗，使主导特征值向 s 域平面左侧移动，以提升直流微电网稳定性。

6.3.1　基于低通滤波的有源阻尼方法

由上述稳定性分析的结果可以看出，直流微电网中低阻尼的 LC 环节会降低系统的稳定裕度，可能导致系统中出现不稳定的振荡现象。线路的等效电抗与变流器出口侧的稳压电容构成了一组典型的弱阻尼环节。增大变流器稳压电容容量或者提高线路的阻抗比是一种简单有效的解决方式。然而在实际应用中，大容量的电容意味着更大的占地面积和更高的经济成本；高阻抗比的传输电缆会给系统带来额外的电能损耗，同时增加线路压降。

阻抗匹配准则由 Middle Brook 于 1976 年提出，它描述了系统稳定性与电源输入输出阻抗之间的对应关系[3,4]。该准则可以用环路增益方程 $1/(1+T_m)$ 作为直流系统的稳定性判据，其中 $T_m=Z_o(s)/Z_i(s)$ 称为系统的环路增益，$Z_o(s)$、$Z_i(s)$ 分别为电源输出阻抗、负载侧的输入阻抗。当环路增益 T_m 的 Nyquist 曲线不包围 (−1,0) 时，直流系统稳定[5]。图 6.21、图 6.22 分别为图 6.2 所示直流微电网系统的环路增益 T_m Nyquist 曲线和传递函数 $\Delta u_{oi}/\Delta i_{oi}$ Bode 图。由图 6.21 和图 6.22 可知，当负荷功率超过 1.5kW 时，直流系统失稳，与特征值分析的结果一致；随着负荷功率增加，$\Delta u_{oi}/\Delta i_{oi}$ 在振荡频率处的幅值迅速增大，从而导致系统失稳。因此可以通过减小直流母线电压控制单元 DC-DC 变流器在振荡频率处的等效输出阻抗，降低 $\Delta u_{oi}/\Delta i_{oi}$ 的谐振峰值，从而提高系统稳定裕度。

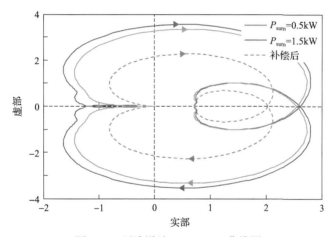

图 6.21　环路增益 T_m Nyquist 曲线图

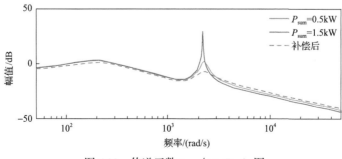

图 6.22　传递函数 $\Delta u_{oi}/\Delta i_{oi}$ Bode 图

本节所提的有源阻尼方法是在直流母线电压控制单元的下垂控制环中串联低通滤波器的补偿环节。相比于原有控制系统，经过低通滤波器之后的下垂控制仅会增加变流器在低频段的输出阻抗，因此该方法能减小 $\Delta u_{oi}/\Delta i_{oi}$ 的谐振峰值，提高系统稳定裕度（图 6.21、图 6.22）。该补偿环节用传递函数表示为

$$G_{\text{com}\_i}(s) = \frac{\omega}{s + \omega} \tag{6.13}$$

式中，ω 为滤波器的截止频率。ω 的取值需要足够小，以便于抑制直流系统中所有可能出现的振荡频率。但是过小的 ω 会降低变流器下垂控制的动态响应，这里取 $\omega =314\text{rad/s}$。

图 6.23 中 "*" 为加入低通滤波器后该直流微电网系统特征值变化轨迹，原本失稳的主导特征值又重新回到 s 域的左半平面，系统恢复稳定。

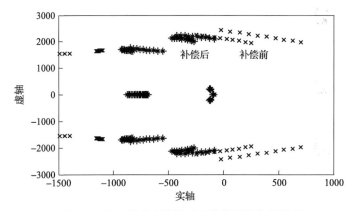

图 6.23　加入低通滤波器后系统特征值变化情况

6.3.2　仿真与实验验证

图 6.24 为直流系统包含 2 个直流母线电压控制单元时，直流母线电压的瞬时值波形的仿真验证结果。具体仿真工况为：两下垂控制 DC-DC 变流器的下垂系数 $R_{d1}=R_{d2}=0.5$，负荷功率 $P_{\text{sum}}=1\text{kW}$；在 $t=0.5\text{s}$ 时刻，突增负荷至 3kW，从图中

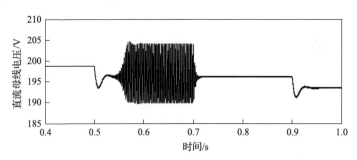

图 6.24　加入低通滤波器前后直流母线电压瞬时值波形

可以看出直流母线电压出现高频振荡现象；在 t=0.7s 时投入低通滤波器，系统恢复正常运行状态；在 t=0.9s 时继续增加负荷至 5kW，此时系统依然能稳定运行。结果表明本节所提方法能有效抑制直流系统高频振荡，提高系统的稳定裕度。

图 6.25 为实验验证结果，变流器 1、2 共同维持直流母线电压在 200V，下垂系数 R_{d1}=0.3，R_{d2}=0.5，恒功率负荷功率为 605W（负荷侧端电压为 110V）。如图 6.25(a)、(b) 所示，t_1 时刻，R_{d1} 增加到 0.5，直流微电网系统振荡失稳；t_2 时刻，有源阻尼控制器投入运行，系统重新恢复稳定；t_3 时刻，增加恒功率负荷功率至 1.125kW（通过调节负荷侧端电压至 150V 实现），此时直流系统依然能够稳定运行。实验结果表明本节所提的有源阻尼方法能抑制系统发生振荡，提高直流系统的稳定性。

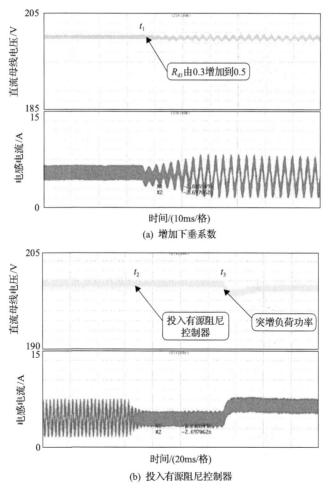

图 6.25　未加入与加入有源阻尼方法后的实验结果波形对比

6.4　直流电压鲁棒下垂控制

6.3 节中提出的基于低通滤波器的有源阻尼方法, 尽管能有效提升直流微电网高频稳定性, 但仍无法解决直流微电网在大功率扰动下所面临的直流电压波动大、动态响应慢及多 DC-DC 变流器均流性能差等问题。为此, 本节提出一种基于非线性干扰观测器的直流电压鲁棒下垂控制策略[6]。应用非线性干扰观测器, 能在不需要增加额外电流传感器的情况下即可实现对直流微电网内新能源或负荷功率扰动的快速跟踪[6,7]; 在此基础上, 提出基于非线性干扰观测器结果的外环直流母线电压下垂控制和内环扰动电流前馈控制, 仿真和实验结果表明所提方法能同时有效提升直流微电网稳定性、直流电压控制动态响应和多 DC-DC 变流器均流性能。

6.4.1　理论分析

1. 直流电压下垂控制结构

本节提出一种基于非线性干扰观测器 (NDO) 的直流电压下垂控制方法, 控制框图如图 6.26 所示。控制系统包含非线性干扰观测器、U_{dc}-I 下垂控制、电压/电流控制三部分。

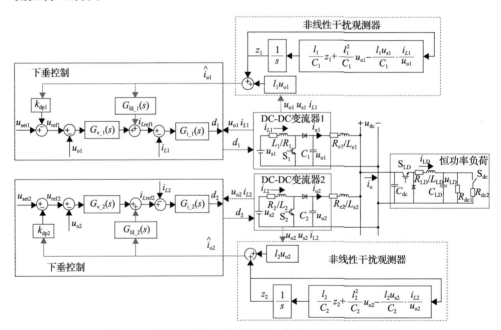

图 6.26　基于非线性干扰观测器的直流电压下垂控制结构

所提控制方法具有如下特点。

(1)非线性干扰观测器输出 $\hat{i}_o$ 能够快速跟踪直流母线上的等效直流负荷扰动,为 U_{dc}-I 下垂控制及直流母线电压/电流环的前馈控制提供参考。

(2)在 U_{dc}-I 下垂控制中,其输出电流(即注入直流微电网的电流)由非线性干扰观测器获得,可避免额外使用输出电流传感器。

(3)直流母线电压环包含 PI 控制及扰动电流前馈,其中扰动电流 $\hat{i}_o$ 由非线性干扰观测器获得,前馈函数为一阶微分环节,能有效补偿 DC-DC 变流器电流环控制响应及非线性干扰观测器收敛速度导致的延时,提升直流电压控制动态响应速度。

2. 非线性干扰观测器设计

将直流母线电压控制单元模型式(6.1)重新表述为如下形式:

$$\begin{cases} \dot{x} = f(x) + g_1(x)u + g_2(x)d(t) \\ y = x_1 \end{cases} \tag{6.14}$$

式中

$$\begin{cases} x = [x_1 \quad x_2]^{\mathrm{T}} = [u_o \quad i_L]^{\mathrm{T}} \\ f(x) = \left[\dfrac{u_s}{C} \cdot \dfrac{x_2}{x_1} \quad -\dfrac{1}{L} \cdot x_1 + \dfrac{u_s}{L}\right]^{\mathrm{T}} (\text{Boost}) \Bigg/ \left[\dfrac{u_s}{C} \cdot \dfrac{x_2}{x_1} \quad -\dfrac{u_s}{L}\right]^{\mathrm{T}} (\text{Buck}) \\ g_1(x) = \left[0 \quad \dfrac{x_1}{L}\right]^{\mathrm{T}} \\ g_2(x) = \left[-\dfrac{1}{C} \quad 0\right]^{\mathrm{T}} \\ u = d_2(\text{Boost}) / d_1(\text{Buck}) \\ d(t) = i_o \end{cases} \tag{6.15}$$

基于非线性干扰观测器理论[8,9],可设计如下非线性干扰观测器对式(6.14)中的扰动 $d(t)$ 进行观测。

$$\begin{cases} \dfrac{\mathrm{d}z}{\mathrm{d}t} = -(l(x)g_2(x))z - l(x)(g_2(x)p(x) + f(x) + g_1(x)u) \\ \hat{d} = z + p(x) \\ p(x) = l_1 x_1 + l_2 x_2 \\ l(x) = \dfrac{\partial p(x)}{\partial x} = [L_1 \quad L_2] \end{cases} \tag{6.16}$$

式中，$\hat{d}$ 为扰动观测值；z 为观测器的内部状态变量；$p(x)$ 为所需要设计的观测函数；$l(x)$ 为非线性干扰观测器增益。

假定式(6.14)中扰动 $d(t)$ 满足如下条件(直流微电网内扰动电流 i_o 均满足该条件)：

$$
\begin{cases}
d^* = \sup_{t>0}|d(t)| \\
\lim_{t\to\infty}\dfrac{\mathrm{d}d(t)}{\mathrm{d}t} = 0
\end{cases}
\tag{6.17}
$$

由上述假定可得误差方程：

$$
\frac{\mathrm{d}e_d(t)}{\mathrm{d}t} + (l(x)g_2(x))e_d(t) = 0
\tag{6.18}
$$

式中，$e_d(t) = d(t) - \hat{d}(t)$。

如果满足 $(l(x)g_2(x)) > 0$，非线性干扰观测器将是收敛的，时间常数 $T = 1/(l(x)g_2(x))$。

对于直流微电网内荷扰动电流 i_o，最终在 Boost 和 Buck 两种工作模式下，可得相同的非线性干扰观测器形式：

$$
\begin{cases}
\dfrac{\mathrm{d}z}{\mathrm{d}t} = \dfrac{l_1}{C}z + \dfrac{l_1^2 u_{\mathrm{dc}}}{C} - \dfrac{l_1 u_s}{C}\cdot\dfrac{i_L}{u_{\mathrm{dc}}} \\
\hat{i}_o = z + l_1 u_{\mathrm{dc}}
\end{cases}
\tag{6.19}
$$

式中，$\hat{i}_o$ 为扰动电流 i_o 的观测值；l_1 为非线性干扰观测器的增益系数。

非线性干扰观测器的目的是通过本地量测信息，获取直流母线电压控制单元输出电流 i_o，以此作为下垂控制中的反馈电流值和扰动电流前馈值，避免采用电流传感器，且能增强直流母线电压控制系统的抗扰性能。此外，基于非线性干扰观测器的前馈控制，可以减小直流母线电压环比例系数，有利于提高系统稳定裕度。

3. 动态响应特性分析

在常规电压/电流双环控制中，内环电流参考由电压闭环控制结果得到。暂态时，直流微电网内扰动电流 i_o 使直流母线电压产生偏差后，电流参考才发生相应变化，因此 DC-DC 变流器输出电流响应会滞后于直流微电网内电流变化。尤其当扰动电流较大时，有可能对直流母线电压造成较大冲击。为了抑制扰动对直流母线电压的影响，在如图 6.26 所示直流母线电压控制外环中加入基于非线性干扰观测器的前馈控制通道，图 6.27 为经过简化后的直流母线电压环控制传递函数框图。

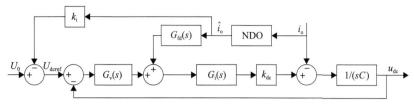

图 6.27　经过简化后的直流母线电压环控制传递函数框图

由图 6.27 可得

$$u_{dc}(s) = \frac{(1/sC)G_v(s)G_i(s)k_{dc}}{1 + (1/sC)G_v(s)G_i(s)k_{dc}} U_{dcref}(s)$$
$$- \frac{1}{sC + G_v(s)G_i(s)k_{dc}} i_o(s) + \frac{G_{fd}(s)G_i(s)k_{dc}}{sC + G_v(s)G_i(s)k_{dc}} \hat{i}_o(s) \tag{6.20}$$

式中，第一部分体现输出直流母线电压对给定电压参考信号 U_{dcref} 的跟踪性能；第二部分为直流微电网内扰动电流 i_o 对直流母线电压控制的扰动特性；第三部分为基于非线性干扰观测器的前馈跟踪项；k_{dc} 为直流源侧电压与直流母线电压的比值。

由式(6.18)及式(6.19)，可考虑扰动电流的观测值和实际值存在如下关系：

$$\hat{i}_o(s) = \frac{1}{1 + Ts} i_o(s) \tag{6.21}$$

式中，$T = -C/l_1$。

当式(6.20)中前馈函数 $G_{fd}(s)$ 满足式(6.22)时，

$$G_{fd}(s) = \frac{1 + Ts}{k_{dc}G_i(s)} \tag{6.22}$$

理论上 i_o 对 u_{dc} 的影响即可完全消除，在实际应用中，前馈控制时所需的直流微电网内扰动电流由非线性干扰观测器获得，而非通过增加多余电流传感器或与直流微电网内各 DC-DC 变流器控制系统进行通信获得。非线性干扰观测器的应用不需要直流微电网中分布式电源的 DC-DC 变流器控制系统和交直流混合微电网接口 DC-AC 变流器控制系统间的高速通信，有利于直流微电网内分布式储能系统的扩展和即插即用。

依据文献[10]中的理论分析，式(6.22)前馈传递函数由二阶简化为一阶：

$$G_{fd}(s) = \frac{1 + T_{fd}s}{k_{dc}} \tag{6.23}$$

式中，T_{fd} 表达式如下：

$$T_{\text{fd}} = -\frac{C}{l_1} + \frac{L}{U_{\text{dc}}k_{\text{pc}}} \tag{6.24}$$

从式 (6.24) 可以看出，微分时间常数 T_{fd} 的第一部分是直接补偿非线性干扰观测器跟踪延时；第二部分主要与 DC-DC 变流器电流环动态性能相关。电流环比例系数越大，或非线性干扰观测器收敛速度越快，微分时间常数 T_{fd} 越小。

4. 稳定性分析

利用 6.1 节中的建模方法和 6.2 节中的特征值分析方法，可以分析图 6.2 所示直流微电网采用图 6.26 所示基于非线性干扰观测器的直流电压下垂控制策略后，负荷功率变化、直流电压环比例系数及下垂系数对直流微电网稳定性的影响。为方便对比分析，本节基于与图 6.8 中稳定性分析中相同的控制参数，但采用了图 6.26 所示控制策略。直流电压环比例系数和下垂系数对直流微电网高频振荡稳定性的影响情况如图 6.28 所示。

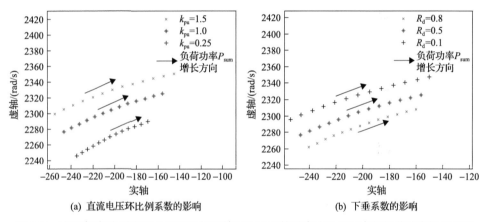

(a) 直流电压环比例系数的影响　　　　　　　(b) 下垂系数的影响

图 6.28　在所提方法下直流电压环比例系数和下垂系数对直流微电网高频振荡稳定性的影响

如图 6.28(a) 所示，直流电压环比例系数为 1.5 时，即使负荷功率 P_{sum} 从 0.1kW 变化至 2.5kW，直流微电网的高频主导特征值仍然具有负实部，意味着系统是稳定的。作为对比，从图 6.8 中可以看出，在常规控制策略下，k_{pu} 为 1.5 时，当负荷功率 P_{sum} 超过 1.7kW 时，直流微电网就会出现高频振荡失稳，这已经经过仿真和实验验证。从上述结果对比分析可以得出结论：本节所提方法不仅能提高直流电压控制动态响应，还能显著提升直流微电网稳定性。

从图 6.28(b) 所示结果可以看出，当直流电压下垂系数分别为 0.1、0.5 和 0.8 时，在负荷功率变化时，直流微电网都能保证稳定。在常规方法下，如图 6.7 所示，下垂系数过大，会导致直流微电网出现高频振荡失稳现象。从上述结果对比分析可以得出结论：在本节所提方法下，可以选择更大的下垂系数(如 0.8)，在满足直流电压稳态运行要求的前提下，同时可以保证直流微电网的稳定性和多 DC-DC 变流器的均流性能。

6.4.2　仿真与实验验证

1. 同时提升稳定性与多 DC-DC 均流性能的验证

在图 6.11 和图 6.18 所示仿真、实验结果中，当下垂系数 R_d 取 0.8，负荷功率从 1.125kW 突增至 1.875kW 时，直流微电网出现了高频振荡失稳现象。采用如图 6.26 所示直流电压下垂控制方法后，在相同负荷功率扰动下，直流母线电压、恒功率负荷电流与各下垂控制 DC-DC 变流器输出电流波形的仿真与实验结果分别如图 6.29 和图 6.30 所示。从图 6.29 和图 6.30 中可以看出，直流微电网高频振荡得到有效抑制，稳定性得到显著提升。此外，从仿真和实验结果还可以看出，两下垂控制 DC-DC 变流器输出电流基本接近 1:1，表明在本节所提方法下，可以选择较大的下垂系数，既能改善均流性能，又能提升稳定性。

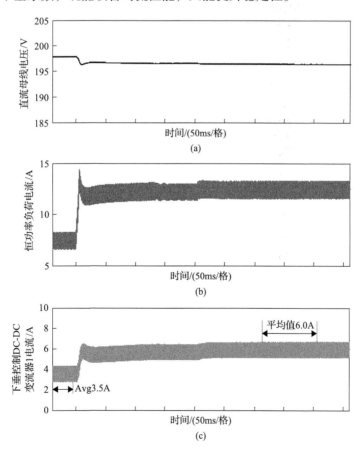

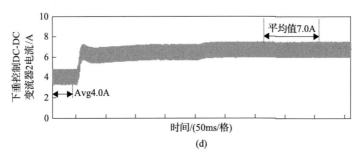

(d)

图 6.29 下垂系数取 R_d=0.8 时基于所提直流电压下垂控制方法的仿真结果

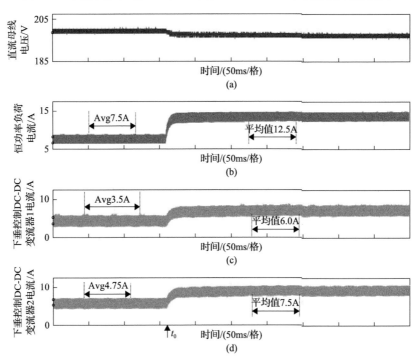

图 6.30 下垂系数取 R_d=0.8 时基于所提直流电压下垂控制方法的实验结果

2. 直流电压环比例系数的影响

从图 6.12 和图 6.13 所示仿真结果以及图 6.19 和图 6.20 所示实验结果中，可以得出结论：直流电压环比例系数减小能在一定程度上提升稳定性，但直流电压控制动态响应变慢，暂态功率冲击下直流母线电压波动变大；增大直流电压环比例系数尽管能提升动态响应，但会导致直流微电网出现高频振荡失稳。采用如图 6.26 所示控制方法后，在相同暂态工况下，直流母线电压、恒功率负荷电流与各下垂控制 DC-DC 变流器输出电流波形的仿真结果与实验结果分别如图 6.31 和图 6.32 所示。可以看出，较小的直流电压环比例系数不仅能有效提高直流电压控制系统动态响应，减小直流母线电压波动，也能有效提升直流微电网高频振荡模态的稳定性。上述结果与理论分析完全吻合。

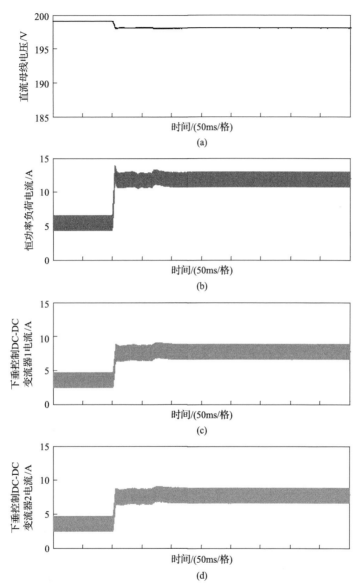

图 6.31　直流电压环比例系数 k_{pu} 取 0.25 时基于所提直流电压下垂控制方法的仿真结果

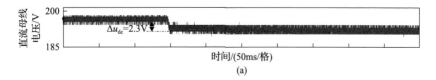

(a)

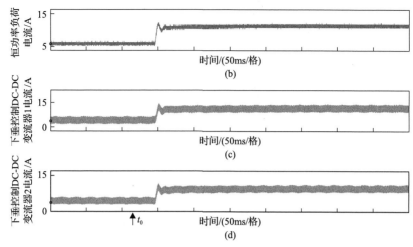

图 6.32　直流电压环比例系数 k_{pu} 取 0.25 时基于所提直流电压下垂控制方法的实验结果

6.5　本　章　小　结

本章专门针对直流微电网高频振荡稳定问题,逐次递进地从稳定性影响分析、稳定性提升方法等方面进行了深入研究。从理论分析、仿真与实验结果,可以得到如下结论。

(1)常规直流微电网下垂控制方法无法同时实现直流电压控制动态响应、高频振荡稳定性、多 DC-DC 变流器均流性能三个关键指标的有效提升。

(2)在大功率扰动下,采用基于低通滤波器的有源阻尼方法,尽管能提升直流微电网高频模态稳定性,但无法解决直流母线电压波动大、动态响应慢及多 DC-DC 变流器均流性能差等问题。

(3)基于非线性干扰观测器的直流电压下垂控制策略,能有效解决上述问题,其本质原因是采用前馈控制本身就能提高动态响应速度,此外还能显著提升稳定性,因此可以选择更大的下垂系数以保证多 DC-DC 变流器均流性能,实现多变流器电源在直流微电网组网并联控制中动态响应、稳定裕度、功率均流等多项关键指标同时有效提升。

参 考 文 献

[1] 李霞林, 郭力, 王成山, 等. 直流微电网关键技术研究综述[J]. 中国电机工程学报, 2016, 36(1): 2-17.

[2] 郭力, 冯怿彬, 李霞林, 等. 直流微电网稳定性分析及阻尼控制方法研究[J]. 中国电机工程学报, 2016, 36(4): 927-936.

[3] Gu Y J, Xiang X, Li W H, et al. Mode-adaptive decentralized control for renewable DC microgrid with enhanced reliability and flexibility[J]. IEEE Transactions on Power Electronics, 2014, 29(9): 5072-5080.

[4] 佟强, 张东来, 徐殿国. 分布式电源系统中变换器的输出阻抗与稳定性分析[J]. 中国电机工程学报, 2011, 31 (12): 57-64.

[5] Riccobono A, Santi E. Comprehensive review of stability criteria for DC power distribution systems[J]. IEEE Transactions on Industry Applications, 2014, 50 (5): 3525-3535.

[6] Li X L, Guo L, Zhang S H, et al. Observer-based DC voltage droop and current feed-forward control of a DC microgrid[J]. IEEE Transactions on Smart Grid, 2018, 9 (5): 5207-5216.

[7] 李霞林, 郭力, 冯一彬, 等. 基于非线性干扰观测器的直流微电网母线电压控制[J]. 中国电机工程学报, 2016, 36 (2): 350-359.

[8] Wang C S, Li X L, Guo L, et al. A nonlinear-disturbance-observer-based DC-bus voltage control for a hybrid AC/DC microgrid[J]. IEEE Transactions on Power Electronics, 2014, 29 (11): 6162-6177.

[9] Chen W H. Disturbance observer based control for nonlinear systems[J]. IEEE Transactions on Mechatronics, 2004, 9 (4): 706-710.

[10] 王成山, 李霞林, 郭力. 基于功率平衡及时滞补偿相结合的双级式变流器协调控制[J]. 中国电机工程学报, 2012, 32 (25): 109-117.

第7章 交直流混合微电网互联 DC-AC 变流器多模式统一控制

交直流混合微电网能更加高效地接纳本地交/直流型新能源分布式发电和储能单元，为本地交、直流负荷提供高可靠性供电。交直流混合微电网主要包含交流微电网、直流微电网及互联 DC-AC 变流器三部分，当交直流混合微电网互联容量较大或交流微电网和直流微电网间存在多个互联通道时，往往需要通过多个 DC-AC 变流器互联。互联 DC-AC 变流器作为交直流混合微电网中的关键装置之一，在交直流混合微电网不同运行模式下，其控制策略对交直流混合微电网的稳定运行、交流系统与直流系统间的相互影响和相互支撑至关重要[1-3]。

交直流混合微电网可工作在联网运行模式和独立运行模式。在联网运行模式下，交直流混合微电网接入大电网，其交流母线电压和频率将由大电网决定。通常情况下，互联 DC-AC 变流器控制直流微电网母线电压，直流微电网与交流电网之间的互联功率由直流微电网内分布式电源输出、储能充放电控制需求以及负荷来决定[4,5]。在独立运行模式下，根据运行需求，交直流混合微电网也存在以下三种工作状态：①交流微电网与直流微电网自治控制模式，即交流微电网电压和频率以及直流微电网母线电压分别由其各自系统内的可控型分布式电源或储能单元进行控制，此时互联 DC-AC 变流器一般工作在 PQ 控制模式；②交流微电网支撑直流微电网控制模式，即交流微电网电压和频率由其系统内可控型分布式电源或储能单元进行控制，互联 DC-AC 变流器工作在直流电压控制模式，可使交流微电网支撑直流微电网；③直流微电网支撑交流微电网控制模式，即直流微电网母线电压由其系统内可控型分布式电源或储能单元进行控制，互联 DC-AC 变流器工作在交流电网电压和频率控制模式，可使直流微电网支撑交流微电网。由此可见，不同运行模式下，互联 DC-AC 变流器的控制功能和控制方式不同。现有研究针对互联 DC-AC 变流器所提出的方法主要针对某种特定的交直流混合微电网运行方式，无法适应交直流混合微电网多运行模式之间的无缝切换和稳定控制需求，这正是本章工作的主要出发点。

7.1 互联 DC-AC 变流器控制功能需求分析

本章考虑的交直流混合微电网结构如图 7.1 所示，主要包含交流微电网、直流微电网及多互联 DC-AC 变流器三部分，其可工作在联网运行模式和独立运行模式，本章主要关注交直流混合微电网独立运行模式下的稳定控制问题。图中，IC 表示互联变流器。

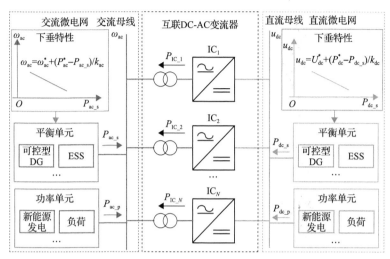

图 7.1 典型交直流混合微电网结构

交流微电网和直流微电网中，均包含系统平衡单元(如储能系统(ESS)、可控型分布式电源(DG)等)和功率单元(如新能源发电、负荷等)[6,7]。交直流混合微电网独立运行模式下，交流微电网和直流微电网中的平衡单元均可作为各自系统中的主电源，建立交流电压/频率和直流电压。为实现多主电源的即插即用，交、直流微电网中平衡单元均采用下垂控制策略，即交流微电网中的平衡单元有功功率和频率稳态特性，以及直流微电网中的平衡单元输出功率和直流电压稳态特性均具有如图 7.1 所示的综合下垂控制特性[6-8]，即有如下关系成立：

$$\begin{cases} \omega_{\mathrm{ac}} = \omega_{\mathrm{ac}}^* + (P_{\mathrm{ac}}^* - P_{\mathrm{ac\_s}})/k_{\mathrm{ac}} \\ u_{\mathrm{dc}} = U_{\mathrm{dc}}^* + (P_{\mathrm{dc}}^* - P_{\mathrm{dc\_s}})/k_{\mathrm{dc}} \end{cases} \quad (7.1)$$

式中，ω_{ac}、ω_{ac}^*、P_{ac}^* 和 $P_{\mathrm{ac\_s}}$ 分别为交流微电网实际输出频率、频率参考值、交流微电网平衡单元有功功率参考值及实际输出有功功率；u_{dc}、U_{dc}^*、P_{dc}^* 和 $P_{\mathrm{dc\_s}}$ 分别为直流微电网母线电压、直流电压参考值、直流微电网平衡单元有功功率参考值及实际输出有功功率；k_{ac} 和 k_{dc} 分别为交流微电网和直流微电网下垂系数。频率、电压和功率均为标幺值，假定其基准值分别为 ω_{B}、U_{dcB} 和 S_{B}。

在此基础上,本章主要研究互联 DC-AC 变流器即插即用和多模式统一控制策略，期望能实现如下控制目标。

1) 交直流混合微电网互联功率自治控制

定义交流微电网和直流微电网中平衡单元的额定容量分别为 P_{acB_s} 和 P_{dcB_s}，且其容量比满足 P_{acB_s}:P_{dcB_s}=K:1。假定交流微电网和直流微电网中的功率单元的功率(即负荷和其余新能源发电单元出力的净功率，以注入交流母线或直流母线为正方向)分别为 P_{ac_p} 和 P_{dc_p}。当交流微电网和直流微电网中的功率平衡单元处于正常工作状态时，其各自输出特性如图 7.1 和式(7.1)所示。从交直流混合微电网整体运行角度来看，若能通过互联 DC-AC 变流器控制实现交流微电网和直流微电网中平衡单元的实际输出功率 P_{ac_s} 和 P_{dc_s} 满足其容量比(即 K:1)，便能充分提高交直流混合微电网中平衡单元的利用效率。因此如何通过互联 DC-AC 变流器，在利用尽可能少的外部通信前提下，实时地进行互联功率自治控制实现上述控制目标，是本章研究工作的主要出发点，该模式称为交直流混合微电网互联功率自治控制模式。

2) 交流微电网支撑直流微电网控制模式

由于交直流混合微电网互联功率自治控制的主要功能是实现交直流混合微电网中功率平衡单元的功率协调控制，当直流微电网中的功率平衡单元出现故障或备用容量不足等问题时，直流微电网中将失去功率平衡单元，系统中的不平衡功率将导致直流母线电压持续升高或降低，直至系统崩溃。在该工况下，互联 DC-AC 变流器要能够工作在直流电压控制模式，对直流微电网进行支撑控制。

3) 直流微电网支撑交流微电网控制模式

若交流微电网中的功率平衡单元发生故障而退出运行，交流微电网中将失去电压/频率构建单元。在该工况下，互联 DC-AC 变流器要能够运行在交流电压和频率控制模式，通过直流微电网对交流微电网进行功率支撑。

综上分析，为实现交直流混合微电网在独立运行模式下的稳定控制，互联 DC-AC 变流器应具备上述三种基本的控制功能。实现多 DC-AC 变流器在上述运行模式下的并联运行和即插即用，以及实现多控制模式之间的无缝切换均对保证系统的稳定性至关重要，这也是本章研究的重要出发点。为此，本章提出了互联 DC-AC 变流器多模式统一控制技术[9]。

7.2 互联 DC-AC 变流器多模式统一控制

本节将重点介绍互联 DC-AC 变流器多模式统一控制策略，并具体分析其分别工作在不同运行模式下的特性。

7.2.1 基本控制结构

当交流微电网和直流微电网内平衡单元正常工作时，交直流混合微电网主要运行目标是通过互联 DC-AC 变流器控制实现交流微电网和直流微电网中平衡单元的实际输出功率 P_{ac_s} 和 P_{dc_s} 能够按照其容量比 $(K{:}1)$ 来分配，即满足 $P_{ac\_s} = K \cdot P_{dc\_s}$。首先定义交直流平衡单元功率误差 ΔP_{s_i} 为

$$\Delta P_{s\_i} = P_{ac\_s} - K \cdot P_{dc\_s} \tag{7.2}$$

式中，下标 i 表示第 i 个互联 DC-AC 变流器。

交流微电网和直流微电网中平衡单元的实际输出功率 P_{ac_s} 和 P_{dc_s} 满足式 (7.1)，因此式 (7.2) 又可表示为

$$\Delta P_{s\_i} = [P_{ac}^* + k_{ac}(\omega_{ac}^* - \omega_{ac})] - K[P_{dc}^* + k_{dc}(U_{dc}^* - u_{dc})] \tag{7.3}$$

由此可知，通过互联 DC-AC 变流器控制以减小或消除式 (7.3) 所示功率误差 ΔP_{s_i}，即可实现交直流混合微电网互联功率自治控制目标。

此外，互联 DC-AC 变流器还应能工作在交流微电网支撑和直流微电网支撑控制模式，以及实现多运行控制模式间的无缝切换，且满足即插即用特性，为此本章提出图 7.2 所示互联 DC-AC 变流器多模式统一控制策略[9]。

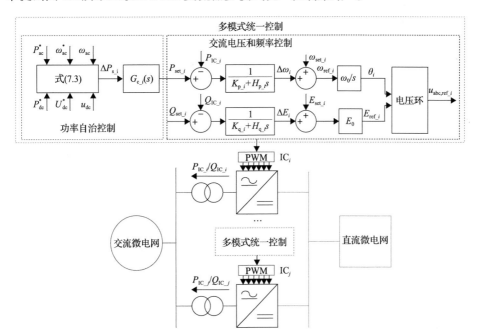

图 7.2   互联 DC-AC 变流器多模式统一控制策略

图 7.2 所示互联 DC-AC 变流器多模式统一控制策略主要包含两部分：①外环控制系统为交直流混合微电网互联功率自治控制，通过获取交流微电网和直流微电网的下垂特性式(7.1)，以及实际测量交流微电网频率 ω_{ac} 和直流微电网电压 u_{dc}，可得功率误差式(7.3)，然后经过控制器 $G_{c\_i}(s)$ 得到内环控制系统有功功率设定值 P_{set_i}；②内环控制系统为交流电压和频率控制，首先通过具有模拟惯性环节的有功功率-频率下垂控制和无功功率-电压幅值下垂控制[10,11]，分别生成三相输出电压瞬时值闭环控制系统的电压参考输入的相位信号 θ_i 和电压幅值信号 E_{ref_i}，然后经过电压瞬时值闭环控制系统实现最终控制目标，为减小稳态误差和提高控制系统动态响应，电压环可采用比例谐振(PR)控制[11,12]。

在图 7.2 所示交流电压和频率控制中，有功功率-频率下垂控制和无功功率-电压幅值下垂控制的工作原理可分别用式(7.4)和式(7.5)来描述：

$$\begin{cases} H_{p\_i}\dfrac{d\Delta\omega_i}{dt}=(P_{set\_i}-P_{IC\_i})-K_{p\_i}\Delta\omega_i \\ \omega_{ref\_i}=\omega_{set\_i}+\Delta\omega_i \end{cases} \tag{7.4}$$

$$\begin{cases} H_{q\_i}\dfrac{d\Delta E_i}{dt}=(Q_{set\_i}-Q_{IC\_i})-K_{q\_i}\Delta E_i \\ E_{ref\_i}=E_{set\_i}+\Delta E_i \end{cases} \tag{7.5}$$

式(7.4)中，P_{set_i} 为有功功率设定值，从外环交直流混合微电网互联功率自治控制系统获得；P_{IC_i} 为互联 DC-AC 变流器注入交流微电网的有功功率(以注入交流微电网功率方向为正方向)；ω_{ref_i}、ω_{set_i} 和 $\Delta\omega_i$ 分别为互联 DC-AC 变流器实际输出频率值参考、频率设定值和频率偏差；K_{p_i} 和 H_{p_i} 分别为有功功率-频率下垂控制系统的下垂系数和虚拟惯量。上述功率和频率变量均为标幺量，基准值分别为 ω_B 和 S_B。

式(7.5)中，Q_{set_i} 为无功功率设定值；Q_{IC_i} 为互联 DC-AC 变流器注入交流微电网的无功功率(以注入交流微电网功率方向为正方向)；E_{ref_i}、E_{set_i} 和 ΔE_i 分别为互联 DC-AC 变流器实际输出电压幅值参考、电压设定值和电压偏差；K_{q_i} 和 H_{q_i} 分别为无功功率-电压幅值控制系统的下垂系数和滤波时间常数。上述功率和电压变量均为标幺量，基准值分别为 S_B 和 E_B。

下边以有功功率-频率下垂控制系统为例分析交流电压和频率控制系统的动态性能。本章中，频率设定值 ω_{set_i} 设定为交流微电网实际频率 ω_{ac}，可通过对互联 DC-AC 变流器输出端三相电压实时锁相获得。由式(7.4)可知，当控制系统进入稳态后满足 $\Delta\omega_i=0$ 以及 $P_{IC\_i}=P_{set\_i}$，因此有功功率-频率下垂控制系统主要功能是实现互联 DC-AC 变流器输出功率 P_{IC_i} 对有功功率设定值 P_{set_i} 的跟踪控制，可用图 7.3 所示工频小信号模型来分析其动态性能。

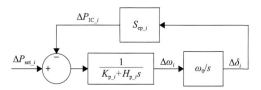

图 7.3　互联 DC-AC 变流器有功功率-频率下垂控制工频小信号模型

图 7.3 中 S_{ep_i} 表示互联 DC-AC 变流器输出有功功率相对于功角增量的变化特性[10]，可描述为

$$S_{ep\_i} = \sqrt{\left(\frac{3E_i U_i}{X_i}\right)^2 - P_{i0}{}^2} \Big/ S_B \tag{7.6}$$

式中，E_i、U_i 分别为互联 DC-AC 变流器交流输出端口电压和电网电压的相电压有效值；X_i 为互联 DC-AC 变流器输出端至交流电网的等效电抗；P_{i0} 为互联 DC-AC 变流器当前稳态运行功率。

由图 7.3 可得有功功率-频率下垂控制系统的闭环传递函数：

$$G_{p\_i}(s) = \frac{S_{ep\_i}\omega_0 / H_{p\_i}}{s^2 + K_{p\_i}s / H_{p\_i} + S_{ep\_i}\omega_0 / H_{p\_i}} = \frac{\omega_{n\_i}^2}{s^2 + 2\varsigma_i \omega_{n\_i}s + \omega_{n\_i}^2} \tag{7.7}$$

式中，ς_i 和 ω_{n_i} 分别为图 7.3 所示有功功率-频率下垂控制系统的阻尼和自然频率。

由经典控制理论，可得式(7.7)所示控制系统的阻尼 ς_i 和调节时间 t_{s_i} 分别为

$$\varsigma_i = \frac{K_{p\_i}}{2\sqrt{S_{ep\_i}\omega_0 H_{p\_i}}}, \quad t_{s\_i} = \frac{3.5}{\varsigma_i \omega_{n\_i}} = \frac{7H_{p\_i}}{K_{p\_i}} \tag{7.8}$$

在进行有功功率-频率下垂控制系统设计时，若满足 $\varsigma_{\min\_i} \leqslant \varsigma_i \leqslant \varsigma_{\max\_i}$ 以及 $t_{s\min\_i} \leqslant t_{s\_i} \leqslant t_{s\max\_i}$，则有

$$\begin{cases} \left(\dfrac{K_{p\_i}}{2\varsigma_{\max\_i}}\right)^2 \dfrac{1}{S_{ep\_i}\omega_0} \leqslant H_{p\_i} \leqslant \left(\dfrac{K_{p\_i}}{2\varsigma_{\min\_i}}\right)^2 \dfrac{1}{S_{ep\_i}\omega_0} \\ K_{p\_i}t_{s\min\_i} / 7 \leqslant H_{p\_i} \leqslant K_p t_{s\max\_i} / 7 \end{cases} \tag{7.9}$$

结合式(7.1)、式(7.7)和图 7.2，可得图 7.1 所示交直流混合微电网通用运行控制框图，如图 7.4 所示。图 7.4 中交流微电网运行特性和直流微电网运行特性由

交直流混合微电网实际运行模式决定。接下来将根据不同交直流混合微电网运行状态来分析本节所提出的互联 DC-AC 变流器多模式统一控制的功能及适应性。

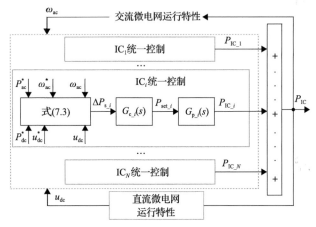

图 7.4　交直流混合微电网通用运行控制框图

7.2.2　交直流混合微电网互联功率自治控制模式

该模式下，图 7.4 所示交流微电网和直流微电网具备图 7.1 和式(7.1)所示的运行特性，且满足如下功率平衡关系：

$$\begin{cases} P_{\mathrm{IC}} = \displaystyle\sum_{i=1}^{N} P_{\mathrm{IC}\_i} \\ P_{\mathrm{ac\_s}} + P_{\mathrm{ac\_p}} + P_{\mathrm{IC}} = 0, \quad P_{\mathrm{dc\_s}} + P_{\mathrm{dc\_p}} - P_{\mathrm{IC}} = 0 \end{cases} \tag{7.10}$$

因此，图 7.4 所示交流微电网和直流微电网实际运行特性可描述为

$$\begin{cases} \omega_{\mathrm{ac}} = \omega_{\mathrm{ac}}^{*} + (P_{\mathrm{ac}}^{*} - P_{\mathrm{ac\_p}} - P_{\mathrm{IC}}) / k_{\mathrm{ac}} \\ u_{\mathrm{dc}} = U_{\mathrm{dc}}^{*} + (P_{\mathrm{dc}}^{*} - P_{\mathrm{dc\_p}} + P_{\mathrm{IC}}) / k_{\mathrm{dc}} \end{cases} \tag{7.11}$$

如图 7.2 和图 7.4 所示，互联 DC-AC 变流器互联功率自治控制模块的输入为功率误差 ΔP_{s_i}，控制器为 $G_{\mathrm{c}\_i}(s)$，考虑到交直流混合微电网中可能存在多个互联 DC-AC 变流器，为保证多互联 DC-AC 变流器具备即插即用特性，$G_{\mathrm{c}\_i}(s)$ 选择如下：

$$G_{\mathrm{c}\_i}(s) = \eta_i G_{\mathrm{f}\_i}(s) = \eta_i \frac{1 + \tau_{\mathrm{l}\_i} s}{1 + \tau_{\mathrm{d}\_i} s} \tag{7.12}$$

式中，η_i 为比例控制参数；$G_{f\_i}(s)$ 为相位补偿环节，其超前和滞后时间常数分别为 τ_{l_i} 和 τ_{d_i}，其主要目的是提高图 7.2 所示统一控制策略在不同运行控制模式下的稳定性。

为保证多互联 DC-AC 变流器的输出功率与其额定容量成正比，式(7.12)中所示比例控制参数 η_i 应满足

$$\eta_1 : \cdots : \eta_i : \cdots : \eta_N = S_{IC\_1} : \cdots : S_{IC\_i} : \cdots : S_{IC\_N} \tag{7.13}$$

式中，S_{IC_i} 为第 i 个互联 DC-AC 变流器的额定容量。

如图 7.2 和图 7.4 所示，当功率误差 $\Delta P_{s\_i} > 0$ 时，意味着当前交直流混合微电网内，交流微电网内的平衡单元出力过多，此时通过图 7.2 所示互联 DC-AC 变流器互联功率自治控制，增加功率设定值 P_{set_i}，即会增加直流微电网通过互联 DC-AC 变流器注入交流微电网内的功率或减小互联 DC-AC 变流器注入直流微电网的有功功率，从而使交直流混合微电网内的平衡单元出力趋近容量比 $K{:}1$。由于图 7.2 和图 7.4 中互联功率控制器 $G_{c\_i}(s)$ 采用式(7.12)所示比例控制，从理论上可知交直流混合微电网内的平衡单元出力 P_{ac_s} 和 P_{dc_s} 无法完全满足容量比 $K{:}1$。结合式(7.1)和图 7.4，可得交直流混合微电网多互联 DC-AC 变流器最终稳态输出结果 P_{IC_i}、P_{IC} 和平衡单元功率误差 ΔP_s 的理论值：

$$\begin{cases} P_{IC\_i} = \dfrac{P_{dc\_p}K - P_{ac\_p}}{1\Big/\displaystyle\sum_{i=1}^{N}\eta_i + (K+1)\displaystyle\sum_{i=1}^{N}\eta_i} \dfrac{\eta_i}{\displaystyle\sum_{i=1}^{N}\eta_i} \\[4ex] P_{IC} = \displaystyle\sum_{i=1}^{N} P_{IC\_i} = \dfrac{P_{dc\_p}K - P_{ac\_p}}{1\Big/\displaystyle\sum_{i=1}^{N}\eta_i + (K+1)} \\[4ex] \Delta P_s = \displaystyle\sum_{i=1}^{N} P_{s\_i} = P_{ac\_s} - K P_{dc\_s} = \dfrac{P_{dc\_p}K - P_{ac\_p}}{1 + (K+1)\displaystyle\sum_{i=1}^{N}\eta_i} \end{cases} \tag{7.14}$$

由式(7.14)可知，比例控制参数 η_i 越大，交直流混合微电网通过互联 DC-AC 变流器互联功率自治控制后，其平衡单元功率误差 ΔP_s 越小，多互联 DC-AC 变流器输出功率 P_{IC} 越趋近于理想值 $(P_{dc\_p}K - P_{ac\_p})/(K+1)$。从后面的分析中可以看出，$\eta_i$ 越大，越会影响图 7.2 所示控制系统的稳定性。

结合图 7.4 和式(7.12)，可得

$$P_{\text{IC}} = \frac{\sum\limits_{i=1}^{N}\eta_i G_{\text{f}\_i}(s)G_{\text{p}\_i}(s)}{1+(K+1)\sum\limits_{i=1}^{N}\eta_i G_{\text{f}\_i}(s)G_{\text{p}\_i}(s)}(P_{\text{dc}\_\text{p}}K - P_{\text{ac}\_\text{p}}) \tag{7.15}$$

从式(7.15)可以看出，多互联 DC-AC 变流器的控制系统对交直流混合微电网整体稳定性均有影响，为简化分析，本章以第 i 个互联 DC-AC 为例来进行说明。当有功功率-频率下垂控制环节 $G_{\text{p}\_i}(s)$ 的阻尼 ς_i 和调节时间 t_{s_i} 分别设计为 0.74 和 0.0175s 时，$G_{\text{c}\_i}(s)$ 中比例控制参数 η_i 以及时间常数 τ_{l_i} 和 τ_{d_i} 对式(7.15)所示控制系统稳定性和动态性能的影响如图 7.5 所示。

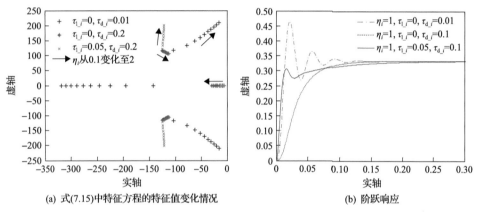

(a) 式(7.15)中特征方程的特征值变化情况　　　　　(b) 阶跃响应

图 7.5　$G_{\text{c}\_i}(s)$ 对交直流混合微电网互联功率自治控制稳定性和动态性能影响

前面分析指出，为减小交直流混合微电网互联 DC-AC 变流器稳态功率误差，需要增大比例控制参数 η_i。从图 7.5(a) 中可知，随着 η_i 增大，一对高频共轭特征值将逐渐向虚轴靠近，易导致系统出现高频振荡甚至失稳。加入补偿环节 $G_{\text{f}\_i}(s)$ 后，通过增大滞后时间常数 τ_{d_i}，可有效增大阻尼，提高稳定裕度，但会降低控制系统动态响应；增大超前时间常数 τ_{l_i} 则能有效提高控制系统动态响应速度。图 7.5(b) 中的阶跃响应特性验证了图 7.5(a) 特征值理论分析结果的正确性。

7.2.3　直流微电网支撑交流微电网控制模式

若交流微电网内功率平衡单元因故障退出运行，直流微电网内平衡单元仍正常工作，图 7.4 所示交流微电网和直流微电网实际稳态功率特性可描述为

$$\begin{cases} P_{dc\_s} + P_{ac\_p} + P_{dc\_p} = 0 \\ P_{ac\_p} + P_{IC} = 0 \\ u_{dc} = U_{dc}^* + (P_{dc}^* + P_{dc\_p} - P_{IC}) / k_{dc} \end{cases} \tag{7.16}$$

如图 7.2 所示,互联 DC-AC 变流器采用的多模式统一控制策略主要包含两部分,即外环功率控制、内环交流电压和频率控制。内环控制策略与虚拟同步发电机控制策略类似,具有电压源控制特征。因此,图 7.2 所示多模式统一控制能使互联 DC-AC 变流器工作在交流电压和频率控制模式下,自主建立交流微电网的电压和频率。从图 7.2 可知,第 i 个单元的频率参考值为

$$\omega_{ref\_i} = \omega_{set\_i} + \frac{\{[P_{ac}^* + k_{ac}(\omega_{ac}^* - \omega_{ac})] - K[P_{dc}^* + k_{dc}(U_{dc}^* - u_{dc})]\}G_{c\_i}(s) - P_{IC\_i}}{K_{p\_i} + H_{p\_i}s}$$

$$\tag{7.17}$$

结合图 7.4 和式(7.16),可得互联 DC-AC 变流器输出功率动态特性满足

$$\begin{cases} P_{IC\_i} = G_{c\_i}(s)G_{p\_i}(s)\{[P_{ac}^* + (\omega_{ac}^* - \omega_{ac})k_{ac}] + K(P_{dc\_p} + P_{ac\_p})\} \\ P_{IC} = \{[P_{ac}^* + (\omega_{ac}^* - \omega_{ac})k_{ac}] + K(P_{dc\_p} + P_{ac\_p})\}\sum_{i=1}^{N}G_{c\_i}(s)G_{p\_i}(s) \end{cases} \tag{7.18}$$

当系统进入稳态后,由功率平衡关系 $P_{IC} = -P_{dc\_p}$,得互联 DC-AC 变流器输出功率为

$$P_{IC\_i} = -P_{ac\_p}\eta_i \bigg/ \sum_{i=1}^{N}\eta_i \tag{7.19}$$

由式(7.19)可知,多互联 DC-AC 变流器稳态输出功率在直流微电网支撑交流微电网控制模式下仍然满足式(7.13)所示要求。

此时,交流微电网稳态频率满足式(7.20)所示关系。

$$\omega_{ac} = \omega_{ac}^* + \frac{P_{ac}^* + \left[K(P_{dc\_p} + P_{ac\_p}) + P_{ac\_p}\bigg/\sum_{i=1}^{N}\eta_i\right]}{k_{ac}} \tag{7.20}$$

综上分析可知,互联 DC-AC 变流器采用图 7.2 所示多模式统一控制方法后,可自动运行在直流微电网支撑交流微电网控制模式,维持交流微电网内频率和电压稳定。值得指出的是,多互联 DC-AC 变流器在新运行控制模式下仍具备即插即用和输出功率自动分配功能。

7.2.4 交流微电网支撑直流微电网控制模式

当直流微电网内功率平衡单元因故障退出运行，交流微电网内平衡单元仍正常工作时，互联 DC-AC 变流器采用图 7.2 所示多模式统一控制策略，便能从交直流混合微电网互联功率自治控制模式自动切换至交流微电网支撑直流微电网控制模式。此时，图 7.4 所示交流微电网和直流微电网实际运行特性可描述为

$$\begin{cases} \omega_{ac} = \omega_{ac}^* + (P_{ac}^* - P_{ac\_p} - P_{IC})/k_{ac} \\ \dfrac{CU_{dcB}^2}{S_B}\dfrac{du_{dc}}{dt} = P_{dc\_p} - P_{IC} \end{cases} \tag{7.21}$$

式中，C 为直流微电网等效直流母线电容量。

结合图 7.4 和式 (7.21)，可得互联 DC-AC 变流器输出功率动态特性满足：

$$\begin{cases} P_{IC\_i} = -G_{c\_i}(s)G_{p\_i}(s)\{(P_{ac\_p} + P_{IC}) + K[P_{dc}^* + k_{dc}(U_{dc}^* - u_{dc})]\} \\ P_{IC} = -\{(P_{ac\_p} + P_{IC}) + K[P_{dc}^* + k_{dc}(U_{dc}^* - u_{dc})]\}\sum_{i=1}^{N} G_{c\_i}(s)G_{p\_i}(s) \end{cases} \tag{7.22}$$

由式 (7.21) 和式 (7.22) 可得

$$u_{dc} = G_0(s)P_{dc\_p} + G_1(s)[P_{ac\_p} + K(P_{dc}^* + k_{dc}U_{dc}^*)] \tag{7.23}$$

式中，$G_0(s)$ 和 $G_1(s)$ 分别为

$$\begin{cases} G_0(s) = \dfrac{\dfrac{S_B}{CU_{dcB}^2}\left[1 + \sum_{i=1}^{N} G_{c\_i}(s)G_{p\_i}(s)\right]}{1 + \sum_{i=1}^{N} G_{c\_i}(s)G_{p\_i}(s) + Kk_{dc}\dfrac{S_B}{CU_{dcB}^2}\sum_{i=1}^{N} G_{c\_i}(s)G_{p\_i}(s)} \\ G_1(s) = \dfrac{\dfrac{S_B}{CU_{dcB}^2}\sum_{i=1}^{N} G_{c\_i}(s)G_{p\_i}(s)}{1 + \sum_{i=1}^{N} G_{c\_i}(s)G_{p\_i}(s) + Kk_{dc}\dfrac{S_B}{CU_{dcB}^2}\sum_{i=1}^{N} G_{c\_i}(s)G_{p\_i}(s)} \end{cases} \tag{7.24}$$

利用式 (7.23) 和式 (7.24) 即可分析互联 DC-AC 变流器在交流微电网支撑直流微电网控制模式下的稳定性及动态性能。控制环节 $G_{c\_i}(s)$ 中比例控制参数 η_i、超前和滞后时间常数 τ_{l_i} 和 τ_{d_i} 对式 (7.23) 所示直流电压动态特性的影响如图 7.6 所示。

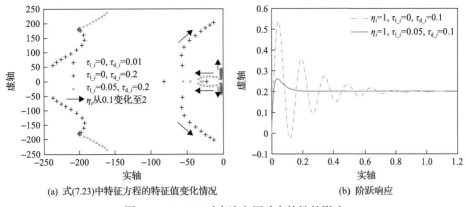

(a) 式(7.23)中特征方程的特征值变化情况　　　　(b) 阶跃响应

图 7.6　$G_{c\_i}(s)$ 对直流电压动态特性的影响

从图 7.6(a)中可以看出，未加入补偿环节 $G_{f\_i}(s)$ 时，随着 η_i 增大，一组高频特征值将逐渐向虚轴靠近，表明如果选择较大比例控制参数 η_i，且无补偿环节，可能会导致系统出现高频振荡甚至失稳。加入补偿环节 $G_{f\_i}(s)$ 后，增大滞后时间常数 τ_{d_i}，可有效提升高频模态稳定性，但会降低系统主导特征值(即图 7.6(a)中所示低频特征值)的稳定裕度，暂态时可能会产生低频动态甚至导致失稳；适当增大超前时间常数 τ_{l_i} 则能有效提高控制系统稳定裕度。图 7.6(b)中的阶跃响应特性验证了图 7.6(a)所示特征值理论分析结果的正确性。

当控制进入稳态后，由功率平衡关系可知 $P_{dc\_p}=P_{IC}$，因此各互联 DC-AC 变流器稳态输出功率为

$$P_{IC\_i} = P_{dc\_p}\eta_i \left/ \sum_{i=1}^{N}\eta_i \right. \tag{7.25}$$

由式(7.25)可知，多互联 DC-AC 变流器的输出功率在交流微电网支撑直流微电网控制模式下也满足式(7.13)所示要求。

此时，直流微电网母线电压稳态值满足如下关系：

$$K[P_{dc}^* + k_{dc}(U_{dc}^* - u_{dc})] = -(P_{ac\_p} + P_{dc\_p}) - P_{dc\_p} \left/ \sum_{i=1}^{N}\eta_i \right. \tag{7.26}$$

7.3　仿　真　验　证

7.3.1　仿真系统描述

采用如图 7.7 所示交直流混合微电网结构，在 PSCAD/EMTDC 上搭建详细电磁暂态仿真模型，对 7.2 节所提方法进行仿真验证。具体系统构成如下：①交流

微电网包含一个平衡单元和功率单元，其中平衡单元由直流电压源和互联 DC-AC 变流器构成，其频率和输出有功功率存在如图 7.1 所示的下垂关系；功率单元由直流电压源和互联 DC-AC 变流器构成，采用常规 PQ 控制模式，用于模拟交流电网内分布式电源出力或负荷变化；②直流微电网包含一个平衡单元和功率单元，其中平衡单元由直流电压源和双向 DC-DC 变流器构成，其直流电压和输出功率存在如图 7.1 所示的下垂关系；功率单元由直流电压源和双向 DC-DC 变流器构成，采用常规功率控制模式，用于模拟直流电网内分布式电源出力或负荷变化；③选择交直流混合微电网平衡单元满足容量比 $P_{acB\_s}:P_{dcB\_s}=K:1=1:1$ 交流母线与直流母线通过两个互联 DC-AC 变流器（即 IC_1 和 IC_2，额定容量分别为 100kV·A 和 200kV·A）进行互联，均采用如图 7.2 所示统一控制策略。交流微电网、直流微电网及互联 DC-AC 变流器的详细参数分别如表 7.1、表 7.2 和表 7.3 所示。

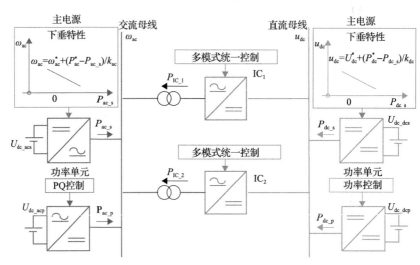

图 7.7　交直流混合微电网 PSCAD/EMTDC 仿真系统

表 7.1　交流微电网参数

名称	主电路和控制系统		参数	数值
平衡单元	主电路参数		额定容量	400kV·A
			直流电压	750V
			LCL 滤波器	0.25mH, 0.02Ω/150μF, 0.05mH
			开关频率	10kHz
	控制系统	P-f 下垂控制	设定值 (ω_{ac}^* / P_{ac}^*)	1/0
			下垂系数 (k_{ac})	40

续表

名称	主电路和控制系统		参数	数值
平衡单元	控制系统	Q-U 下垂控制	设定值 (E_{ac}^* / Q_{ac}^*)	1/0
			下垂系数 (k_{qac})	10
		PR 控制器	k_{pu} / k_{ru} / ω_c	2/10/7.85rad/s
功率单元	主电路参数		额定容量	200kV·A
			直流电压	750V
			LCL 滤波器	0.25mH，0.02Ω/100μF，50μH
			开关频率	10kHz
	电流环 PI 控制器		k_p / k_i	0.15/50

表 7.2　直流微电网参数

名称	主电源和控制系统		参数	数值
平衡单元	主电路参数		额定容量	400kW
			直流电压	500V
			LC 滤波器	0.5mH，0.01Ω/10000μF
			开关频率	10kHz
	控制系统	P-U_{dc} 下垂控制	设定值 (U_{ac}^* / P_{dc}^*)	1/0
			下垂系数 (k_{dc})	10
		电压环 PI 控制器	k_p / k_i	5/100
		电流环 PI 控制器	k_p / k_i	0.01/1
功率单元	主电路参数		额定容量	200kW
			直流电压	400V
			LC 滤波器	0.5mH，0.01Ω/10000μF
			开关频率	10kHz
	电流环 PI 控制器		k_p / k_i	0.005/1

表 7.3　互联 DC-AC 变流器参数

名称	主电源和控制系统		参数	数值
IC₁	主电路参数		额定容量	100kV·A
			额定直流/交流电压	750V/270V
			LCL 滤波器	0.4mH，0.02Ω/100μF，0.1mH
			开关频率	10kHz
	控制系统	功率控制环	$G_{c\_1}(\eta_i / \tau_{1\_i} / \tau_{d\_i})$	0.5/0.1s/0.15s
		P-f 下垂控制	设定值 ($\omega_{set\_1}^*$)	1.0
			下垂系数 (K_{p_1})	20
			虚拟惯量 (H_{p_1})	0.05
		Q-U 下垂控制	设定值 ($E_{set\_1}^* / Q_{set\_1}^*$)	1/0
			下垂系数 (K_{q_1})	5
			滤波时间常数 (H_{q_1})	0.1
		PR 控制器	$k_{pu} / k_{ru} / \omega_c$	2/10/7.85rad/s
IC₂	主电路参数		额定容量	200kV·A
			额定直流/交流电压	750V/270V
			LCL 滤波器	0.25mH，0.01Ω/100μF，50μH
			开关频率	10kHz
	控制系统	功率控制环	$G_{c\_1}(\eta_i / \tau_{1\_i} / \tau_{d\_i})$	1/0.15s/0.25s
		P-f 下垂控制	设定值 ($\omega_{set\_2}^*$)	1.0
			下垂系数 (K_{p_2})	40
			虚拟惯量 (H_{p_2})	0.1
		Q-U 下垂控制	设定值 ($E_{set\_2}^* / Q_{set\_2}^*$)	1/0
			下垂系数 (K_{q_2})	10
			滤波时间常数 (H_{q_2})	0.2
		PR 控制器	$k_{pu} / k_{ru} / \omega_c$	2/10/7.85rad/s

7.3.2 仿真分析

1. 交直流混合微电网互联功率自治控制模式

图 7.8 为交直流混合微电网平衡单元输出功率以及两互联 DC-AC 变流器输出功率波形，图 7.9 为交流微电网频率和直流微电网直流电压波形。

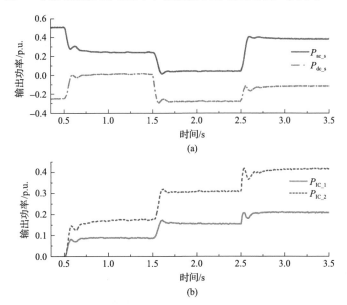

(a)

(b)

图 7.8 交直流混合微电网平衡单元以及两互联 DC-AC 变流器输出功率(交直流混合微电网互联功率自治控制模式)

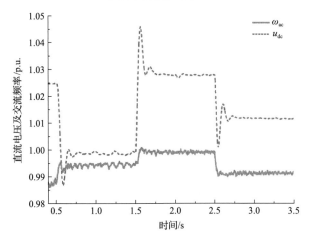

图 7.9 直流电压和交流频率波形(交直流混合微电网互联功率自治控制模式)

具体仿真工况及分析如下。

t<0.5s：直流侧功率单元输出功率 P_{dc_p}=50kW（标幺值为 0.25p.u.），交流侧功率单元输出功率 P_{ac_p}=−100kW（标幺值为−0.5p.u.）；两互联 DC-AC 变流器处于待机模式，因此，直流微电网平衡单元和交流微电网平衡单元的输出功率分别为 P_{dc_s}=−0.25p.u.和 P_{ac_s}=0.5p.u.，且根据预先设置的下垂控制特性，直流微电网电压和交流微电网频率稳态值分别为 u_{dc}=1.025p.u.和 ω_{ac}=0.9875p.u.。

t=0.5～1.5s：t=0.5s 时刻两互联 DC-AC 变流器启动运行；交直流混合微电网平衡单元运行正常，互联 DC-AC 变流器工作在交直流混合微电网互联功率自治控制模式，由图 7.8(b)可得各互联 DC-AC 变流器稳态有功功率分别为 P_{IC_1}=0.085p.u.和 P_{IC_2}=0.17p.u.，与式(7.14)理论分析结果基本吻合。

t=1.5～2.5s：t=1.5s 时刻直流侧功率单元输出功率 P_{dc_p}突增至 150kW（标幺值为 0.75p.u.）；两互联 DC-AC 变流器通过图 7.2 所示多模式统一控制进而使交、直流侧平衡单元均参与有功功率分配，快速响应直流侧功率扰动，两互联 DC-AC 变流器稳态输出功率分别为 P_{IC_1}=0.155p.u.和 P_{IC_2}=0.311p.u.。

t=2.5～3.5s：t=2.5s 时刻交流侧功率单元输出功率 P_{ac_p}变化为−200kW（标幺值为−1p.u.）；由于图 7.2 所示多模式统一控制策略的内环为有功功率-频率下垂控制，因此当交流微电网发生有功功率扰动时，两互联 DC-AC 变流器能够瞬时进行功率响应，然后根据交直流混合微电网互联功率自治控制进入稳态，仿真结果与理论分析基本一致。

2. 交流微电网支撑直流微电网控制模式无缝切换

该工况将用于测试如下控制效果：本章所提多模式统一控制技术能够使两互联 DC-AC 变流器实现交直流混合微电网互联功率自治控制模式与交流微电网支撑直流微电网控制模式之间的无缝切换。具体仿真工况与结果如图 7.10 和图 7.11 所示。

t<1.0s：直流侧功率单元输出功率 P_{dc_p}=150kW（标幺值为 0.75p.u.），交流侧功率单元输出有功功率 P_{ac_p}=−175kW（标幺值为−0.875p.u.）；此时，两互联 DC-AC 变流器运行在交直流混合微电网互联功率自治控制模式，其稳态输出功率分别为 P_{IC_1}=0.195p.u.和 P_{IC_2}=0.39p.u.。

t=1.0～1.5s：在 t=1.0s 时刻，直流微电网平衡单元模拟故障退出运行，从图

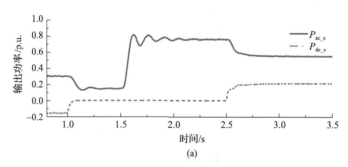

(a)

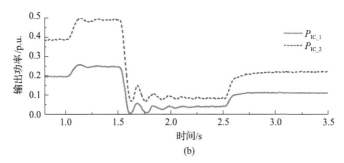

(b)

图 7.10　交直流混合微电网平衡单元以及两互联 DC-AC 变流器输出功率(交流微电网支撑直流
微电网控制模式无缝切换)

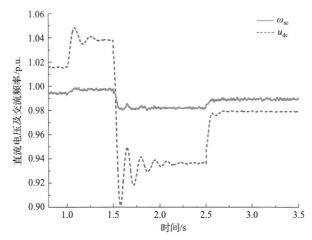

图 7.11　直流电压和交流频率波形(交流微电网支撑直流微电网控制模式无缝切换)

7.10 和图 7.11 中可以看出，交直流混合微电网能够平滑过渡至新的平衡点，表明互联 DC-AC 变流器采用多模式统一控制策略后，在不用改变控制算法的情况下便能自动无缝切换至交流微电网支撑直流微电网控制模式，维持直流电压稳定和直流侧功率平衡。

t=1.5~2.5s：t=1.5s 时直流侧功率单元输出功率 P_{dc_p} 变化至 0.125p.u.，由直流微电网内功率平衡关系可知两互联 DC-AC 变流器稳态功率满足 P_{IC_1}=0.042p.u. 和 P_{IC_2}=0.083p.u.，仿真结果与之相吻合。

t=2.5~3.5s：在 t=2.5s 时刻，直流微电网平衡单元模拟恢复正常而重新投入运行；从图 7.10 和图 7.11 可以看出，此时两互联 DC-AC 变流器能够自适应交直流混合微电网运行状态的变化，能重新恢复至交直流混合微电网互联功率自治控制模式。

3. 直流微电网支撑交流微电网控制模式无缝切换

该工况将用于测试如下控制效果：本章所提多模式统一控制技术能够使两互联

DC-AC 变流器实现交直流混合微电网互联功率自治控制模式与直流微电网支撑交流微电网控制模式之间的无缝切换。具体仿真工况与结果如图 7.12 和图 7.13 所示。

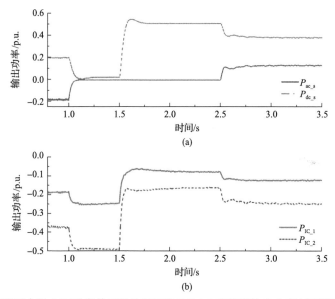

图 7.12　交直流混合微电网平衡单元以及两互联 DC-AC 变流器输出功率（直流微电网支撑交流微电网控制模式无缝切换）

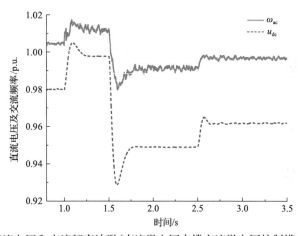

图 7.13　直流电压和交流频率波形（直流微电网支撑交流微电网控制模式无缝切换）

$t<1.0\text{s}$：直流侧功率单元注入直流母线功率 $P_{\text{dc\_p}}=-150\text{kW}$（标幺值为 -0.75p.u.）；交流侧功率单元注入交流母线有功功率 $P_{\text{ac\_p}}=150\text{kW}$（标幺值为 0.75p.u.）；两互联 DC-AC 变流器工作在交直流混合微电网互联功率自治控制模式，其稳态出力分别为 $P_{\text{IC\_1}}=-0.19\text{p.u.}$ 和 $P_{\text{IC\_2}}=-0.38\text{p.u.}$。

$t=1.0\sim1.5\text{s}$：在 $t=1.0\text{s}$ 时刻，模拟交流微电网平衡单元故障退出运行，从图

7.12 和图 7.13 中可以看出交直流混合微电网能够平滑过渡至新的平衡点，表明互联 DC-AC 变流器在采用如图 7.2 所示统一控制策略后，能自动无缝切换至直流微电网支撑交流微电网控制模式，建立交流微电网电压和频率，自适应交直流混合微电网运行状态的变化。

t=1.5～2.5s：t=1.5s，交流侧功率单元输出有功功率 P_{ac_p} 变化至 0.25p.u.，由交流微电网内功率平衡关系可知两互联 DC-AC 变流器输出功率为 P_{IC_1}=−0.082p.u. 和 P_{IC_2}=−0.165p.u.，仿真结果与之吻合。

t=2.5～3.5s：在 t=2.5s 时刻模拟交流微电网平衡单元恢复正常重新投入运行，两互联 DC-AC 变流器将从交流微电网支撑直流微电网控制模式重新恢复至交直流混合微电网互联功率自治控制模式，其稳态输出功率分别为 P_{IC_1}=−0.125p.u. 和 P_{IC_2}=−0.25p.u.，仿真结果与理论分析完全吻合。

上述仿真结果表明，本章所提 DC-AC 变流器多模式统一控制方法能够满足交直流混合微电网多运行控制模式下的功能需求，可实现多运行控制模式之间的无缝切换。

7.4　实验分析

7.4.1　实验平台描述

为进一步验证 7.2 节所提多模式统一控制方法的有效性，本节搭建了如图 7.14 所示实验系统。由于硬件条件限制，此实验系统仅采用了一个互联 DC-AC 变流器作为交直流混合微电网互联装置。一个直流模拟电压源串联一个电阻用于模拟直流微电网下垂特性。交流微电网包括一个交流电源和两组交流负载。

如图 7.14 所示，u_{dc} 和 u_o 为直流电源电压和互联 DC-AC 变流器直流电压，R_{droop} 为串联电阻（等效于直流微电网下垂系数），C_{dc} 为直流侧稳压电容，L_{inv} 和 R_{inv} 为交流侧滤波电感及其寄生电阻，R_f 和 C_f 为阻尼电阻和滤波电容，R_s 和 L_s 为系统线路阻抗，u_{abc} 和 i_{abc} 为交流电压和输出交流电流，E_{ac} 和 ω_{ac} 为电网线电压和频率，R_{load1} 和 R_{load2} 为电阻性负载。图 7.14 中主电路和控制系统的具体参数分别如表 7.4 和表 7.5 所示。

7.4.2　实验验证

本实验工况是为了验证交流电源出现故障时，互联 DC-AC 变流器采用所提多模式统一控制方法后能够自动支撑交流微电网，实现运行模式的无缝切换。实验结果如图 7.15～图 7.17 所示，图 7.15、图 7.16 分别表示互联 DC-AC 变流器直流侧的电压和电流、交流侧的电压和电流，而图 7.17 对应着图 7.16 中运行模式切换和交流负载切换时的暂态波形。

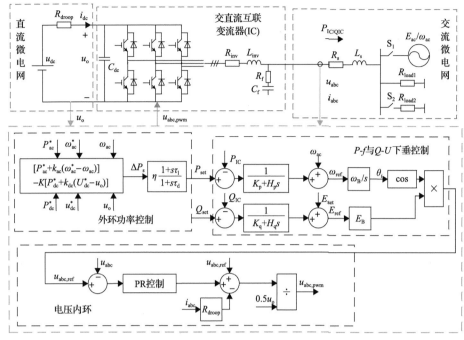

图 7.14 DC-AC 变流器多模式统一控制策略

表 7.4 主电路实验参数

子系统	参数	数值
交流微电网	交流电压幅值和频率	98V/49.5Hz
	交流负载	10Ω/20Ω
直流微电网	直流电压	300V
	串联电阻(R_{droop})	4.5Ω
IC	直流侧稳压电容(C_{dc})	2200μF
	交流侧滤波电感及其寄生电阻(L_{inv}/R_{inv})	2.0mH/0.01Ω
	滤波电容和阻尼电阻(C_f/R_f)	8μF/1Ω
	系统线路阻抗(L_s/R_s)	2.0mH/0.01Ω
	开关频率和死区时间	10kHz/2μs

表 7.5 互联 DC-AC 变流器多模式统一控制实验参数

子系统	参数	数值
功率控制环	下垂系数与功率比($k_{ac}/k_{dc}/K$)	40/10/1
	功率控制器参数($\eta/\tau_l/\tau_d$)	2/0.05/0.1
P-f与Q-U下垂控制	交流频率下垂控制参数(K_p/H_p)	40/0.1
	交流电压下垂控制参数(K_q/H_q, Q_{set}/E_{set})	10/0.1,0/1.0

续表

子系统	参数	数值
交流电压内环	PR 控制器参数($K_{pu}/K_{ru}/\omega_0/\omega_i$)	0.1/1/314.15rad/s/39rad/s
	有源阻尼电阻(R_{droop})	1.5Ω
基准值	直流电压、交流频率、交流电压和额定功率 ($U_{dcB}/\omega_B/E_B/S_B$)	300V/314.15rad/s/80V/2000W

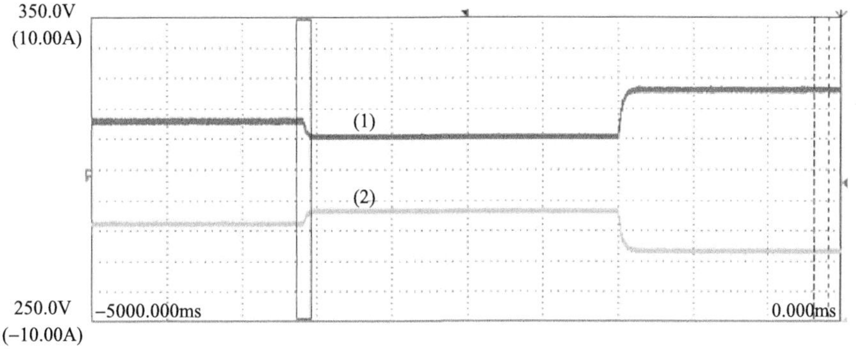

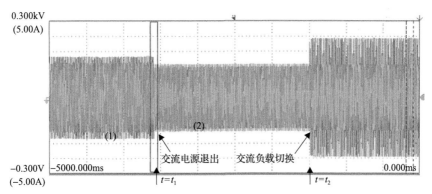

图 7.15 互联 DC-AC 变流器直流侧电压和电流

(1) 直流侧电压(u_o)，10V/格；(2) 直流侧电流(i_{dc})，2A/格；横坐标时间，0.5s/格

图 7.16 互联 DC-AC 变流器交流侧 AB 线电压和 C 相电流

(1)交流侧 C 相电流(i_c)，1A/格；(2)交流侧 AB 线电压(u_{ab})，60V/格；横坐标时间，0.5s/格

当交流电源和直流电源均正常的时候(即 $t < t_1$)，图 7.15 所示的微电网稳态特性可以表示为

$$\begin{cases} P_{IC} = \eta[P_{ac}^* + k_{ac}(\omega_{ac}^* - \omega_{ac})] - K[P_{dc}^* + k_{dc}(U_{dc}^* - u_{dc})] \\ u_{dc} = R_{droop}P_{IC} + u_o \end{cases} \tag{7.27}$$

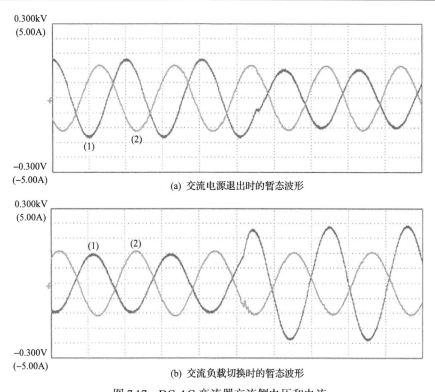

(a) 交流电源退出时的暂态波形

(b) 交流负载切换时的暂态波形

图 7.17　DC-AC 变流器交流侧电压和电流

(1)交流侧 C 相电流(i_c)，1A/格；(2)交流侧 AB 线电压(u_{ab})，60V/格；横坐标时间，10ms/格

实验中的主要控制参数如表 7.4 和表 7.5 所示（$P_{ac}^* = 0$，k_{ac}=20，$\omega_{ac}^* = 1$，ω_{ac}=0.98，K=1，$P_{dc}^* = 0$，k_{dc}=4.5，$U_{dc}^* = 1$，R_{droop}=0.213，$\eta = 2$）。通过理论计算，互联 DC-AC 变流器的有功功率和直流侧电压为 0.27p.u.和 0.94p.u.。在图 7.15 中，直流侧电压和电流（u_o 和 i_{dc}）分别为 282.5V 和 3.65A，则相应的标幺值分别为 0.26p.u.和 0.94p.u.，由此可知实验值和理论值基本一致，两者的差值主要由开关损耗和负载损耗引起。

在 $t=t_1$ 时刻开关 S_1 断开，切除交流电源，模拟交流微电网中的主电源突然退出运行的工况。在 $t=t_2$ 时刻通过闭合开关 S_2，将另一组负载投入。图 7.16 和图 7.17 所示为互联 DC-AC 变流器交流侧线电压（u_{ab}）和相电流（i_c）。从实验结果可知，在所提互联 DC-AC 变流器多模式统一控制策略下交流系统的电压和功率能够保持稳定和平衡，当交流电源退出时互联 DC-AC 变流器的实际控制模式能够自动无缝切换到直流微电网支撑交流微电网控制模式，从而保证交流系统负荷的持续供电。值得注意的是，所提控制策略能够保证互联 DC-AC 变流器不需要检测交流系统运行模式和交流侧故障情况。

7.5　本 章 小 结

　　本章提出了一种适用于交直流混合微电网多互联 DC-AC 变流器及即插即用的多模式统一控制策略,理论分析、仿真和实验验证均表明该方法能实现多互联 DC-AC 变流器即插即用,保证互联 DC-AC 变流器能自适应交直流混合微电网运行状态变化,快速实现交直流混合微电网暂态稳定、子微电网之间的相互支撑以及系统多运行方式间的无缝切换。

　　本章研究工作还存在如下局限性:①图 7.2 所示多模式统一控制策略中交直流混合微电网互联功率自治控制系统采用的是比例控制,为了满足互联 DC-AC 变流器即插即用特性,交流微电网和直流微电网平衡单元输出功率无法完全按照容量比运行,牺牲了交直流混合微电网互联功率自治控制的精度;②图 7.2 所示多模式统一控制策略需要获取交流微电网和直流微电网等效下垂控制特性,而在实际运行中该等效下垂控制特性可能会发生变化,如交直流混合微电网中平衡单元特性的变换,交流、直流微电网存在二次协调控制,如交流频率恢复或直流电压恢复二次控制。因此,要解决上述问题,实现复杂工况下的交直流混合微电网互联功率自治控制目标,交流微电网、直流微电网以及互联 DC-AC 变流器之间的二次协调控制将必不可少,是未来值得研究的重点方向。

参 考 文 献

[1] Nejabatkhah F, Li W W. Overview of power management strategies of hybrid AC/DC microgrid[J]. IEEE Transactions on Power Electronics, 2015, 30(12): 7072-7089.

[2] Dragičević T, Lu X N, Vasquez J C, et al. DC microgrids—Part I: A review of control strategies and stabilization techniques[J]. IEEE Transactions on Power Electronics, 2016, 31(7): 4876-4891.

[3] 李霞林, 李志旺, 郭力, 等. 交直流微电网集群柔性控制及稳定性分析[J]. 中国电机工程学报, 2019, 39(20): 5948-5961.

[4] Kurohane K, Senjyu T, Yona A, et al. A hybrid smart AC/DC power system[J]. IEEE Transactions on Smart Grid, 2010, 1(2): 199-204.

[5] Liu X, Wang P, Loh P C. A hybrid AC/DC microgrid and its coordination control[J]. IEEE Transactions on Smart Grid, 2011, 2(2): 278-286.

[6] Loh P C, Li D, Chai Y K, et al. Hybrid AC-DC microgrids with energy storages and progressive energy flow tuning[J]. IEEE Transactions on Power Electronics, 2013, 28(4): 1533-1542.

[7] Loh P C, Li D, Chai Y K, et al. Autonomous control of interlinking converter with energy storage in hybrid AC-DC microgrid[J]. IEEE Transactions on Industrial Applications, 2013, 49(3): 1374-1382.

[8] Guerrero J M, Vasquez J C, Matas J, et al. Hierarchical control of droop-controlled AC and DC microgrids—A general approach toward standardization[J]. IEEE Transactions on Industrial Electronics, 2011, 58(1): 158-172.

[9] Li X L, Guo L, Li Y W, et al. A unified control for the DC-AC interlinking converters in hybrid AC/DC microgrids[J].

IEEE Transactions on Smart Grid, 2018, 9 (6) : 6540-6553.

[10] Liu J, Miura Y, Ise T. Comparison of dynamic characteristics between virtual synchronous generator and droop control in inverter-based distributed generators[J]. IEEE Transactions on Power Electronics, 2016, 31 (5) : 3600-3611.

[11] Wu H, Ruan X B, Yang D, et al. Small-signal modeling and parameters design for virtual synchronous generators[J]. IEEE Transactions on Industrial Electronics, 2016, 63 (7) : 4292-4303.

[12] Chen X, Ruan X B, Yang D, et al. Step-by-step controller design of voltage closed-loop control for virtual synchronous generator[C]. IEEE Energy Conversion Congress and Exposition (ECCE), Montreal, 2015.

第8章 交直流混合微电网柔性互联与多模式统一控制

8.1 概　　述

在传统的集中式分层控制体系下，交直流混合微电网分布式储能单元和微电网互联接口变流器一般接收上层控制系统的调控指令，而上层控制策略又依赖于底层各微电网功率扰动、频率和电压等信号的量测和通信传输，显然通信和控制延时必将导致分布式储能难以实现真正的实时全局功率共享，难以发挥多分布式储能快速协同优势。在多运行模式间平滑切换方面，不同于单一的微电网并网和离网模式之间的切换，交直流混合微电网涉及的运行模式更多，采用常规控制策略时模式切换控制性能必然受到通信、运行状态检测延时等的限制。在含多微电网的交直流柔性互联系统控制中，必须有一种控制策略同时计及上述功能方可保证系统稳定可靠运行。

第7章针对交直流混合微电网互联DC-AC变流器，提出了多模式统一控制方法。本章将针对两类典型的交直流混合微电网柔性互联结构，结合互联变流器的多模式统一控制技术，提出多柔性互联微电网的系统级多模式统一控制方法。当发生新能源出力波动或负荷冲击等复杂工况，尤其在子微电网故障等非计划运行模式变化时，所提出的多模式统一控制策略可在无互联通信、运行状态检测以及控制算法切换的条件下，实现多微电网间功率协调快速互济及多运行模式无缝切换。

8.2 柔性互联交直流混合微电网多模式统一控制

8.2.1 系统介绍

1. 基本结构

考虑如图8.1所示柔性互联交直流混合微电网结构，其包含两个直流微电网和一个交流微电网，通过互联DC-AC变流器和隔离双向DC-DC变流器进行柔性互联。分布式储能及其他可控型分布式可再生能源可作为各交直流微电网内平衡单元用于维持交流微电网电压/频率或者直流微电网直流电压稳定。采用最大功率控制的分布式可再生能源或功率调度模式下的储能单元及负荷等均可看作功率单元。需要指出的是，图 8.1 所示结构可扩展为更多交直流微电网柔性互联的应用场景。为便于分析，每个微电网内仅含有一个平衡单元和一个功率单元，且均通过相应电力电子装置接入微电网母线，其中平衡单元采用下垂控制建立微电网内电压(或频率)，功率单元则采用功率控制模式，通过在线调整功率参考指令以模拟相应分布式电源出力变化或负荷扰动。交流微电网和直流微电网，以及直流微电网之间则分别通过双向 DC-AC 变流器和 DC-DC 变流器进行柔性互联，采用第 7 章所提出的变流器多模式统一控制方法。图 8.1 中，$P_{s,2}$ 和 $P_{p,2}$ 为直流微电网 2 内平衡单元和功率单元输出功率；$P_{s,1}$ 和 $P_{p,1}$ 为直流微电网 1 内平衡单元和功率单元输出功率；$P_{s,ac}$ 和 $P_{p,ac}$ 为交流微电网内平衡单元和功率单元输出有功功率；P_{ICdc} 和 P_{ICac} 为互联 DC-AC 变流器注入直流微电网和交流微电网的有功功率。

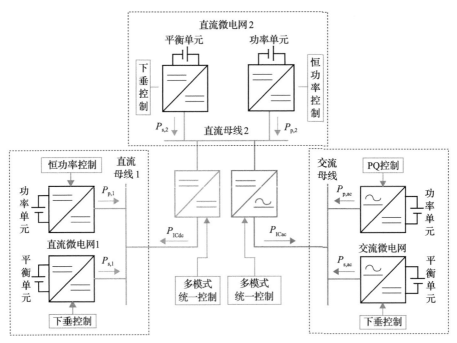

图 8.1　柔性互联交直流微电网结构

交流微电网内 DC-AC 变流器及交直流互联 DC-AC 变流器均采用常规两电平电压源型变流器拓扑；直流微电网内作为分布式电源和储能系统接入的 DC-DC 变流器采用常规双向 Buck/Boost 拓扑结构；作为直流微电网之间的柔性互联装置，为实现电气隔离功能，本节采用高频隔离双有源全桥(DAB)结构[1,2]，如图 8.2 所示，变压器 T 可为两侧提供电气隔离与电压等级的变换，n 为变压器变比，U_1、

U_2 分别代表直流子网 1 与直流子网 2 的母线电压，i_L 为电感电流，C_1 和 C_2 为直流子网 1 和 2 的母线电容；S_1～S_4，Q_1～Q_4 为可关断器件；D_1～D_4，M_1～M_4 为续流二极管。

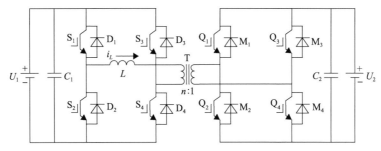

图 8.2　DAB 结构 DC-DC 变流器

考虑该隔离 DC-DC 变流器采用传统单移相控制，通过控制移相比来控制功率传输，其表达式如式 (8.1) 所示：

$$P = nU_1U_2d(1-|d|)/(2f_sL) \tag{8.1}$$

式中，d 为半个控制周期内的移相比，满足 $-1<d<1$；f_s 为开关频率。

2. 运行模式分析

图 8.1 所示交直流混合微电网主要有 3 种基本的运行模式，每种运行模式及具体的控制需求分析介绍如下。

1) 正常运行模式

当微电网中的平衡单元与互联装置均正常运行时，系统处于正常运行模式。在该模式下，一般由各子微电网内的各平衡单元建立其直流电压或交流电压/频率；通过互联 DC-DC 变流器和 DC-AC 变流器控制微电网之间互联有功功率传输，以协调交、直流微电网内多平衡单元之间的功率分配，本节考虑根据其额定容量进行合理分配，共同承担系统内的功率波动。如何在无物理通信网络的情况下，仅依靠就地量测信息实现上述控制目标，是本节提出多模式统一控制方法的主要出发点。

2) 直流微电网支撑模式

在正常运行时，互联 DC-AC 变流器和 DC-DC 变流器主要是为了实现多微电网间和多平衡单元间的协调控制，如果某直流微电网内的平衡单元出现故障或备用容量不足，直流微电网的平衡单元将无法满足稳定控制直流电压的要求，系统的不平衡功率将导致直流电压持续升高或降低，直至保护动作。此时，与该直流微电网互联的双向 DC-DC 变流器或 DC-AC 变流器需要工作在直流电压控制模式，才能维持直流微电网内功率平衡与直流电压稳定。

3）交流微电网支撑模式

若交流微电网中的平衡单元发生故障退出运行，交流微电网中将失去电压/频率构建单元。此时，与该交流微电网互联的双向 DC-AC 变流器需要快速切换至交流电压和频率控制模式，通过其余正常的直流微电网支撑该故障交流微电网。

综上分析可知，为实现交直流混合微电网在独立运行模式下的稳定控制，双向 DC-DC 变流器和 DC-AC 变流器应具备上述 3 种基本的控制功能，并且可在无通信情况下实现多微电网间和多平衡单元间的功率快速协调控制及运行模式平滑切换等两个主要功能。

8.2.2 多模式统一控制技术

本节所研究的交直流混合微电网多模式统一控制策略由各微电网的下垂控制和交直流微电网接口变流器多模式统一控制构成，可在无通信情况下实现微电网集群系统的多微电网间功率协调控制及运行模式无缝切换两个主要功能。该控制策略的主要思路和具体分析如下。

1. 交、直流微电网下垂控制

交、直流微电网内平衡单元均采用下垂控制，具体控制策略如图 8.3 所示。采用图 8.3 所示下垂控制后，稳态时交、直流微电网内平衡单元出力与其相应的频率和直流电压满足如下下垂特性：

$$\begin{cases} u_{\mathrm{dc},i} = u_{\mathrm{dc},i}^* - P_{\mathrm{s},i} / k_{\mathrm{dc},i} \\ \omega_{\mathrm{ac}} = \omega_{\mathrm{ac}}^* - P_{\mathrm{s,ac}} / k_{\mathrm{ac}} \end{cases} \tag{8.2}$$

式中，$u_{\mathrm{dc},i}^*$、$u_{\mathrm{dc},i}$（下标 i=1,2）分别为直流微电网 i 的直流电压参考值和实际直流电压；$P_{\mathrm{s},i}$ 为直流微电网 i 内平衡单元实际输出功率；$k_{\mathrm{dc},i}$ 为下垂系数；ω_{ac}^*、ω_{ac} 分别为交流微电网的频率参考值和实际频率值；$P_{\mathrm{s,ac}}$ 为交流微电网内平衡单元实际输出有功功率；k_{ac} 为交流微电网平衡单元的下垂系数。

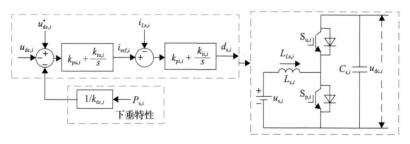

(a) 直流微电网平衡单元 DC-DC 变流器下垂控制

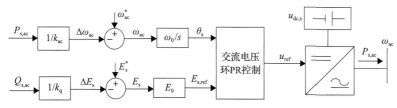

(b) 交流微电网平衡单元DC-AC变流器下垂控制

图 8.3　微电网平衡单元下垂控制

E_s^*-电压设定值，E_0-电压基准值，E_s 和 $E_{s,ref}$-电压参考值，其中 E_s 为标幺值，$E_{s,ref}$ 为有名值

通过合理设置下垂系数，可实现每个微电网内多平衡单元的并联运行与自主功率分配，一种常用控制目标便是使得平衡单元根据其额定容量进行功率分配。

2. 微电网间互联装置多模式统一控制

假定直流微电网 1、直流微电网 2 和交流微电网中平衡单元额定功率分别为 $P_{dcs,1}$、$P_{dcs,2}$ 和 P_{acs}，且其功率比满足 $P_{dcs,1}:P_{dcs,2}:P_{acs}=\alpha:1:\beta$。当各微电网中的平衡单元均处于正常工作状态时，期望通过互联 DC-DC 变流器和 DC-AC 变流器控制实现三个微电网内平衡单元的实际输出功率 $P_{s,1}$、$P_{s,2}$ 和 $P_{s,ac}$ 能够按照其容量比（即 $\alpha:1:\beta$）来运行，以充分提高微电网群内平衡单元的利用效率，有效减小各自微电网中的备用容量，有效应对微电网内大功率扰动。在无互联通信情况下，要实现上述微电网集群系统的多微电网间功率协调控制目标及运行模式无缝切换，互联 DC-DC 变流器和 DC-AC 变流器就地控制系统设计是关键。为此，本节提出如图 8.4(a) 和 (b) 所示互联 DC-DC 变流器和 DC-AC 变流器多模式统一控制方法。需要指出的是，互联 DC-AC 变流器多模式统一控制与第 7 章所描述的是一致的。

1) 多微电网平衡单元功率协调控制实现

基于式(8.2)所示下垂运行特性，互联 DC-DC 变流器和 DC-AC 变流器通过就地量测的电压或频率信息，即可计算得到此时微电网内平衡单元的出力情况。另外，为实现本节考虑的多微电网间平衡单元功率协调控制目标，图 8.4(a) 和 (b) 所示变流器多模式统一控制策略中外环控制中，互联功率增量 $\Delta P_{s,dc}$ 和 $\Delta P_{s,ac}$ 可表示为

$$\begin{cases} \Delta P_{s,dc} = k_{dc,1}(u_{dc,1}^* - u_{dc,1}) - \alpha\left[k_{dc,2}(u_{dc,2}^* - u_{dc,2})\right] \\ \Delta P_{s,ac} = k_{ac}(\omega_{ac}^* - \omega_{ac}) - \beta\left[k_{dc,2}(u_{dc,2}^* - u_{dc,2})\right] \end{cases} \quad (8.3)$$

在获得互联功率增量后，互联 DC-DC 变流器和 DC-AC 变流器外环控制通过 PI 控制器对该增量进行处理，进而得到实际的传输功率参考值 $P_{ref,dc}$ 和 $P_{ref,ac}$。由 PI 控制特性可知，稳态情况下，式(8.3)中互联功率增量 $\Delta P_{s,dc}$ 和 $\Delta P_{s,ac}$ 均应为零，从而达到了本节所期望的多微电网间平衡单元功率协调控制的目的。

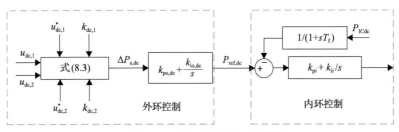

(a) 互联DC-DC变流器多模式统一控制策略

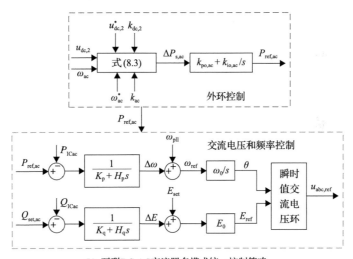

(b) 互联DC-AC变流器多模式统一控制策略

图 8.4　互联 DC-DC 变流器和 DC-AC 变流器多模式统一控制策略

在实现上述功率协调控制过程中，图 8.3 所示微电网下垂控制是基础，基于式 (8.3) 的互联 DC-DC 变流器和 DC-AC 变流器外环功率控制是关键。

2) 运行模式无缝切换实现

基于互联 DC-DC 变流器和 DC-AC 变流器多模式统一控制策略的外环控制效果，得到互联变流器实际输出功率参考值，内环控制首要目标便是能够准确跟踪该功率参考值，以实现多微电网平衡单元的功率协调控制目标。此外，还期望通过该多模式统一控制策略，实现微电网多运行模式无缝切换。为此，本章所提交直流微电网柔性互联变流器多模式统一控制采用如图 8.4 (a) 和 (b) 所示的内环控制策略，具体分析如下。

对于互联 DC-DC 变流器来说，其内环控制为直接功率控制。由式 (8.1) 可知，通过调整移相比便可控制高频隔离双向 DC-DC 变流器的传输功率，因此互联 DC-DC 变流器内环直接功率控制采用移相控制，如图 8.4 (a) 所示，其中 P_{ICdc} 为互联 DC-DC 变流器输出实际功率，T_{f} 为低通滤波时间常数，d_{12} 为移相比，$k_{\text{po,dc}}$、$k_{\text{io,dc}}$ 与 k_{pi}、k_{ii} 分别代表外环与内环 PI 控制器的比例系数与积分系数。

对于互联 DC-AC 变流器来说，其内环控制采用交流电压和频率控制。通过实际输出有功功率 P_{ICac} 与功率参考值 $P_{\text{ref,ac}}$ 的差值以及具有模拟惯性环节的下垂控制得到其频率变化量 $\Delta\omega$，并在此基础上与通过锁相获得的交流微电网频率 ω_{pll}（稳态下该频率和交流微电网频率 ω_{ac} 一致）求和得到内环控制的参考频率，并经积分获得三相电压瞬时值闭环控制系统的相位信号 θ。由无功功率控制环路得到三相电压瞬时值闭环系统的幅值信号 E_{ref}，其中 $k_{\text{po,ac}}$、$k_{\text{io,ac}}$ 分别代表其外环功率控制的比例系数与积分系数；K_{p}、K_{q} 与 H_{p}、H_{q} 分别代表内环控制的下垂系数与惯性系数。

为解释图 8.4 所示互联 DC-DC 变流器和 DC-AC 变流器多模式统一控制策略可解决微电网集群多平衡单元功率协调控制和多运行模式无缝切换问题，接下来从稳态层面分析其可行性。

1）正常运行模式

当微电网集群内各平衡单元均正常，均满足式(8.2)所示下垂运行特性时，互联 DC-DC 变流器与 DC-AC 变流器采用多模式统一控制策略运行。由于其外环控制均采用 PI 控制，考虑到 PI 控制的无差控制特性，稳态时满足式(8.3)所示互联功率增量为零，进而保证

$$\begin{cases} \Delta P_{\text{s,dc}} = P_{\text{s,1}} - \alpha P_{\text{s,2}} = 0 \\ \Delta P_{\text{s,ac}} = P_{\text{s,ac}} - \beta P_{\text{s,2}} = 0 \end{cases} \tag{8.4}$$

由系统功率平衡关系还可得到

$$\begin{cases} P_{\text{s,1}} + P_{\text{p,1}} + P_{\text{ICdc}} = 0 \\ P_{\text{s,2}} + P_{\text{p,2}} - P_{\text{ICdc}} - P_{\text{ICac}} = 0 \\ P_{\text{s,ac}} + P_{\text{p,ac}} + P_{\text{ICdc}} = 0 \end{cases} \tag{8.5}$$

结合式(8.4)与式(8.5)，可以推导出微电网集群正常运行稳态下各平衡单元及互联装置传输功率分别如下：

$$\begin{cases} P_{\text{s,1}} = -\alpha(P_{\text{p,1}} + P_{\text{p,2}} + P_{\text{p,ac}})/(\alpha + \beta + 1) \\ P_{\text{s,2}} = -(P_{\text{p,1}} + P_{\text{p,2}} + P_{\text{p,ac}})/(\alpha + \beta + 1) \\ P_{\text{s,ac}} = -\beta(P_{\text{p,1}} + P_{\text{p,2}} + P_{\text{p,ac}})/(\alpha + \beta + 1) \end{cases} \tag{8.6}$$

$$\begin{cases} P_{\text{ICdc}} = \left[\alpha(P_{\text{p,2}} + P_{\text{p,ac}}) - (\beta + 1)P_{\text{p,1}}\right]/(\alpha + \beta + 1) \\ P_{\text{ICac}} = \left[\beta(P_{\text{p,1}} + P_{\text{p,2}}) - (\alpha + 1)P_{\text{p,ac}}\right]/(\alpha + \beta + 1) \end{cases} \tag{8.7}$$

由上述分析可知，基于所提控制策略，多微电网平衡单元可实现预期所设定的功率协调控制目标。

2) 直流微电网支撑模式

若直流微电网内平衡单元因故进入限流状态或退出运行，与之相连的互联变流器采用本节所提多模式统一控制策略是否可以实现运行模式的无缝切换，以支撑该故障直流微电网？接下来将以直流微电网 2 平衡单元退出运行为例来回答该问题。

假定在正常运行模式下，考虑突然退出直流微电网 2 平衡单元。此时互联 DC-DC 变流器与 DC-AC 变流器仍采用多模式统一控制策略(不需要任何通信，不需要进行任何运行模式检测和判断，控制系统不作任何切换和处理)，由于外环 PI 控制作用，仍会使互联功率增量 $\Delta P_{s,dc}$ 和 $\Delta P_{s,ac}$ 趋于零，且此时直流微电网 1 和交流微电网内平衡单元正常工作，故稳态下满足如下关系：

$$
\begin{cases}
\Delta P_{s,dc} = P_{s,1} - \alpha \left[k_{dc,2}(u_{dc,2}^* - u_{dc,2}) \right] \\
\Delta P_{s,ac} = P_{s,ac} - \beta \left[k_{dc,2}(u_{dc,2}^* - u_{dc,2}) \right]
\end{cases}
\tag{8.8}
$$

另外，由微电网集群稳态功率平衡关系可得

$$
\begin{cases}
P_{p,1} + P_{s,1} + P_{ICdc} = 0 \\
P_{p,2} - P_{ICdc} - P_{ICac} = 0 \\
P_{p,ac} + P_{s,ac} + P_{ICac} = 0
\end{cases}
\tag{8.9}
$$

联立式(8.8)与式(8.9)，可得系统内正常平衡单元及互联变流器传输功率：

$$
\begin{cases}
P_{s,1} = -\alpha(P_{p,1} + P_{p,2} + P_{p,ac}) / (\alpha + \beta) \\
P_{s,ac} = -\beta(P_{p,1} + P_{p,2} + P_{p,ac}) / (\alpha + \beta)
\end{cases}
\tag{8.10}
$$

$$
\begin{cases}
P_{ICdc} = \left[\alpha(P_{p,2} + P_{p,ac}) - \beta P_{p,1} \right] / (\alpha + \beta) \\
P_{ICac} = \left[\beta(P_{p,1} + P_{p,2}) - \alpha P_{p,ac} \right] / (\alpha + \beta)
\end{cases}
\tag{8.11}
$$

基于上述功率关系，再结合式(8.2)所示下垂控制特性，便可以推导出各微电网内稳态电压和频率：

$$
\begin{cases}
u_{dc,1} = u_{dc,1}^* + \left[\alpha(P_{p,1} + P_{p,2} + P_{p,ac}) / (\alpha + \beta) \right] / k_{dc,1} \\
u_{dc,2} = u_{dc,2}^* + \left[(P_{p,1} + P_{p,2} + P_{p,ac}) / (\alpha + \beta) \right] / k_{dc,2} \\
\omega_{ac} = \omega_{ac}^* + \left[\beta(P_{p,1} + P_{p,2} + P_{p,ac}) / (\alpha + \beta) \right] / k_{ac}
\end{cases}
\tag{8.12}
$$

综上，当直流微电网 2 平衡单元退出时，采用所提多模式统一控制策略后，系统在非计划运行模式切换下能运行至新的平衡点。

3）交流微电网支撑模式

当交流微电网内平衡单元故障时，交流系统失去频率支撑。此时互联 DC-AC 变流器仍采用柔性控制策略，由于外环 PI 控制作用，互联功率增量 $\Delta P_{s,ac}$ 会趋于零；两直流微电网及互联 DC-DC 变流器不受影响，故该模式下满足如下稳态关系：

$$\begin{cases} \Delta P_{s,dc} = P_{s,1} - \alpha P_{s,2} = 0 \\ \Delta P_{s,ac} = k_{ac}(\omega_{ac}^* - \omega_{ac}) - \beta P_{s,2} = 0 \end{cases} \tag{8.13}$$

此时系统功率平衡关系满足

$$\begin{cases} P_{p,1} + P_{s,1} + P_{ICdc} = 0 \\ P_{p,2} + P_{s,2} - P_{ICdc} - P_{ICac} = 0 \\ P_{p,ac} + P_{ICac} = 0 \end{cases} \tag{8.14}$$

结合式 (8.13) 和式 (8.14) 可得系统内正常平衡单元及柔性装置传输功率：

$$\begin{cases} P_{s,1} = -\alpha(P_{p,1} + P_{p,2} + P_{p,ac}) / (1 + \alpha) \\ P_{s,2} = -(P_{p,1} + P_{p,2} + P_{p,ac}) / (1 + \alpha) \end{cases} \tag{8.15}$$

$$\begin{cases} P_{ICdc} = \left[\alpha(P_{p,2} + P_{p,ac}) - P_{p,1} \right] / (1 + \alpha) \\ P_{ICac} = -P_{p,ac} \end{cases} \tag{8.16}$$

基于式 (8.15)、式 (8.16) 稳态功率关系，由式 (8.2) 可得

$$\begin{cases} u_{dc,1} = u_{dc,1}^* + \left[\alpha(P_{p,1} + P_{p,2} + P_{p,ac}) / (1 + \alpha) \right] / k_{dc,1} \\ u_{dc,2} = u_{dc,2}^* + \left[(P_{p,1} + P_{p,2} + P_{p,ac}) / (1 + \alpha) \right] / k_{dc,2} \\ \omega_{ac} = \omega_{ac}^* + \left[\beta(P_{p,1} + P_{p,2} + P_{p,ac}) / (1 + \alpha) \right] / k_{ac} \end{cases} \tag{8.17}$$

从上述分析可以看出，当模拟交流微电网平衡单元故障退出运行时，本章所提多模式统一控制技术能够保证系统运行至新的稳定平衡点。

8.2.3　仿真验证

1. 仿真系统

采用图 8.1 所示柔性互联交直流微电网结构，对本章所提出的多模式统一控制策略进行仿真验证，并与小信号建模的结果进行比对。具体结构如下：①直流微电网均由直流电压源与 Buck/Boost DC-DC 变流器组成；②交流微电网由直流电压源与 DC-AC 变流器构成；③选取三个平衡单元额定功率满足 $P_{dcs,1} : P_{dcs,2} : P_{acs} =$

1:1:1, 且所有单元的额定有功功率均为 $S_B=100\text{kW}$; ④直流微电网 1 与直流微电网 2 母线的额定电压分别为 400V 与 800V, 交流微电网母线的额定电压和频率分别为 380V 和 50Hz; ⑤低通滤波时间常数 $T_f=0.01$。以上所有单元的控制策略均按图 8.3 和图 8.4 所示的设定, 系统详细参数分别如表 8.1~表 8.5 所示。

表 8.1 直流微电网 1 参数

单元	子系统	参数	数值
平衡单元	硬件参数	直流源电压	300V
		LC 滤波器	0.5mH/250μF
	P-U 下垂控制	电压设定值/下垂系数	1/20
	电压环 PI 控制	$k_{pu,1}/k_{iu,1}$	5/100
	电流环 PI 控制	$k_{pi,1}/k_{ii,1}$	0.01/1
功率单元	硬件参数	直流源电压	300V
		LC 滤波器	0.5mH/250μF
	电流环 PI 控制	$k_{pp,1}/k_{ip,1}$	0.005/1

表 8.2 直流微电网 2 参数

单元	子系统	参数	数值
平衡单元	硬件参数	直流源电压	600V
		LC 滤波器	0.5mH /250μF
	P-U 下垂控制	电压设定值/下垂系数	1/10
	电压环 PI 控制	$k_{pu,2}/k_{iu,2}$	5/100
	电流环 PI 控制	$k_{pi,2}/k_{ii,2}$	0.01/1
功率单元	硬件参数	直流源电压	600V
		LC 滤波器	0.5mH/250μF
	电流环 PI 控制	$k_{pp,2}/k_{ip,2}$	0.005/1

表 8.3 交流微电网参数

单元	子系统	参数	数值
平衡单元	硬件参数	LC 滤波器	0.25mH,0.02Ω/150μF,0.25Ω
	P-f 下垂控制	频率设定/下垂系数	1/40
	Q-E 下垂控制	电压设定值/下垂系数	1/10
	PR 控制	$k_p/k_r/\omega_c$	4/5/0.1rad/s
功率单元	硬件参数	LCL 滤波器	0.4mH, 0.025Ω/100μF, 0.25Ω/0.1mH
	电流环 PI 控制	k_{pid}/k_{iid}	0.2/50

表 8.4　互联 DC-DC 变流器参数

子系统	参数	数值
硬件参数	额定功率	100kW
	变压器变比(n:1)	2:1
	辅助电感	0.1mH
	开关频率	4kHz
功率控制	外环 PI 控制($k_{po,dc}/k_{io,dc}$)	1/100
	内环 PI 控制(k_{pi}/k_{ii})	0.1/50

表 8.5　互联 DC-AC 变流器参数

子系统	参数	数值
硬件参数	额定容量	100kV·A
	额定直流/交流电压	800V/380V
	LCL 滤波器	0.5mH,0.02Ω,150μF,0.25mH,0.01Ω
	开关频率	10kHz
功率控制	外环功率控制($k_{po,ac}/k_{io,ac}$)	1/10
P-f 下垂控制	频率设定值/下垂系数/惯性系数($\omega_{set}/K_p/H_p$)	ω_{ac}/100/0.1
Q-E 下垂控制	电压设定值/下垂系数/滤波时间常数($E_{set}/K_q/H_q$)	1/10/0.05
PR 控制	$k_p/k_r/\omega_c$	4/5/0.1rad/s
锁相环	k_{pi}/k_{il}	1/5

2. 仿真验证

1）工况 1：常模式运行

该工况下的仿真结果如图 8.5 所示，从图中还可看出详细电磁暂态模型和小信号模型仿真结果基本吻合，具体分析如下。

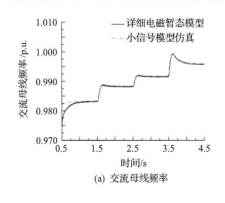
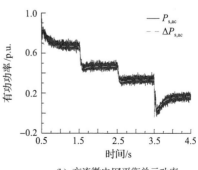

(a) 交流母线频率　　　　　　　　(b) 交流微电网平衡单元功率

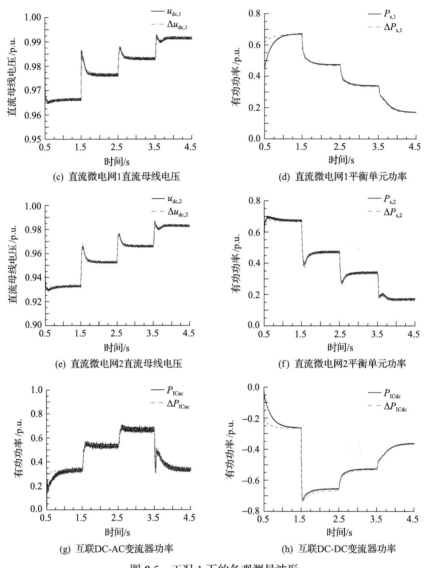

(c) 直流微电网1直流母线电压

(d) 直流微电网1平衡单元功率

(e) 直流微电网2直流母线电压

(f) 直流微电网2平衡单元功率

(g) 互联DC-AC变流器功率

(h) 互联DC-DC变流器功率

图 8.5 工况 1 下的各观测量波形

$t<0.5s$：各互联变流器处于待机状态，各子微电网工作在独立运行模式，各功率单元输出功率为 $P_{p,1}=-0.4p.u.(-40kW)$、$P_{p,2}=-0.6p.u.(-60kW)$、$P_{p,ac}=-1p.u.$ $(-100kW)$。

$t=0.5\sim1.5s$：在 $t=0.5s$ 时，各互联变流器启动运行，整个交直流混合微电网工作在正常运行模式，由于本节将三个子微电网的平衡单元额定容量设置为相等，该模式下控制策略可实现功率分配的均等，仿真结果表明了其正确性。

t=1.5~4.5s：在 t=1.5s 时，直流微电网 1 内的功率单元 $P_{p,1}$ 变化至 0.2p.u.（20kW），仿真结果表明互联装置可即时响应该扰动，并过渡到新的稳态，重新分配功率，实现期望的目标；在 t=2.5s 时直流微电网 2 内的功率单元的功率变化为 $P_{p,2}$=−0.2p.u.（−20kW），仿真结果表明该系统能有效应对直流微电网的功率扰动，实现期望的目标；在 t=3.5s 时，交流微电网内的功率单元 $P_{p,ac}$ 变化至−0.5p.u.（−50kW），仿真结果表明此时的系统重新过渡新的稳态，响应交流微电网的功率扰动，实现功率的均等分配，证明了该控制策略的有效性。

2）工况 2：直流微电网支撑模式

该工况下的仿真结果如图 8.6 所示，具体分析如下。

t<1.5s：交直流混合微电网处于正常工作模式，此时各功率单元输出功率分别为 $P_{p,1}$=−0.3p.u.（−30kW）、$P_{p,2}$=−0.5p.u.（−50kW）和 $P_{p,ac}$=−0.8p.u.（−80kW）。

t=1.5~2.5s：在 t=1.5s 时，直流微电网 2 内的平衡单元模拟故障退出运行，从仿真结果可以看出，与该直流微电网互联的 DC-DC 变流器和 DC-AC 变流器能自动支撑直流微电网 2 稳定运行，无缝切换到直流微电网支撑模式。

t=2.5~4.5s：在 t=2.5s 时，两个直流微电网功率单元发生功率扰动，功率分别变化至 $P_{p,1}$=0.2p.u.（20kW）和 $P_{p,2}$=−0.2p.u.（−20kW），在 t=3.5s 时，交流侧功率

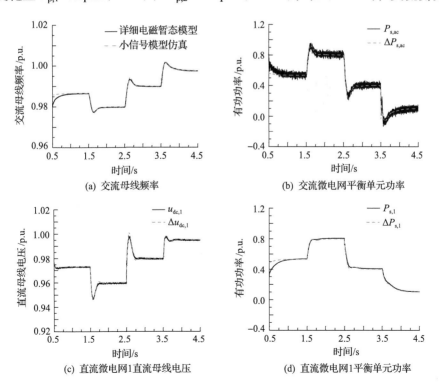

(a) 交流母线频率

(b) 交流微电网平衡单元功率

(c) 直流微电网1直流母线电压

(d) 直流微电网1平衡单元功率

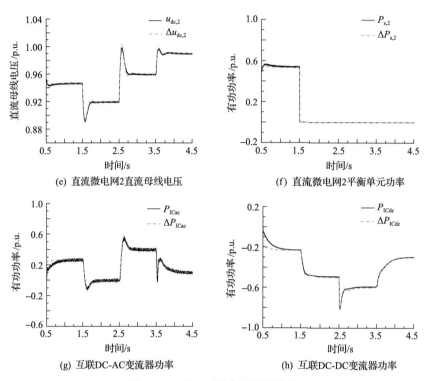

(e) 直流微电网2直流母线电压   (f) 直流微电网2平衡单元功率

(g) 互联DC-AC变流器功率   (h) 互联DC-DC变流器功率

图8.6 工况 2 下的各观测量波形

单元模拟发生扰动，$P_{\mathrm{p,ac}}=-0.2\mathrm{p.u.}(-20\mathrm{kW})$，从仿真结果可以看出，在上述功率扰动下，系统能保持稳定运行。

3) 工况 3：交流微电网支撑模式

该工况下的仿真结果如图 8.7 所示，具体分析如下。

$t<1.5\mathrm{s}$：交直流混合微电网处于正常运行模式，各功率单元输出功率为 $P_{\mathrm{p,1}}=-0.5\mathrm{p.u.}(-50\mathrm{kW})$，$P_{\mathrm{p,2}}=-0.5\mathrm{p.u.}(-50\mathrm{kW})$ 和 $P_{\mathrm{p,ac}}=-0.9\mathrm{p.u.}(-90\mathrm{kW})$。

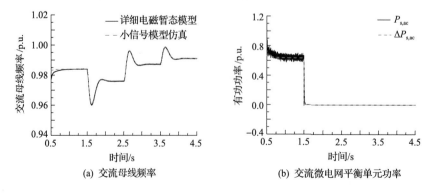

(a) 交流母线频率   (b) 交流微电网平衡单元功率

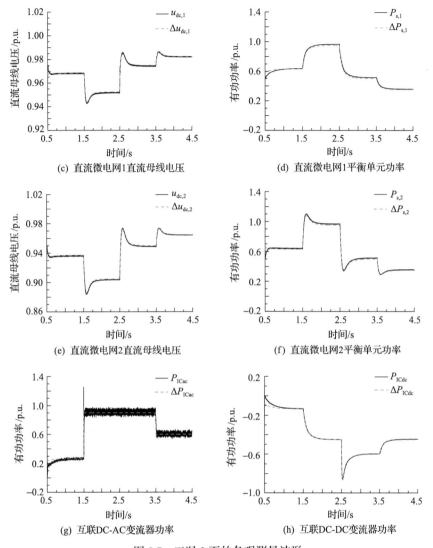

(c) 直流微电网1直流母线电压

(d) 直流微电网1平衡单元功率

(e) 直流微电网2直流母线电压

(f) 直流微电网2平衡单元功率

(g) 互联DC-AC变流器功率

(h) 互联DC-DC变流器功率

图 8.7　工况 3 下的各观测量波形

$t=1.5\sim2.5\mathrm{s}$：在 $t=1.5\mathrm{s}$ 时，交流微电网内平衡单元模拟故障退出运行，频率由互联 DC-AC 变流器进行控制，从仿真结果可以看出，互联 DC-AC 变流器采用多模式统一控制方法后可在不用切换控制算法的条件下无缝切换至交流微电网电压/频率构建模式，频率与功率过渡到新的稳态，验证了所提控制策略的有效性。

$t=2.5\sim4.5\mathrm{s}$：在 $t=2.5\mathrm{s}$ 时，两个直流微电网功率单元发生功率扰动，对应功率分别为 $P_{\mathrm{p,1}}=0.1\mathrm{p.u.}(10\mathrm{kW})$ 和 $P_{\mathrm{p,2}}=-0.2\mathrm{p.u.}(-20\mathrm{kW})$，在 $t=3.5\mathrm{s}$ 时，交流侧功率单元发生变化，对应功率为 $P_{\mathrm{p,ac}}=-0.6\mathrm{p.u.}(-60\mathrm{kW})$，从仿真结果可以看出，在上

述功率扰动下，系统能保持稳定运行。

8.3 基于共母线的交直流混合微电网多模式统一控制

8.3.1 离网型交直流混合微电网多模式统一控制

1. 系统介绍

1) 基本结构

本节考虑的基于共母线的离网型交直流混合微电网拓扑如图 8.8 所示，包含两个交流微电网及两个直流微电网，且分别通过相应互联 DC-AC 和 DC-DC 变流器与公共直流母线实现柔性互联。在实际场景中，每个微电网中可能有多个平衡单元和功率单元。为便于分析，本节将每个微电网集总等效为一个平衡单元和一个功率单元，足以用于阐述和验证所提多模式统一控制方法的有效性。

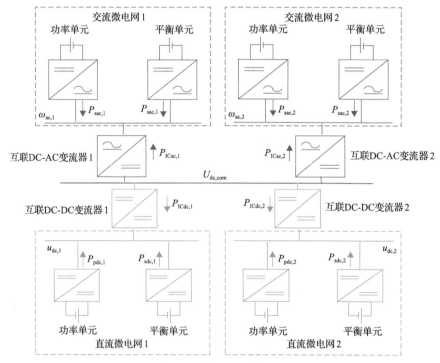

图 8.8 基于共母线的离网型交直流混合微电网拓扑

2) 运行控制目标

针对基于共母线的离网型交直流混合微电网，期望所提出的多模式统一控制方法能实现如下主要运行控制目标。

(1)分布式储能和多微电网间功率协调控制。

期望通过多微电网间功率协调控制，使得各微电网内的分布式储能单元能够根据其额定功率进行功率分配，即假定交流微电网 1、2 以及直流微电网 1、2 内平衡单元额定功率为 $P_{sac0,1}$、$P_{sac0,2}$、$P_{sdc0,1}$ 和 $P_{sdc0,2}$，且其功率比满足 $P_{sac0,1}:P_{sac0,2}:P_{sdc0,1}:P_{sdc0,2}=\alpha:\beta:\gamma:1$，当微电网集群正常运行时，期望通过多微电网间功率协调控制实现各子网中平衡单元的实际输出 $P_{sac,1}$、$P_{sac,2}$、$P_{sdc,1}$ 和 $P_{sdc,2}$ 能够按照其功率比(即 $\alpha:\beta:\gamma:1$)来进行功率分配。

(2)多运行模式无缝切换。

交直流混合微电网正常运行时，各微电网接口变流器的控制功能是实现前面提出的多微电网间功率协调控制目标。若某个交流微电网(或直流微电网)中的平衡单元发生故障或出现备用容量不足等异常问题，该交流微电网(或直流微电网)中将失去平衡单元，若不加以紧急控制，系统内的不平衡功率将导致其交流母线电压/频率(或直流母线电压)异常直至系统崩溃。此时期望本节所提多模式统一控制方法能够保证相应的微电网接口变流器实现运行模式无缝切换，并使得其他正常交、直流微电网能够作为异常微电网的平衡单元，对其进行有效支撑，且这些正常微电网内的平衡单元还能继续按照其额定功率进行功率分配。

(3)公共直流母线电压稳定控制。

针对图 8.8 所示交直流混合微电网结构，可设定其中一个微电网接口变流器来控制公共直流母线电压恒定，其他端口则采用功率控制策略，该模式称为主从控制模式。若采用对等下垂控制策略，则是多个微电网接口变流器采用直流电压下垂控制技术共同控制直流母线电压稳定。为实现多微电网间功率协调控制，上述传统控制策略均需要多微电网间进行快速通信；此外，在交直流混合微电网发生运行模式切换时，微电网接口变流器需要切换控制策略。上述局限性均限制了交直流混合微电网运行控制系统稳定性、可靠性和灵活性的提升。

2. 多模式统一控制

基于以上问题，本小节将提出一种新颖的多模式统一控制方法，在真正不需要多微电网间相互通信和微电网接口变流器控制策略切换条件下，同时实现如下三个目标：分布式储能和多微电网间功率协调控制、交直流混合微电网多运行模式无缝切换和公共直流母线电压稳定控制，主要思路详细分析如下。

1)交/直流微电网平衡单元下垂控制

(1)交流微电网平衡单元下垂控制。

交流微电网平衡单元由恒定直流电压源和三相两电平 DC-AC 变流器构成，并经 LCL 滤波器接入交流母线。平衡单元采用如图 8.9 所示控制策略，通过有功功率-频率(P-f)下垂控制和无功功率-电压(Q-U)下垂控制，分别生成内环电压控制系统的电压参考值的相位信号 $\theta_{\text{ac},i}$ 和电压幅值参考信号 $U_{\text{ref},i}$，然后经过电压内环控制产生互联 DC-AC 变流器控制信号。$u_{\text{s},i}$ 和 C_{s} 分别为互联 DC-AC 变流器直流侧电源电压和电容。R_{inv}、L_{inv}、R_{f}、C_{f}、R_{g} 及 L_{g} 分别为互联 DC-AC 变流器交流侧 LCL 滤波电阻、电感、电容参数。ω_{B} 和 U_{acB} 分别为交流电压频率和幅值的基准值。$k_{\text{pac},i}$ 和 $k_{\text{qac},i}$ 分别表示 P-f 控制和 Q-U 控制的下垂系数。$v_{\text{s},j}$ 为交流侧电压。$i=1$ 和 2，为交流微电网标号。

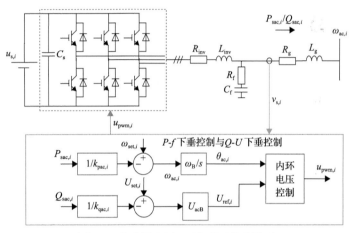

图 8.9 交流微电网 i 平衡单元控制策略

由图 8.9 可知，交流微电网 i 内平衡单元输出有功功率与母线频率满足如下下垂特性关系：

$$\omega_{\text{ac},i} = \omega_{\text{set},i} - P_{\text{sac},i} / k_{\text{pac},i} \tag{8.18}$$

式中，$\omega_{\text{ac},i}$、$\omega_{\text{set},i}$ 和 $P_{\text{sac},i}$ 分别为交流微电网 i 的母线频率、下垂控制的交流频率设定值以及平衡单元实际输出有功功率。

(2) 直流微电网平衡单元下垂控制。

直流微电网内平衡单元由恒定直流电压源和双向 Buck/Boost DC-DC 变流器构成。L_{dc} 和 C_{dcs} 分别为直流微电网 j (j=1, 2) 平衡单元的滤波电感和滤波电容。直流微电网平衡单元控制系统包含下垂控制及电压电流双环控制两部分，如图 8.10 所示。

$u_{\text{dc},j}$ 和 $P_{\text{sdc},j}$ 分别为直流微电网 j (j=1, 2) 母线电压和平衡单元输出功率，$U_{\text{set},j}$ 和 $k_{\text{dc},j}$ 分别为下垂控制中直流电压设定值和下垂系数，$k_{\text{pu},j}$ 和 $k_{\text{iu},j}$ 分别为直流电压控制的比例系数和积分系数，$k_{\text{pi},j}$ 和 $k_{\text{ii},j}$ 分别为电流内环控制的比例系数和积分系数，U_{dc,j_B} 为直流电压基准值，$i_{\text{sref},j}$ 为内环电流参考值，$i_{\text{Ls},j}$ 为电感电流，$d_{\text{s},j}$ 为占

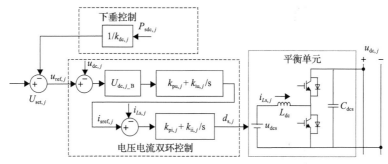

图 8.10　直流微电网平衡单元控制策略

空比信号，u_{dcs} 为直流电源电压。此时，直流微电网母线电压 $u_{dc,j}$ 和平衡单元输出功率 $P_{sdc,i}$ 满足如下下垂特性关系：

$$u_{dc,j} = U_{set,j} - P_{sdc,j} / k_{dc,j} \qquad (8.19)$$

2）互联接口变流器多模式统一控制

如何仅基于就地量测信息设计交/直流微电网互联接口变流器控制策略，是实现上述多微电网功率协调控制、多运行模式无缝切换和公共母线电压稳定控制目标的关键。结合前面交/直流微电网下垂控制运行特性，本节提出一种用于交/直流微电网互联接口变流器的多模式统一控制策略，分别如图 8.11(a) 和 (b) 所示，$U_{ICset,i}$ 为电压设定值，$U_{ICref,i}$ 为电压幅值参考值，$\omega_{ref,i}$ 为频率参考值，$Q_{IC,i}$ 为电压的相角参考值，$u_{ICpwm,i}$ 为调制电压信号；$d_{ICDC,j}$ 为占空比信号，$G_{pdc,j}(s)$ 为功率控制环节传递函数。交流微电网互联接口变流器采用两电平三相电压源换流器(VSC)，直流微电网互联接口变流器采用基于 DAB 的隔离双向 DC-DC

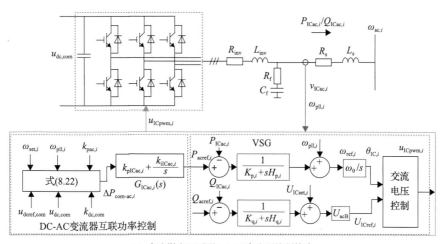

(a) 交流微电网互联DC-AC变流器控制策略

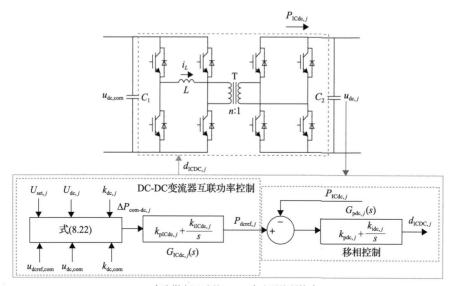

(b) 直流微电网互联DC-DC变流器控制策略

图 8.11　交/直流微电网互联接口变流器多模式统一控制策略

变流器。交流微电网互联 DC-AC 变流器控制系统包含外环 DC-AC 互联功率控制、VSG 和交流电压控制；直流微电网 DC-DC 接口变流器控制系统包含外环 DC-DC 变流器互联功率控制和内环移相控制两部分。

DC-AC 变流器互联功率控制和 DC-DC 变流器互联功率控制环节是实现多微电网功率协调控制和公共直流母线电压稳定控制的关键，设计核心思路如下。

假定公共直流母线中含一个虚拟平衡单元，且构造如下虚拟直流电压下垂控制曲线作为该虚拟平衡单元的输出特性：

$$u_{\mathrm{dc,com}} = U_{\mathrm{dcref,com}} - P_{\mathrm{dc,com}} / k_{\mathrm{dc,com}} \tag{8.20}$$

式中，$U_{\mathrm{dc,com}}$ 为公共母线直流电压；$U_{\mathrm{dcref,com}}$ 和 $P_{\mathrm{dc,com}}$ 分别为虚拟直流电压下垂控制中直流电压设定值及虚拟储能单元注入直流功率；$k_{\mathrm{dc,com}}$ 为下垂系数。

结合功率动态，定义各个互联接口变流器功率误差如下：

$$\begin{cases} \Delta P_{\mathrm{com\text{-}ac},1} = P_{\mathrm{sac},1} - \alpha P_{\mathrm{dc,com}} \\ \Delta P_{\mathrm{com\text{-}ac},2} = P_{\mathrm{sac},2} - \beta P_{\mathrm{dc,com}} \\ \Delta P_{\mathrm{com\text{-}dc},1} = P_{\mathrm{sdc},1} - \gamma P_{\mathrm{dc,com}} \\ \Delta P_{\mathrm{com\text{-}dc},2} = P_{\mathrm{sdc},2} - P_{\mathrm{dc,com}} \end{cases} \tag{8.21}$$

由式(8.19)~式(8.21)可知，各交、直流微电网中平衡单元输出功率和公共直流母线处虚拟平衡单元注入功率均具有下垂特性，因此功率误差可进一步表示为

$$
\begin{cases}
\Delta P_{\text{com-ac},1} = (\omega_{\text{set},1} - \omega_{\text{pll},1})k_{\text{pac},1} - \alpha(U_{\text{dcref,com}} - U_{\text{dc,com}})k_{\text{dc,com}} \\
\Delta P_{\text{com-ac},2} = (\omega_{\text{set},2} - \omega_{\text{pll},2})k_{\text{pac},2} - \beta(U_{\text{dcref,com}} - U_{\text{dc,com}})k_{\text{dc,com}} \\
\Delta P_{\text{com-dc},1} = (U_{\text{set},1} - U_{\text{dc},1})k_{\text{dc},1} \;\; - \gamma(U_{\text{dcref,com}} - U_{\text{dc,com}})k_{\text{dc,com}} \\
\Delta P_{\text{com-dc},2} = (U_{\text{set},2} - U_{\text{dc},2})k_{\text{dc},2} \;\; - (U_{\text{dcref,com}} - U_{\text{dc,com}})k_{\text{dc,com}}
\end{cases}
\tag{8.22}
$$

式中，$\omega_{\text{pll},i}$ 为由锁相环得到的锁相频率。

基于式(8.22)定义的功率误差，可将图 8.11 所示 DC-AC 变流器互联功率控制及 DC-DC 变流器互联功率控制环节设计成如下形式：

$$
\begin{cases}
P_{\text{acref},1} = \Delta P_{\text{com-ac},1} G_{\text{ICac},1}(s) = \Delta P_{\text{com-ac},1}(k_{\text{pICac},1} + k_{\text{iICac},1}/s) \\
P_{\text{acref},2} = \Delta P_{\text{com-ac},2} G_{\text{ICac},2}(s) = \Delta P_{\text{com-ac},2}(k_{\text{pICac},2} + k_{\text{iICac},2}/s) \\
P_{\text{dcref},1} = \Delta P_{\text{com-dc},1} G_{\text{ICdc},1}(s) = \Delta P_{\text{com-dc},1}(k_{\text{pICdc},1} + k_{\text{iICdc},1}/s) \\
P_{\text{dcref},2} = \Delta P_{\text{com-dc},2} G_{\text{ICdc},2}(s) = \Delta P_{\text{com-dc},2}(k_{\text{pICdc},2} + k_{\text{iICdc},2}/s)
\end{cases}
\tag{8.23}
$$

式中 $P_{\text{acref},1}$、$P_{\text{acref},2}$、$P_{\text{dcref},1}$ 和 $P_{\text{dcref},2}$ 分别为图 8.11 中相应微电网互联接口变流器的 DC-AC 变流器互联功率控制或 DC-DC 变流器互联功率控制环节输出的有功功率参考值；$G_{\text{ICac},1}(s)$、$G_{\text{ICac},2}(s)$、$G_{\text{ICdc},1}(s)$ 和 $G_{\text{ICdc},2}(s)$ 分别为相应微电网接口变流器的互联功率控制环节的 PI 控制器；$k_{\text{pICac},1}$、$k_{\text{pICac},2}$、$k_{\text{pICdc},1}$ 及 $k_{\text{pICdc},2}$ 分别为相应 PI 控制的比例系数；$k_{\text{iICac},1}$、$k_{\text{iICac},2}$、$k_{\text{iICdc},1}$ 及 $k_{\text{iICdc},2}$ 分别为相应 PI 控制的积分系数。

3. 运行控制特性分析

为进一步阐述所提多模式统一控制策略可解决多微电网功率协调控制、多运行模式无缝切换及公共直流母线电压稳定控制等问题，本小节将从稳态运行特性层面针对正常运行模式及交/直流微电网支撑模式分析所提控制策略的可行性。

1) 正常运行模式

当基于公共母线的离网型交直流混合微电网处于正常运行模式时，由于式(8.23)外环互联功率控制环节中具有无差控制特性的 PI 控制器作用，稳态时式(8.21)中定义的功率偏差 $\Delta P_{\text{com-ac},1}$、$\Delta P_{\text{com-ac},2}$、$\Delta P_{\text{com-dc},1}$ 和 $\Delta P_{\text{com-dc},2}$ 将强制归 0，此时，各微电网中平衡单元输出功率满足

$$
P_{\text{sac},1} : P_{\text{sac},2} : P_{\text{sdc},1} : P_{\text{sdc},2} = \alpha : \beta : \gamma : 1
\tag{8.24}
$$

假定各微电网中功率单元输出功率分别为 $P_{\text{pac},1}$、$P_{\text{pac},2}$、$P_{\text{pdc},1}$ 及 $P_{\text{pdc},2}$，结合式(8.24)及系统功率平衡关系，可进一步推导得到正常运行模式下多微电网各平衡单元的输出功率：

$$\begin{cases} P_{\text{sac},1} = -P_{\text{p,sum}}\alpha/(\alpha+\beta+\gamma+1) \\ P_{\text{sac},2} = -P_{\text{p,sum}}\beta/(\alpha+\beta+\gamma+1) \\ P_{\text{sdc},1} = -P_{\text{p,sum}}\gamma/(\alpha+\beta+\gamma+1) \\ P_{\text{sdc},2} = -P_{\text{p,sum}}1/(\alpha+\beta+\gamma+1) \end{cases} \tag{8.25}$$

式中，$P_{\text{p,sum}}$ 为全系统内功率单元输出功率之和。

结合各微电网内功率平衡关系，可得各微电网互联接口变流器输出功率为

$$\begin{cases} P_{\text{ICac},i} = -(P_{\text{sac},i}+P_{\text{pac},i}) \\ P_{\text{ICdc},j} = -(P_{\text{sdc},j}+P_{\text{pdc},j}) \end{cases} \tag{8.26}$$

进一步可推导得到稳态下公共直流母线电压为

$$U_{\text{dc,com}} = U_{\text{dcref,com}} + P_{\text{p,sum}}/[k_{\text{dc,com}}(\alpha+\beta+\gamma+1)] \tag{8.27}$$

综上可知，正常运行模式下，可同时实现多微电网功率协调控制及具有下垂特性的公共直流母线电压控制等目标。此外，值得指出的是：①本节所提策略中，所有互联接口变流器采用相似的多模式统一控制系统，使得各微电网互联接口变流器完全实现对等控制；②各微电网互联接口变流器仅需就地量测信息，在无须全局互联通信的情况下实现了多微电网功率协调控制及公共直流母线电压控制。

2) 交/直流微电网支撑模式

为验证所提多模式统一控制策略多运行模式无缝切换的有效性，以交流微电网 1 内平衡单元退出运行(即平衡单元输出功率 $P_{\text{sac},1}=0$)为例，分析所提控制方法在交流微电网支撑和运行模式无缝切换方面的能力。当发生上述暂态工况后，各微电网互联接口变流器仍采用多模式统一控制策略，由于外环互联功率控制环节中 PI 控制器的作用，稳态时式 (8.21) 中定义的功率偏差 $\Delta P_{\text{com-ac},1}$、$\Delta P_{\text{com-ac},2}$、$\Delta P_{\text{com-dc},1}$ 和 $\Delta P_{\text{com-dc},2}$ 仍将强制归 0，因此稳态下其他正常微电网内平衡单元出力和故障交流微电网 1 交流频率分别满足

$$\begin{cases} P_{\text{sac},2} = -P_{\text{p,sum}}\beta/(\beta+\gamma+1) \\ P_{\text{sdc},1} = -P_{\text{p,sum}}\gamma/(\beta+\gamma+1) \\ P_{\text{sdc},2} = -P_{\text{p,sum}}1/(\beta+\gamma+1) \\ (\omega_{\text{set},1}-\omega_{\text{ac},1})k_{\text{pac},1} = \alpha P_{\text{dc,com}} = -P_{\text{p,sum}}\alpha/(\beta+\gamma+1) \end{cases} \tag{8.28}$$

由式 (8.28) 可知，其他正常微电网内平衡单元仍能按照其额定功率比实现功率分配，此外，故障交流微电网 1 频率将满足如下下垂控制特性：

$$\omega_{\text{ac},1} = \omega_{\text{set},1} + P_{\text{p,sum}}\alpha/[k_{\text{pac},1}(\beta+\gamma+1)] \tag{8.29}$$

可见，当交流微电网 1 内平衡单元故障时，交流微电网 1 互联接口变流器在无互联通信以及控制器切换情况下已经由正常运行模式(多微电网功率协调控制)无缝切换至交流微电网 1 支撑模式。

各互联接口变流器功率输出仍满足式(8.25)所示关系，只是在该工况下，交流微电网 1 内平衡单元输出功率 $P_{sac,1}$ 为 0。进一步可推导得到公共直流母线电压稳态值为

$$U_{dc,com} = U_{dcref,com} + P_{p,sum} / [k_{dc,com}(\beta + \gamma + 1)] \tag{8.30}$$

综上可知，采用所提多模式统一控制方法，仅仅基于就地量测信息，在不需要切换控制策略的情况下就可同时实现多微电网功率协调控制、公共直流母线电压稳定控制及多运行模式无缝切换运行控制目标。

4. 仿真验证

1) 仿真系统

为验证本节所提方法的有效性，在 PSCAD/EMTDC 中搭建了图 8.8 所示基于共母线的离网型交直流混合微电网的仿真系统。①本节选择交流微电网 1、2 以及直流微电网 1、2 内平衡单元额定功率 $P_{sac0,1}$、$P_{sac0,2}$、$P_{sdc0,1}$ 和 $P_{sdc0,2}$ 分别为 100kW、150kW、200kW 和 100kW，比例关系满足 $\alpha:\beta:\gamma:1=1:1.5:2:1$，即当微电网集群正常运行时，期望通过本节所提出的多模式统一控制方法实现各子网中平衡单元的实际输出 $P_{sac,1}$、$P_{sac,2}$、$P_{sdc,1}$、$P_{sdc,2}$ 能够按照其额定功率比(即 $\alpha:\beta:\gamma:1=1:1.5:2:1$)来进行功率分配。②在该仿真算例中，互联 DC-AC 和 DC-DC 变流器采用平均值模型，仿真步长设置为 50μs，各变流器控制周期为 100μs(对应实际的开关频率和控制频率为 10kHz)。交流微电网、直流微电网、交流微电网互联 DC-AC 变流器及直流微电网互联 DC-DC 变流器的详细主回路参数和控制参数分别如表 8.6～表 8.9 所示。

表8.6　交流微电网基本参数

单元	子系统	参数	数值
平衡单元	硬件参数	LCL 滤波器	0.25mH，100μF，0.5Ω/50μH
	P-f 下垂控制	$\omega_{set,i}/k_{pac,i}$	1/100
	Q-U 下垂控制	$U_{set,i}/k_{qac,i}$	1p.u./20
功率单元	硬件参数	LCL 滤波器	0.25mH，100μF，0.5Ω/50μH
	电流 PI 控制	比例系数/积分系数	0.15/50

表 8.7　直流微电网基本参数

单元	子系统	参数	数值
平衡单元	硬件参数	直流电源电压	600V
		滤波电感/滤波电容	0.5mH/5000μF
	P-U_{dc} 下垂控制	$u_{set,i}$/$k_{dc,i}$	1p.u./25
	电压 PI 控制	比例系数/积分系数	1/50
	电流 PI 控制	比例系数/积分系数	0.005/5
功率单元	硬件参数	直流电源电压	600V
		滤波电感/滤波电容	0.5mH/5000μF
	电流 PI 控制	比例系数/积分系数	0.005/5

表 8.8　互联 DC-DC 变流器基本参数

子系统	参数	数值
硬件参数	直流侧电容	2000μF
	变压器变比(n:1)	2:1
	辅助电感	100μH
功率控制	外环 PI 控制(比例系数/积分系数)	0.32/20
	内环 PI 控制(比例系数/积分系数)	0.01/100

表 8.9　互联 DC-AC 变流器基本参数

子系统	参数	数值
硬件参数	直流侧电容	2000μF
	额定直流/交流电压	1.5kV/380V
	LCL 滤波器	0.25mH，100μF，50μH
功率控制	$G_c(s)$（比例系数/积分系数）	1/10
PLL	k_{p_pll}/k_{i_pll}	50/500
P-f 下垂	K_p/II_p	100/0.1
Q-U 下垂	$E_{set,i}$,K_q/H_q	1,10/1.5

2)仿真验证

　　基于上述仿真系统，本节分别在正常运行模式、交流微电网故障等工况下验证所提方法的有效性。

（1）工况 1：正常运行模式。

该工况下，通过调整功率单元的输出功率模拟功率扰动。功率单元输出功率、直流电压(公共直流母线电压和直流微电网电压)和交流微电网频率、平衡单元输出功率以及互联接口变流器输出功率分别如图 8.12～图 8.15 所示，详细工况描述如下。

$t<3s$：交、直流微电网功率单元输出功率分别设置为 $P_{pac,1}=-1.0p.u.$，$P_{pac,2}=-1.0p.u.$，$P_{pdc,1}=0.5p.u.$，$P_{pdc,2}=-0.5p.u.$。由图 8.13 可知，公共直流母线电压稳态值为 0.964p.u.，与式(8.27)理论计算值相吻合；交、直流微电网各平衡单元输出功率分别为 $P_{sac,1}=0.36p.u.$，$P_{sac,2}=0.55p.u.$，$P_{sdc,1}=0.73p.u.$，$P_{sdc,2}=0.36p.u.$，与式(8.25)理论计算值基本一致，各平衡单元按照其额定功率比进行分配。

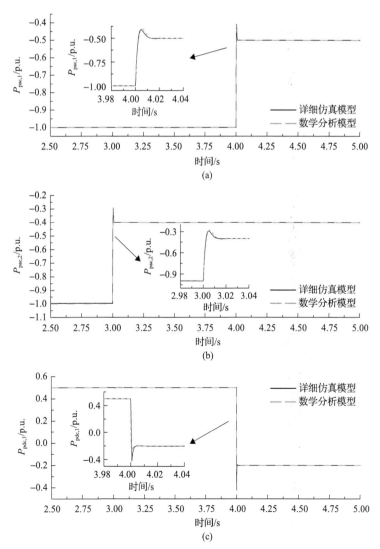

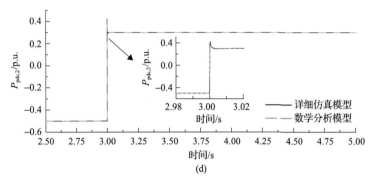

(d)

图 8.12 正常运行模式下功率单元输出功率波形

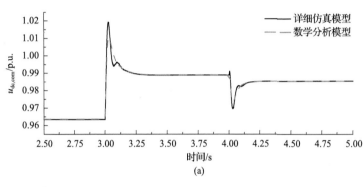

(a)

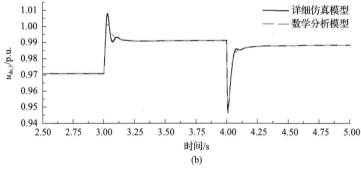

(b)

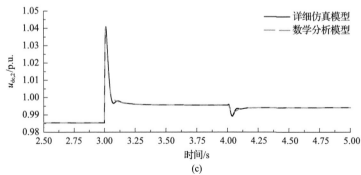

(c)

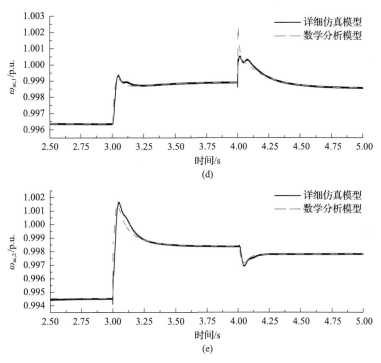

图 8.13　正常运行模式下公共直流母线电压、直流微电网电压、交流微电网频率波形

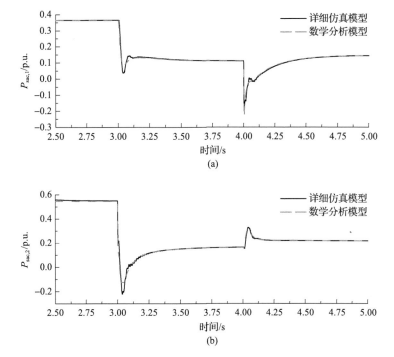

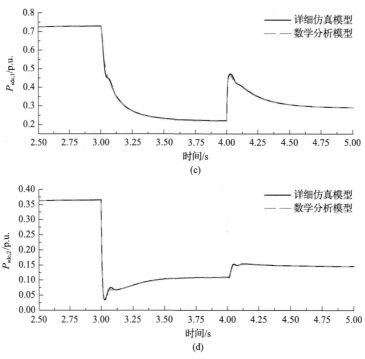

图 8.14　正常运行模式下平衡单元输出功率波形

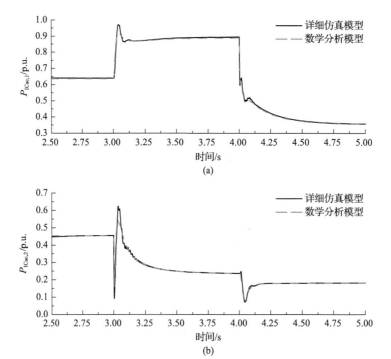

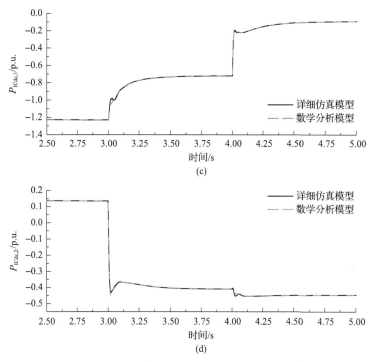

图 8.15　正常运行模式下互联接口变流器输出功率波形

t=3～5s：为模拟功率扰动阶段，t=3s 时，交流微电网 2 及直流微电网 2 功率单元输出分别调整为 $P_{pac,2}$=−0.4p.u.，$P_{pdc,2}$=0.3p.u.；t=4s 时，交流微电网 1 以及直流微电网 1 功率单元输出分别调整为 $P_{pac,1}$=−0.5p.u.，$P_{pdc,1}$=−0.2p.u.。由图 8.13 和图 8.14 可知，正常功率扰动下，经过暂态调节后，公共直流母线电压、直流微电网电压和交流微电网频率均能维持恒定，且各平衡单元输出功率可按照其额定功率比运行。由上述分析可知，正常运行模式下，采用所提多模式统一控制策略，仅仅基于就地量测信息，在无互联通信情况下也可实现多微电网功率协调控制及公共直流母线电压稳定控制。

（2）工况 2：直流微电网支撑模式。

此工况用于验证所提控制策略在直流微电网平衡单元故障情况下的直流微电网支撑和运行模式无缝切换能力。各微电网功率单元输出功率、直流电压（公共直流母线电压和直流微电网电压）和交流微电网频率、平衡单元输出功率以及互联接口变流器输出功率分别如图 8.16～图 8.19 所示，详细工况描述如下。

t<3s：交、直流微电网功率单元输出功率分别设置为 $P_{pac,1}$=−1.0p.u.，$P_{pac,2}$=−1.0p.u.，$P_{pdc,1}$=0.5p.u. 及 $P_{pdc,1}$=−0.5p.u.。由图 8.18 可知，采用所提控制策略，平衡单元输出功率分别为 $P_{sac,1}$=0.36p.u.，$P_{sac,2}$=0.55p.u.，$P_{sdc,1}$=0.73p.u.，$P_{sdc,2}$=

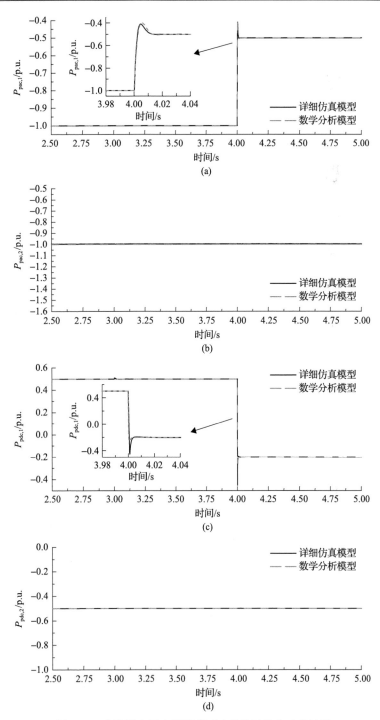

图 8.16　直流微电网支撑模式下功率单元输出功率波形

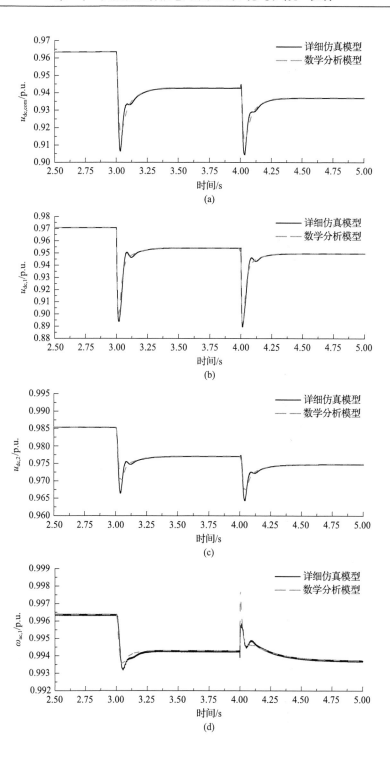

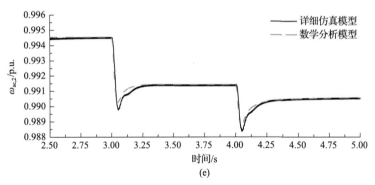

(e)

图 8.17 直流微电网支撑模式下公共直流母线电压、直流微电网电压、交流微电网频率波形

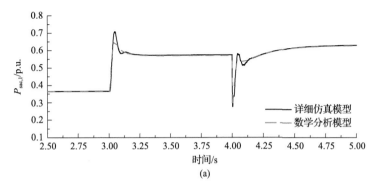

(a)

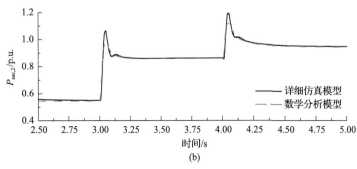

(b)

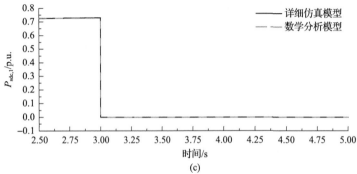

(c)

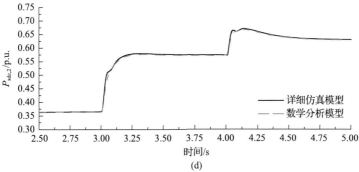

(d)

图 8.18　直流微电网支撑模式下平衡单元输出功率波形

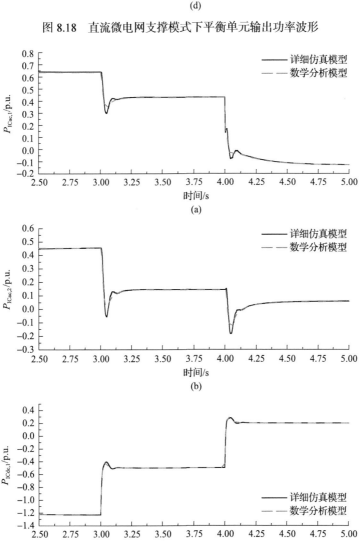

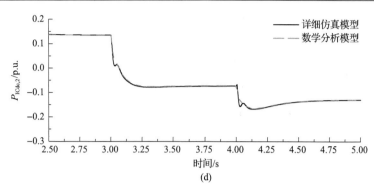

图 8.19　直流微电网支撑模式下互联接口变流器输出功率波形

0.36p.u.，与理论计算值基本一致，各平衡单元按照其额定功率比进行功率分配。

　　t=3～5s：t=3s 时，模拟直流微电网 1 平衡单元故障退出运行，t=4s 时，交流微电网 1 以及直流微电网 1 功率单元输出分别调整为 $P_{pac,1}$=−0.5p.u.，$P_{pdc,1}$=−0.2p.u.。由图 8.17 可知，交直流混合微电网系统经过暂态调整后公共直流母线电压、各微电网直流电压及频率能迅速恢复稳定，直流微电网 1 电压得到有效支撑。此外，直流微电网 1 平衡单元故障退出后，其他微电网中的平衡单元仍然能够按照其额定功率比合理承担功率。

　　上述仿真结果表明，与直流微电网 1 连接的互联接口变流器在无互联通信及控制策略切换的情况下自动实现了控制模式切换，即由功率协调控制模式无缝切换至直流微电网支撑模式，对故障直流微电网电压进行了有效支撑。

　　(3)工况 3：交流微电网支撑模式。

　　此工况用于验证基于所提控制策略在交流微电网平衡单元故障情况下的交流微电网支撑和运行模式无缝切换能力，各功率单元输出功率、直流电压(公共直流母线电压和直流微电网电压)和交流微电网频率、平衡单元输出功率以及互联接口变流器输出功率分别如图 8.20～图 8.23 所示，详细工况描述如下。

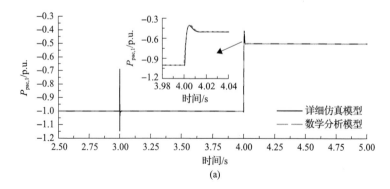

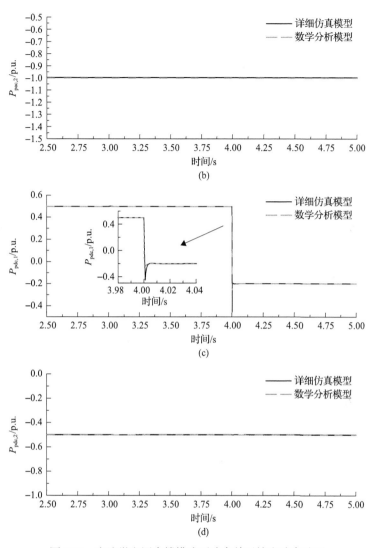

图 8.20　交流微电网支撑模式下功率单元输出功率波形

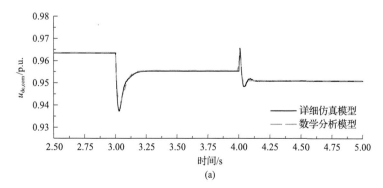

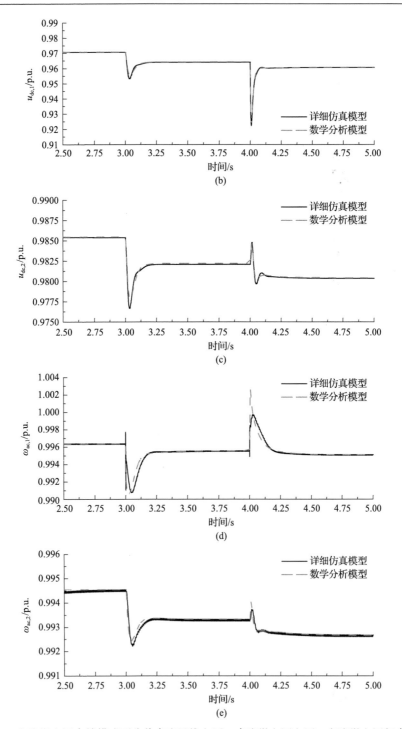

图 8.21 交流微电网支撑模式下公共直流母线电压、直流微电网电压、交流微电网频率波形

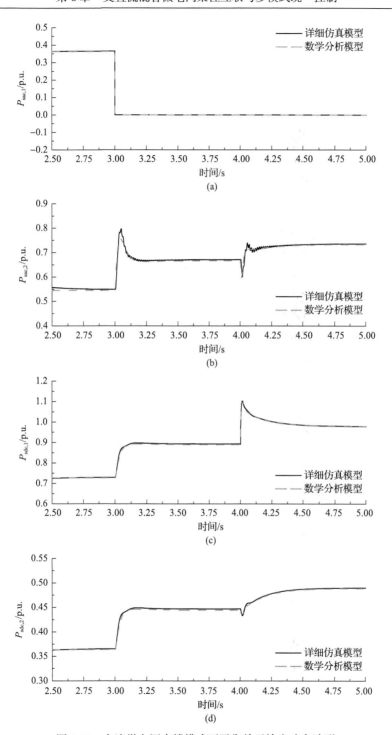

图 8.22　交流微电网支撑模式下平衡单元输出功率波形

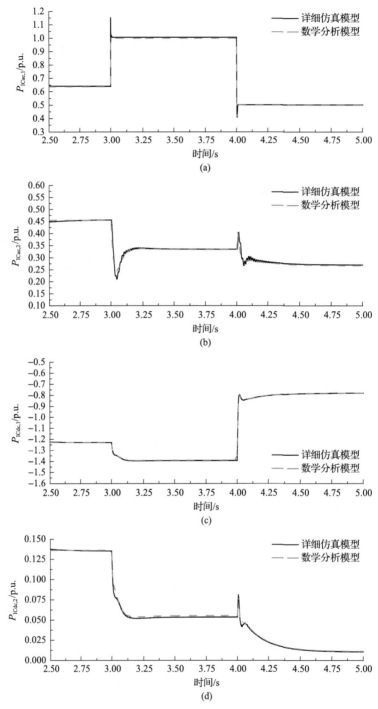

图 8.23 交流微电网支撑模式下互联接口变流器输出功率波形

$t<3s$：交、直流微电网功率单元输出功率分别设定为 $P_{pac,1}=-1.0\text{p.u.}$，$P_{pac,2}=-1.0\text{p.u.}$，$P_{pdc,1}=0.5\text{p.u.}$ 及 $P_{pdc,2}=-0.5\text{p.u.}$。由图 8.22 可知，采用所提控制，平衡单元输出功率分别为 $P_{sac,1}=0.36\text{p.u.}$，$P_{sac,2}=0.55\text{p.u.}$，$P_{sdc,1}=0.73\text{p.u.}$，$P_{sdc,2}=0.36\text{p.u.}$，与理论计算值基本一致，各平衡单元按照其额定功率比进行功率分配。

$t=3\sim5s$：$t=3s$ 时，模拟交流微电网 1 平衡单元故障退出运行，$t=4s$ 时，交流微电网 1 以及直流微电网 1 功率单元输出分别调整为 $P_{pac,1}=-0.5\text{p.u.}$，$P_{pdc,1}=-0.2\text{p.u.}$。由图 8.21 可知，系统经过暂态调整后公共直流母线电压、各微电网直流电压及频率能迅速恢复稳定，交流微电网 1 频率得到有效支撑。此外，交流微电网 1 平衡单元故障退出后，其他微电网中的平衡单元仍然能够按照其额定功率比合理承担功率。

上述仿真结果表明，与交流微电网 1 连接的互联接口变流器在无互联通信及控制策略切换的情况下自动实现了控制模式切换，即由功率协调控制模式无缝切换至交流微电网支撑模式，对故障交流微电网频率进行了有效支撑。

8.3.2　并网型交直流混合微电网多模式统一控制

1. 系统概述

1) 拓扑介绍

本节以图 8.24 所示并网型交直流混合微电网为例，分析多模式统一控制在此场景中的具体应用和实现方法。系统中主要包含中压直流母线、低压直流微电网和低压交流微电网三个子系统。需要指出的是，在并网型交直流混合微电网容量允许条件下，还可以接入更多微电网系统。

中压直流母线通过 N_{MV} 个双向 DC-AC 变流器(图中标号为 DC-AC 1 ~ N_{MV})接入交流配电网(交流配电网网络连接方式可根据实际情况或需求来定)，一方面通过多端供电结构可提高并网型交直流混合微电网运行可靠性，另一方面该结构可实现配电网多交流馈线间柔性互联。低压交流微电网和直流微电网均接入相应的可再生能源分布式发电单元、储能单元及电动汽车等用电负荷。各微电网内单元分为平衡单元和功率单元两部分，其中平衡单元作为主电源控制系统内交流电压/频率和直流电压稳定，采用最大功率控制的可再生能源分布式发电单元或功率调度模式下的储能单元及负荷等，在此处等效为一个集中功率单元；通常每个微电网可能含有多个平衡单元，此处为通用起见，交流微电网和直流微电网内的平衡单元数量分别为 N_{ac} 和 N_{dc}。交流微电网和直流微电网分别通过互联 DC-AC 变流器和 DC-DC 变流器(图中标号分别为 IC_ac 和 IC_dc)接入中压直流母线。

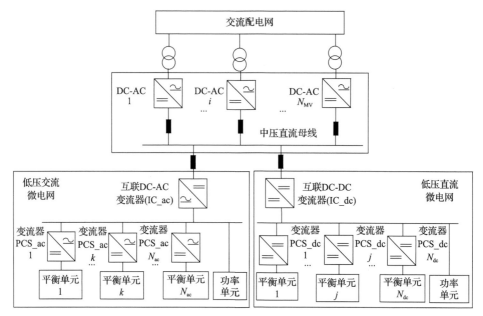

图 8.24　并网型交直流混合微电网结构

2) 运行模式分析

根据交流配电网状态和各子微电网内平衡单元运行状态，图 8.24 所示并网型交直流混合微电网具有多种运行模式，其运行控制的基本前提是保证中压直流母线电压、低压直流微电网母线电压以及低压交流微电网母线电压和频率稳定。本节以模式 I（正常运行模式）为基本模式。

(1) 模式 I：正常运行。

当交流配电网各馈线（包含 DC-AC1～N_{MV}）、交流微电网和直流微电网内的平衡单元均处于正常状态时，中压直流母线电压由 DC-AC1～N_{MV} 进行控制，直流微电网母线电压以及交流微电网母线电压和频率分布由各自微电网内平衡单元进行控制。需要指出的是，此处并未限定具体的控制策略（如主从控制和对等控制），而只强调控制的主体和功能。此时互联 DC-AC 和 DC-DC 变流器接收上层功率调度指令，工作在互联功率控制模式，以协调控制交流微电网、直流微电网与并网型交直流混合微电网的互联功率。

以上述运行模式为基础，图 8.24 所示并网型交直流混合微电网的其余主要运行模式将包括主网支撑交/直流微电网模式和交/直流微电网独立运行或相互支撑模式，具体分析如下。

(2) 模式 II：主网支撑交/直流微电网。

若通过 DC-AC1～N_{MV} 可正常控制中压直流母线电压，但直流微电网母线电压控制（直流微电网内平衡单元无法保证系统内功率平衡和电压稳定）或交流微电网母线电压和频率稳定控制(交流微电网内平衡单元无法保证系统内功率平衡和电压/频率稳定)无法实现,则并网型交直流混合微电网将分别通过互联 DC-AC 或 DC-DC 变流器,对发生故障的直流或交流微电网进行支撑,本节称为主网支撑交/直流微电网模式。

(3)模式Ⅲ:交/直流微电网独立运行或相互支撑。

当交流配电网故障或 DC-AC1 ~ N_{MV} 故障导致中压直流母线电压稳定控制无法实现,但直流微电网母线电压控制或交流微电网母线电压和频率稳定控制仍可由其系统内平衡单元实现时,交/直流微电网可选择独立运行或者互联运行;互联运行时交流和直流微电网可通过互联 DC-AC 和 DC-DC 变流器实现相互支撑,独立运行时则交流微电网和直流微电网各自依靠自身的平衡单元维持系统稳定。本节将上述运行模式称为交/直流微电网独立运行或相互支撑模式。

2. 多模式统一控制

1) 基本框架

为实现图 8.24 所示并网型交直流混合微电网稳定控制与优化运行,基于“局部自治”+“区域协调”控制思路,本节提出如图 8.25 所示多模式统一控制基本框架。

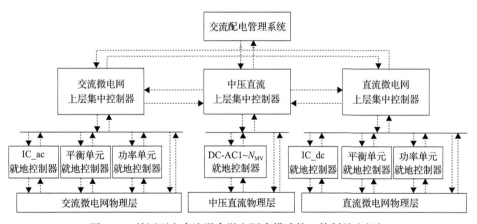

图 8.25　并网型交直流混合微电网多模式统一控制基本框架

基于图 8.25 所示多模式统一控制基本框架,并网型交直流混合微电网期望实现如下主要暂稳态运行控制功能。

(1)图 8.24 所示并网型交直流混合微电网在物理层面上包含中压直流母线、交流微电网和直流微电网三个相对独立又柔性互联的分布式区域;每个子系统控制主要由就地控制器和上层集中控制器构成,每个子系统通过各自的分层控制可实现区域内自治控制目标,区域间协调控制在各子系统上层集中控制器中完成。

(2)各子系统物理层设备就地控制器满足(尤其是柔性互联装置)通用化和即

插即用，一方面即使各子系统上层集中控制器出现故障，仍可实现各子系统稳定控制；另一方面在不依赖上层控制、通信和控制系统切换条件下，能实现并网型交直流混合微电网紧急情况(往往对应直流配电中心实际运行状态在模式 I 至模式 II 或模式 III 之间切换时)下多运行模式平滑切换及各子系统快速相互支撑。

(3)各子系统通过电力电子装置柔性互联，当互联子系统输出功率可调度时，并网型交直流混合微电网通常需要对各子系统互联功率进行调度，以达到期望的整体最优运行状态；本节采用基于分布式的区域间协调控制框架，每个子系统上层集中控制器分别与邻近子系统进行信息交互，以增强优化运行控制系统的灵活性和可靠性。

2) 平衡单元就地控制

中压直流母线平衡单元就地控制的主要功能是通过多端互联 DC-AC 变流器控制中压直流电压稳定；交流微电网和直流微电网内平衡单元的就地控制主要功能是保证各自系统内交流电压/频率和直流电压稳定，以及维持各自系统内功率平衡。为满足上述基本框架所描述的各子系统就地控制的控制功能，本节采用如图 8.26 所示控制策略，分别为中压直流母线区域、直流微电网和交流微电网内平衡单元就地控制所采用的多模式统一控制策略。

由图 8.26 可知，中压直流母线区域内所有互联 DC-AC 变流器就地层控制系统均采用中压直流电压-有功功率下垂控制[3,4]，共同维持中压直流电压稳定；直流微电网和交流微电网内的所有平衡单元均采用直流电压(交流频率)-有功功率下垂控制[5,6]，实现微电网内平衡单元就地层控制系统的通用化和即插即用。经由图 8.26 所示控制，各子系统内稳态情况下将具有如下直流电压(频率)和功率下垂运行特性：

$$\begin{cases} u_{\mathrm{MV}} = u_{i,\mathrm{MV}}^{*} - P_{\mathrm{s}\_i,\mathrm{MV}} / k_{i,\mathrm{MV}} \\ u_{\mathrm{dc}} = u_{j,\mathrm{dc}}^{*} - P_{\mathrm{s}\_j,\mathrm{dc}} / k_{j,\mathrm{dc}} \\ \omega_{\mathrm{ac}} = \omega_{k,\mathrm{ac}}^{*} - P_{\mathrm{s}\_k,\mathrm{ac}} / k_{k,\mathrm{ac}} \end{cases} \tag{8.31}$$

式中，变量均为标幺值；下标 i、j 和 k 分别表示中压直流母线、直流微电网和交流微电网内平衡单元(中压直流母线中所有采用图 8.26(a)所示直流电压下垂控制的互联 DC-AC 变流器均可称为平衡单元)标号；u_{MV}、$u_{i,\mathrm{MV}}^{*}$、$P_{\mathrm{s}\_i,\mathrm{MV}}$ 和 $k_{i,\mathrm{MV}}$ 分别为中压直流母线中实际直流电压、第 i 个下垂控制单元中的直流电压设定值、该单元实际注入直流系统的功率以及下垂系数；u_{dc}、$u_{j,\mathrm{dc}}^{*}$、$P_{\mathrm{s}\_j,\mathrm{dc}}$ 和 $k_{j,\mathrm{dc}}$ 分别为直流微电网内实际直流电压、第 j 个下垂控制单元的直流电压设定值、该平衡单元实际注入直流母线的功率以及下垂系数；ω_{ac}、$\omega_{k,\mathrm{ac}}^{*}$、$P_{\mathrm{s}\_k,\mathrm{ac}}$ 和 $k_{k,\mathrm{ac}}$ 分别为交流微电网内实际交流母线频率、第 k 个下垂控制单元的频率设定值、该平衡单元实际注入交流微电网的有功功率以及下垂系数。

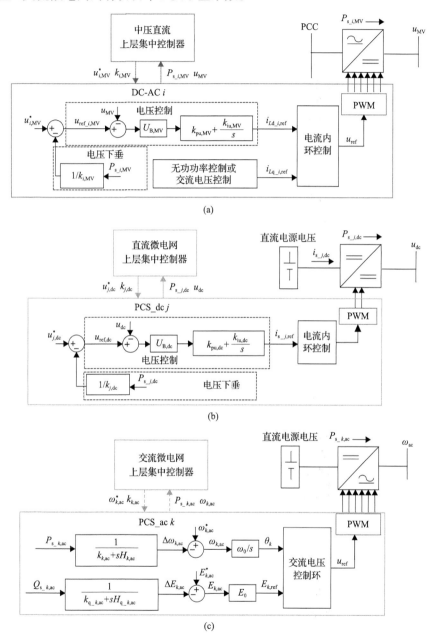

图 8.26　并网型交直流混合微电网各子系统平衡单元就地控制框图

$U_{B,MV}$-直流电压基准值，$k_{pu,MV}$ 和 $k_{iu,MV}$-直流电压环比例系数和积分系数，$i_{Ld\_i,ref}$ 和 $i_{Lq\_i,ref}$-电流环有功电流参考值和
无功电流参考值，u_{ref}-调制参考电压，$u_{ref,dc}$-直流电压参考值，$U_{B,dc}$-直流电压基准值，$k_{pu,dc}$ 和 $k_{iu,dc}$-比例系数和积
分系数，$i_{s\_j,ref}$-电流参考值，$H_{k,ac}$-虚拟惯量，$H_{q\_k,ac}$-无功控制中的滤波时间常数，$k_{q\_k,ac}$-无功控制的下垂系数

当图 8.24 所示并网型交直流混合微电网各子系统底层平衡单元采用图 8.26 所示基于直流电压(或频率)-有功功率下垂控制的多模式统一控制策略时,可实现就地控制器的通用化和即插即用,增强各子系统就地控制的稳定性和可靠性。需要指出的是,当各子系统进行上层优化控制时,可通过各自上层集中控制器对底层各下垂控制单元的相应下垂特性参数进行调整(如 $u^*_{i,\mathrm{MV}}$ 和 $k_{i,\mathrm{MV}}$、$u^*_{j,\mathrm{dc}}$ 和 $k_{j,\mathrm{dc}}$、$\omega^*_{k,\mathrm{ac}}$ 和 $k_{k,\mathrm{ac}}$),即可实现对各自子系统内多个下垂控制单元的输出功率进行重新分配和优化调度。

为便于后续分析,本节将各子系统内多个下垂控制单元均等效为一个集中平衡单元,由式(8.31)可推导出各子系统内集中平衡单元的综合下垂特性为

$$\begin{cases} u_{\mathrm{MV}} = u^*_{\mathrm{MV}} - P_{\mathrm{s,MV}} / k_{\mathrm{MV}} \\ u_{\mathrm{dc}} = u^*_{\mathrm{dc}} - P_{\mathrm{s,dc}} / k_{\mathrm{dc}} \\ \omega_{\mathrm{ac}} = \omega^*_{\mathrm{ac}} - P_{\mathrm{s,ac}} / k_{\mathrm{ac}} \end{cases} \tag{8.32}$$

式中,各集中平衡单元的等效直流电压(频率)设定值、等效注入功率及等效下垂系数分别为

$$\begin{cases} u^*_{\mathrm{MV}} = \sum_{i=1}^{N_{\mathrm{MV}}} (u^*_{i,\mathrm{MV}} k_{i,\mathrm{MV}}) / \sum_{i=1}^{N_{\mathrm{MV}}} k_{i,\mathrm{MV}}, P_{\mathrm{s,MV}} = \sum_{i=1}^{N_{\mathrm{MV}}} P_{\mathrm{s}\_i,\mathrm{MV}}, k_{\mathrm{MV}} = \sum_{i=1}^{N_{\mathrm{MV}}} k_{i,\mathrm{MV}} \\ u^*_{\mathrm{dc}} = \sum_{j=1}^{N_{\mathrm{dc}}} (u^*_{j,\mathrm{dc}} k_{j,\mathrm{dc}}) / \sum_{j=1}^{N_{\mathrm{dc}}} k_{j,\mathrm{dc}}, P_{\mathrm{s,dc}} = \sum_{j=1}^{N_{\mathrm{dc}}} P_{\mathrm{s}\_j,\mathrm{dc}}, k_{\mathrm{dc}} = \sum_{j=1}^{N_{\mathrm{dc}}} k_{j,\mathrm{dc}} \\ \omega^*_{\mathrm{ac}} = \sum_{k=1}^{N_{\mathrm{ac}}} (\omega^*_{k,\mathrm{ac}} k_{k,\mathrm{ac}}) / \sum_{k=1}^{N_{\mathrm{ac}}} k_{k,\mathrm{ac}}, P_{\mathrm{s,ac}} = \sum_{k=1}^{N_{\mathrm{ac}}} P_{\mathrm{s}\_k,\mathrm{ac}}, k_{k,\mathrm{ac}} = \sum_{k=1}^{N_{\mathrm{ac}}} k_{k,\mathrm{ac}} \end{cases} \tag{8.33}$$

3) 互联装置就地控制

互联 DC-AC 和 DC-DC 变流器的控制设计原则如下。

原则(1):互联 DC-AC 和 DC-DC 变流器应能接收上层功率调度指令,实现全系统相应优化运行目标。

原则(2):在应对各子微电网内功率单元输出功率扰动(如可再生能源波动、负荷突变等)等暂态工况时,充分发挥柔性互联和功率灵活控制优势,增强各子微电网抗扰能力和相互支撑能力,提升各子系统电压(频率)控制稳定性。

原则(3):互联装置就地控制器能满足通用化和即插即用需求,且能实现多运行控制模式无缝切换,增强并网型交直流混合微电网运行控制可靠性。

综上分析,本节设计如图 8.27 所示互联 DC-AC 和 DC-DC 变流器多模式统一控制策略,均包含外环控制和内环控制两部分:①外环控制从控制方式上看是获

得内环控制的功率参考值，从控制功能来分析主要为满足前面分析的互联装置多模式统一控制策略设计原则(1)和(2)；②内环控制从控制方式上看是功率闭环控制，跟踪外环控制输出的功率参考值，从控制功能来分析主要是为满足前面分析的互联装置多模式统一控制策略设计原则(3)。

在外环控制中，为满足多模式统一控制策略设计原则(1)，采用如下控制环路：

$$\begin{cases} \Delta P_{dp,ac} = (P_{IC,ac}^* - P_{IC,ac})G_{dp,ac}(s) \\ \Delta P_{dp,dc} = (P_{IC,dc}^* - P_{IC,dc})G_{dp,dc}(s) \end{cases} \tag{8.34}$$

式中，$P_{IC,ac}^*$ 和 $P_{IC,ac}$ 分别为互联 DC-AC 变流器接收的上层功率调度指令及实际输出功率；$P_{IC,dc}^*$ 和 $P_{IC,dc}$ 分别为互联 DC-DC 变流器接收的上层功率调度指令及实际输出功率；$G_{dp,ac}(s)$ 和 $G_{dp,dc}(s)$ 为图 8.27 外环控制中的 PI 控制器。通过图 8.27 所示控制，得到功率参考增量 $\Delta P_{dp,ac}$ 和 $\Delta P_{dp,dc}$，在互联装置输出功率可调的情况下，即可实现原则(1)中所要求的功率调度。

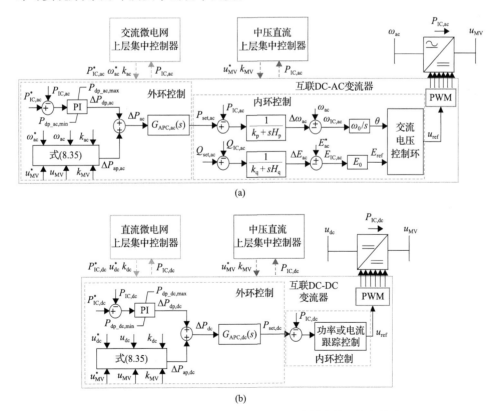

图 8.27　互联 DC-AC 和 DC-DC 变流器多模式统一控制策略

为满足多模式统一控制策略设计原则(2)，本节设计如下具备各子系统相互支撑能力的功率控制律：

$$
\begin{cases}
\Delta P_{\text{ap,ac}} = -k_{\text{ac}}(\omega_{\text{ac}}^* - \omega_{\text{ac}}) + \alpha k_{\text{MV}}(u_{\text{MV}}^* - u_{\text{MV}}) \\
\Delta P_{\text{ap,dc}} = -k_{\text{dc}}(u_{\text{dc}}^* - u_{\text{dc}}) + \beta k_{\text{MV}}(u_{\text{MV}}^* - u_{\text{MV}})
\end{cases}
\tag{8.35}
$$

当并网型交直流混合微电网任一功率单元出现功率扰动时，会导致相应电压或频率发生变化，通过所提控制，可实现系统内所有平衡单元暂态功率快速响应，能增强各子微电网抗扰能力和相互支撑能力，提升各子系统电压(频率)稳定性；各平衡单元暂态功率快速响应基本满足如下关系：

$$
\Delta P_{\text{s,MV}} : \Delta P_{\text{s,ac}} : \Delta P_{\text{s,dc}} = 1 : \alpha : \beta
\tag{8.36}
$$

由式(8.36)可见，α 和 β 体现的是并网型混合交直流微电网在遭遇功率扰动等暂态工况时，各子系统内平衡单元功率支撑能力的强弱程度，本节称之为暂态功率支撑系数。

在式(8.34)和式(8.35)基础上，通过如下控制环路，即可获得互联装置多模式统一控制内环功率参考值 $P_{\text{set,ac}}$ 和 $P_{\text{set,dc}}$：

$$
\begin{cases}
P_{\text{set,ac}} = (\Delta P_{\text{dp,ac}} + P_{\text{ap,ac}})G_{\text{APC,ac}}(s) \\
P_{\text{set,dc}} = (\Delta P_{\text{dp,dc}} + P_{\text{ap,dc}})G_{\text{APC,dc}}(s)
\end{cases}
\tag{8.37}
$$

式中，控制环路传递函数 $G_{\text{APC,ac}}(s)$ 和 $G_{\text{APC,dc}}(s)$ 可设计为 PI 控制器。

通过外环控制获得内环功率参考值后，再经内环功率闭环控制，即可实现互联装置输出功率跟踪给定功率值。为满足互联装置多模式统一控制策略设计原则(3)，即就地控制器的通用化和即插即用，同时能实现多运行模式平滑切换，互联 DC-AC 变流器内环控制采用具有模拟惯性环节的电压源型控制策略，可在互联功率控制、直流电压控制和交流电压/频率控制模式间实现平滑切换，无须切换控制系统；互联 DC-DC 变流器由于两侧均为直流系统，因此其内环控制可直接采用功率闭环或电流闭环，实现功率跟踪控制。

综上可得以下结论：①在互联装置输出功率可调度情况下，由于式(8.34)的控制作用，可保证互联装置在稳态情况下完全跟踪上层功率调度指令，且在式(8.35)的控制响应下，实现暂态工况下多子系统间平衡单元功率相互支撑；②当并网型交直流混合微电网实际运行模式发生变化，导致互联装置输出功率不可调度，且同时需要对相应的子系统进行支撑控制以稳定相应的直流电压(或频率)时，式(8.34)所示控制环路将自动进入限幅环节，从而失去调度功率跟踪功能，此时互联装置将按照式(8.35)和内环控制，在无须通信、运行模式检测和切换控制系统的情况下，自动从互联功率控制模式进入相应的微电网支撑或中压直流电压控制模式，实现运行模式平滑切换。

4) 上层协调控制

图 8.25 所示并网型交直流混合微电网各子系统上层集中控制器的主要功能可总结如下。

(1) 各子系统内直流电压(或频率)恢复控制：由于并网型交直流混合微电网各子系统内平衡单元均采用图 8.26 所示直流电压(或频率)-有功功率下垂控制方式，各子系统内运行点变化会导致直流电压(或频率)发生变化，严重时将影响系统供电电能质量，因此有必要通过上层集中控制器进行直流电压(或频率)恢复控制[7,8]。

(2) 子系统间互联功率优化控制：并网型交直流混合微电网各子系统上层集中控制器的另一重要功能便是通过图 8.25 所示基本框架，进行区域间互联功率优化控制，实现相应的优化运行目标。并网型交直流混合微电网在不同运行模式下可能具有不同的优化运行目标，如交流配电网多互联馈线间负载均衡、基于网损最小的最优潮流、多个微电网参与配电侧市场交易等[9,10]。从有功功率平衡的角度看，并网型交直流混合微电网各区域间互联功率优化控制的核心是确定互联 DC-AC 和 DC-DC 变流器的功率调度指令 $P_{IC,ac}^*$ 和 $P_{IC,dc}^*$。针对不同运行模式，简要分析如下。

模式 I：

①基于当前设定的区域间互联功率优化控制目标(如各微电网上层集中控制器根据新能源出力和负荷预测、储能状态、市场电价信息以及直流配电中心与交流电网之间最大互联功率约束等，以微电网净收益最大化为优化运行目标)，确定互联 DC-AC 和 DC-DC 变流器的功率调度指令 $P_{IC,ac}^*$ 和 $P_{IC,dc}^*$。

②确定上述功率指令后，便可确定并网型交直流混合微电网与外部电网之间的联络总功率 $P_{s,MV}$；此时图 8.25 所示中压直流上层集中控制器则以配电网网损最小或多交流馈线间负载均衡[11,12]等为目标开展优化调度，优化联络总功率 $P_{s,MV}$ 在多互联 DC-AC 变流器之间的功率分配。

模式 II：

①在该模式下，故障微电网与中压直流母线之间的互联功率由微电网内部功率单元出力决定，但该微电网上层集中控制器有必要接收并网型交直流混合微电网上层集中控制器下发的最大互联功率约束指令，通过削减新能源出力或减小负荷等措施保证系统满足功率约束条件；正常微电网与直流配电中心的互联功率仍按照模式 I 下步骤(a)所示方法得到。

②确定互联 DC-AC 和 DC-DC 变流器的出力后，并网型交直流混合微电网上层集中控制器根据模式 I 下步骤(b)所述方法优化分配各互联 DC-AC 变流器功率。

模式Ⅲ：

①当各子微电网平衡单元均正常，且工作在独立运行模式时，互联 DC-AC 和 DC-DC 变流器的传输功率为零，各子微电网上层集中控制器的控制目标是维持子微电网系统在短时内的实时功率平衡，防止储能电池(作为平衡单元)过冲过放，保证系统的电压和频率稳定(或者直流母线电压的稳定)。

②当各子微电网平衡单元均正常，且工作在互联运行模式时，仍可通过区域协调控制确定互联 DC-AC 和 DC-DC 变流器的功率调度指令 $P_{IC,ac}^*$ 和 $P_{IC,dc}^*$，需要注意的是，此时两互联装置的功率调度指令应满足功率平衡关系 $P_{IC,ac}^* + P_{IC,dc}^* = 0$。

③当有微电网平衡单元故障需要支撑时，故障微电网与正常微电网之间的互联功率由故障微电网内的功率单元出力决定，此时对于正常微电网来说，故障微电网可看成一个功率单元。

本节对并网型交直流混合微电网各子系统上层集中控制器的主要功能进行了简要分析，由于篇幅限制，本节将不再给出具体的优化控制实施方式(需要根据实际优化运行目标来确定)。需要指出的是，基于本节所提出的多模式统一控制框架，不同上层优化控制算法可与本节所提出的各子系统就地控制兼容。

3. 仿真验证

1)仿真系统

为验证本节第二部分提出的并网型交直流混合微电网多模式统一控制方法的准确性，这里首先建立如图 8.28 所示包含各子系统母线电压(频率)动态特性及就地控制环节的简化模型。

在该简化模型中，中压直流母线电压和直流微电网电压动态特性描述为

$$
\begin{cases}
K_{e,MV}\dot{u}_{MV} = P_{s,MV} + P_{IC,ac} + P_{IC,dc} \\
K_{e,dc}\dot{u}_{dc} = P_{s,dc} + P_{p,dc} - P_{IC,dc}
\end{cases}
\tag{8.38}
$$

式中，$K_{e,MV} = C_{MV}U_{B,MV}^2/P_B$；$K_{e,dc} = C_{dc}U_{B,dc}^2/P_B$。$C_{MV}$ 和 C_{dc} 分别表示中压直流母线区域和直流微电网内等效电容量，$U_{B,dc}$ 为低压直流微电网电压基准值，P_B 为功率基准值。

从图 8.28 中可以看出，不同运行模式下交流微电网具有不同的数学模型：①当交流微电网内平衡单元正常工作时，交流系统频率特性 ω_{ac} 由图 8.26(c)所示控制决定，互联 DC-AC 变流器的输出功率 $P_{IC,ac}$ 由其控制系统决定；②当该平衡单元故障时，交流系统频率特性 ω_{ac} 由互联 DC-AC 变流器控制[图 8.27(a)]决定，此时互联 DC-AC 变流器的输出功率 $P_{IC,ac}$ 由微电网内功率单元出力决定。图 8.28 中，$G_{pll}(s)$ 是由一阶惯性环节表示的锁相环节。

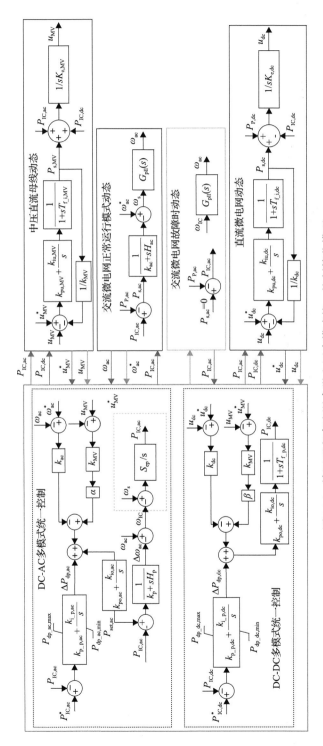

图 8.28　并网型交直流混合微电网多模式统一控制简化模型

$k_{p\_p,ac}$ 和 $k_{i\_p,ac}$—比例系数和积分系数；$P_{dp\_ac,max}$ 和 $P_{dp\_ac,min}$—上下限值；$k_{po,ac}$ 和 $k_{io,ac}$—比例系数和积分系数；$T_{f\_i,MV}$—中压直流母线低通滤波时间常数；$k_{p\_p,dc}$ 和 $k_{i\_p,dc}$—比例系数和积分系数；$P_{p,ac}$—功率单元的输出功率；$k_{p\_p,dc}$ 和 $k_{i\_p,dc}$—比例系数和积分系数；$P_{dp\_dc,max}$ 和 $P_{dp\_dc,min}$—上下限值；$k_{po,dc}$ 和 $k_{io,dc}$—比例系数和积分系数；$T_{f\_p,dc}$—直流功率低通滤波时间常数；$T_{f\_i,dc}$—直流微电网低通滤波时间常数；$P_{p,ac}$—功率单元的输出功率

此外，在图 8.28 简化模型中，中压直流母线、交流微电网和直流微电网内只考虑一个集中平衡单元，保留图 8.26 所示控制方法中下垂控制和直流电压闭环控制动态特性(交流微电网平衡单元只考虑下垂控制特性)，电流环简化为一阶惯性环节。同理，图 8.27 所示互联 DC-AC 和 DC-DC 变流器柔性控制策略中保留外环控制动态特性，内环控制简化为一阶惯性环节。表 8.10 列出了并网型交直流混合微电网多模式统一控制简化模型参数。

表 8.10　并网型交直流混合微电网多模式统一控制简化模型参数

子系统	动态环节	参数	标幺值
中压直流母线	直流电压动态	$K_{e,MV}$	4
	下垂控制	电压设定值 u_{MV}^*	1
		下垂系数 k_{MV}	20
	直流电压环	PI 控制 $(k_{pu,MV}/k_{iu,MV})$	5/200
	一阶惯性环节	$T_{f\_i,MV}$	1ms
交流微电网	下垂控制	频率设定值 ω_{ac}^*	1
		下垂系数 k_{ac}	20
		等效惯量 H_{ac}	0.1s
	锁相环节 $G_{pll}(s)$	时间常数 T_{pll}	1ms
直流微电网	直流电压动态	$K_{e,dc}$	0.01
	下垂控制	电压设定值 u_{dc}^*	1
		下垂系数 k_{dc}	20
	直流电压环	PI 控制 $(k_{pu,dc}/k_{iu,dc})$	5/100
	一阶惯性环节	$T_{f\_i,dc}$	1ms
互联 DC-AC 变流器	功率调度环节	PI 控制 $(k_{p\_p,ac}/k_{i\_p,ac})$	2/10
	功率支撑系数	α	1
	功率闭环控制	PI 控制 $(k_{po,ac}/k_{io,ac})$	0.5/10
	下垂控制	下垂系数 k_p	20
		等效惯量 H_p	0.1s
	功角特性参数	S_{ep}	1000
互联 DC-DC 变流器	功率调度环节	PI 控制 $(k_{p\_p,dc}/k_{i\_p,dc})$	2.5/10
	功率支撑系数	β	1
	功率闭环控制	PI 控制 $(k_{po,dc}/k_{io,dc})$	0.5/10
	一阶惯性环节	$T_{f\_p,dc}$	1ms

需要指出的是：①在简化模型中，通过主动调整柔性互联装置的功率调度指令 $P_{IC,ac}^*$ 和 $P_{IC,dc}^*$ 来模拟区域间协调控制；②在正常仿真过程中，通过强制设置各子系统平衡单元输出功率为零（即 $P_{s,MV}=0$ 或 $P_{s,ac}=0$ 或 $P_{s,dc}=0$），来模拟相应子系统故障，以验证所提互联 DC-AC 和 DC-DC 变流器多模式统一控制方法的有效性。

2) 仿真验证

(1) 仿真工况 1。

该场景主要用于验证如下暂态工况下，本节所提多模式统一控制方法的有效性：①正常运行模式（对应模式Ⅰ）下子系统内功率单元扰动以及互联 DC-AC 和 DC-DC 变流器功率调度指令在线调整；②子微电网内平衡单元退出导致并网型交直流混合微电网实际运行模式从模式Ⅰ切换至主网支撑交/直流微电网模式（即模式Ⅱ）。图 8.29 为互联 DC-AC 和 DC-DC 变流器的实际输出功率波形及其功率调度控制环节输出结果，图 8.30 为各子系统实际电压（或交流频率）及平衡单元输出功率波形。

该场景的具体仿真工况如下：①$t<2.0$s，并网型交直流混合微电网各子系统均正常工作，交流微电网和直流微电网功率单元输出功率分别为 $P_{p,ac}=0.5$p.u. 和 $P_{p,dc}=1.0$p.u.，互联 DC-AC 和 DC-DC 变流器处于待机状态；②$t=2.0$s 时，互联 DC-

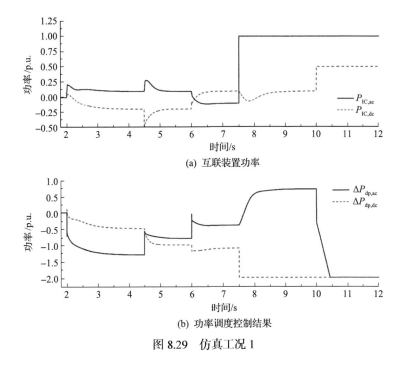

(a) 互联装置功率

(b) 功率调度控制结果

图 8.29　仿真工况 1

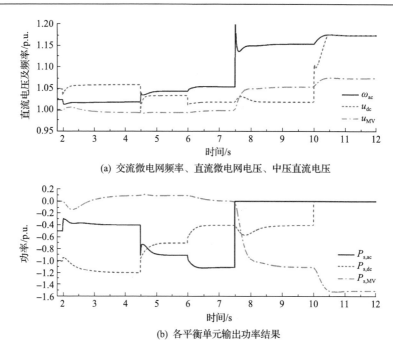

(a) 交流微电网频率、直流微电网电压、中压直流电压

(b) 各平衡单元输出功率结果

图 8.30　仿真工况 1 各子系统实际电压(或交流频率)及平衡单元输出功率波形

AC 和 DC-DC 变流器启动并采用本章所提多模式统一控制方法,其功率调度指令分别为 $P^*_{\mathrm{IC,ac}}$ =1.0p.u.和 $P^*_{\mathrm{IC,dc}}$ =−2.0p.u.;③在 t=4.5s 时,交流微电网和直流微电网功率单元输出功率分别调整为 $P_{\mathrm{p,ac}}$=1.0p.u.和 $P_{\mathrm{p,dc}}$=0.5p.u.,模拟功率扰动;④在 t=6s 时,互联 DC-AC 和 DC-DC 变流器功率调度指令在线调整为 $P^*_{\mathrm{IC,ac}}$ =−1.0p.u.和 $P^*_{\mathrm{IC,dc}}$ =1.0p.u.,模拟区域间协调优化控制;⑤分别在 t=7.5s 和 t=10s,交流微电网和直流微电网平衡单元退出运行,模拟运行模式切换。

　　从仿真结果可以看出:①在正常运行模式下,互联 DC-AC 和 DC-DC 变流器可精确跟踪上层功率调度指令,且能在功率扰动时提供快速暂态功率支撑;②当微电网内平衡单元退出运行时,从图 8.29(b)可以看出,相应互联装置的功率调度控制环节将进入限幅环节(本仿真算例中最大和最小限幅值分别为 2p.u.和−2p.u.,在实际运行中应根据具体情况设定),并基于多模式统一控制,自动进入交流或直流微电网支撑控制模式,此时各微电网内功率单元出力均由并网型交直流混合微电网来平衡。

　　(2)仿真工况 2。

　　该仿真工况主要用于验证并网型交直流混合微电网从模式 I 切换至模式 Ⅲ 时,本节所提多模式统一控制方法的控制性能。图 8.31 所示为互联 DC-AC 和 DC-DC 变流器的实际输出功率波形及其功率调度控制环节输出结果,图 8.32 所示为各子系统实际电压(或交流频率)及平衡单元输出功率波形。

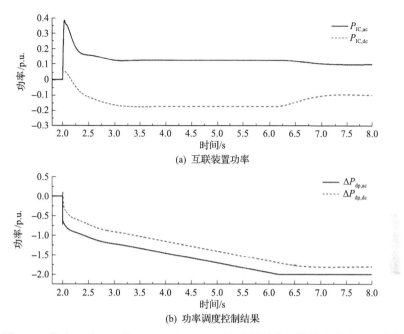

(a) 互联装置功率

(b) 功率调度控制结果

图 8.31　仿真工况 2 互联 DC-AC 和 DC-DC 变流器的实际输出功率波形及其
功率调度控制环节输出结果

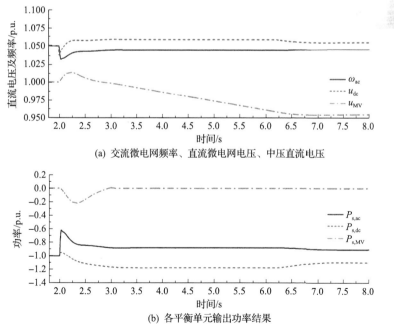

(a) 交流微电网频率、直流微电网电压、中压直流电压

(b) 各平衡单元输出功率结果

图 8.32　仿真工况 2 各子系统实际电压(或交流频率)及平衡单元输出功率波形

　　具体仿真工况如下：①t＜2.0s，并网型交直流混合微电网各子系统均正常工作，交流微电网和直流微电网功率单元输出功率分别为 $P_{p,ac}$=1.0p.u.和 $P_{p,dc}$=1.0p.u.，互联 DC-AC 和 DC-DC 变流器处于待机状态；②在 t=2.0s 时，互联 DC-AC 和 DC-DC 变流器启动多模式统一控制，其功率调度指令分别为 $P^*_{IC,ac}$=0.1p.u.和 $P^*_{IC,dc}$=−0.2p.u.；③在 t=3.0s 时，中压直流母线区域内平衡单元退出运行。

　　从仿真结果可以看出，基于所提多模式统一控制方法，互联 DC-DC 变流器的功率调度控制环节经暂态调节后进入限幅环节，并网型交直流混合微电网从运行模式Ⅰ稳定过渡至交/直流微电网独立运行或相互支撑模式（即模式Ⅲ）。

8.4　本 章 小 结

　　针对不同拓扑形式的交直流微电网柔性互联系统，本章提出了柔性互联交直流微电网多模式统一控制策略。理论分析和仿真验证均表明所提多模式统一控制方法可完全满足各子系统就地控制器通用化和即插即用，仅仅基于就地量测直流电压、频率等信息，即可同时实现多微电网间功率协调控制及多运行模式无缝切换等目标。

参 考 文 献

[1] Lee M, Choi W, Kim H, et al. Operation schemes of interconnected DC microgrids through an isolated bi-directional DC-DC converter[C]. Applied Power Electronics Conference and Exposition, Charlotte, 2015.

[2] Li X L, Guo L, Li Y W, et al. Flexible interlinking and coordinated power control of multiple DC microgrids clusters[J]. IEEE Transactions on Sustainable Energy, 2018, 9(2): 904-915.

[3] Lu X N, Guerrero J M, Sun K, et al. Hierarchical control of parallel AC-DC converter interfaces for hybrid microgrids [J]. IEEE Transactionson Smart Grid, 2014, 5(2): 683-692.

[4] 陆晓楠, 孙凯, Josep G, 等. 适用于交直流混合微电网的直流分层控制系统[J]. 电工技术学报, 2013, 28(4): 35-42.

[5] Guo L, Zhang S H, Li X L, et al. Stability analysis and damping enhancement based on frequency-dependent virtual impedance for DC microgrids [J]. IEEE Journal of Emerging and Selected Topics in Power Electronics, 2017, 5(1): 338-350.

[6] 吕志鹏, 盛万兴, 钟庆昌, 等. 虚拟同步发电机及其在微电网中的应用[J]. 中国电机工程学报, 2014, 34(16): 2591-2603.

[7] 陆晓楠, 孙凯, 黄立培, 等. 直流微电网储能系统中带有母线电压跌落补偿功能的负荷功率动态分配方法[J]. 中国电机工程学报, 2013, 33(16): 37-46.

[8] Shafiee Q, Guerrero J M, Vasquez J C. Distributed secondary control for islanded microgrids—A novel approach[J]. IEEE Transactions on Power Electronics, 2014, 29(2): 1018-1031.

[9] 王成山, 宋关羽, 李鹏, 等. 一种联络开关和智能软开关并存的配电网运行时序优化方法[J]. 中国电机工程学报, 2016, 36(9): 2315-2321.

[10] 刘一欣, 郭力, 王成山. 多微电网参与下的配电侧电力市场竞价博弈方法[J]. 电网技术, 2017, 41(8): 2470-2477.

[11] 苗丹, 刘天琪, 王顺亮, 等. 含柔性直流电网的交直流混联系统潮流优化控制[J]. 电力系统自动化, 2017, 41(12): 70-76.

[12] 齐琛, 汪可友, 李国杰,等. 交直流混合主动配电网的分层分布式优化调度[J]. 中国电机工程学报, 2017, 7(7): 1909-1917.

第9章 柔性互联微电网分布式优化调度

9.1 概 述

含高比例分布式光伏等可再生能源和储能系统的微电网已成为偏远地区供电的重要方式之一。由于可再生能源出力的随机性和用户负荷的波动性，单一独立微电网供电可靠性较低而供电成本较高。如果将距离较近的独立微电网互联运行，可以实现不同微电网之间的资源互补，保证微电网内部可再生能源消纳，同时加大微电网备用容量，提高整体供电系统运行的安全性和可靠性。

本章研究柔性互联的独立微电网系统的分布式优化协调控制方法，9.2 节介绍柔性互联微电网分布式优化模型，9.3 节给出模型的求解方法，9.4 节针对简单互联微电网进行算例验证，9.5 节对本章内容进行总结。

9.2 柔性互联微电网分布式优化模型

9.2.1 柔性互联微电网架构

柔性互联微电网架构如图 9.1 所示。微电网通过变流器柔性互联，各微电网内部包括柴发(DGS)、光伏单元、储能系统(ESS)和用户负荷(LD)等装置。

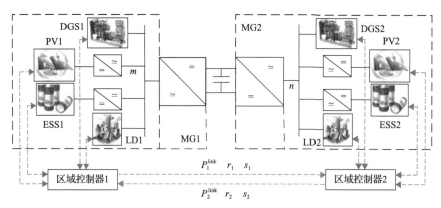

图 9.1 柔性互联微电网架构

微电网内以储能装置为根节点主电源，维持微电网内电压和频率稳定，柴发和光伏单元为功率源。正常运行条件下，为了保持功率平衡，柔性互联装置采取

PQ-u$_{dc}$Q 控制模式,即一个变流器定有功功率和无功功率,另一个变流器定直流电压和无功功率。通过这种柔性互联和变流器的协调控制,可实现相邻微电网之间的功率支撑。例如,微电网 1(MG1)内的 DGS1 和储能系统发生故障退出运行时,通过故障侧互联变流器控制模式由定功率转换为定交流电压模式,柔性互联节点可等效为新的平衡节点,为故障区域微电网提供电压和频率支撑,保证部分负荷的不间断供电。具体实现可参考文献[1]所提的无缝切换策略。

柔性互联微电网优化调度包括微电网内部自治控制和微电网之间的协调控制。区域控制器负责微电网内部的自治控制,优化光伏单元、储能装置和柴发等的功率,同时与相连微电网通过边界信息实现区域协调。微电网内部区域控制器与相连微电网内部区域控制器采用点对点通信,交换区域边界有功功率和区域迭代残差,具体交互流程将在 9.3.2 节介绍。

9.2.2 分布式优化建模

1)目标函数

柔性互联的微电网系统含多项运行成本,包括线路网损和互联网损成本 f_1、柴发运行成本 f_2、储能系统充放电成本 f_3、光伏单元削减成本 f_4 和切负荷成本 f_5,因此目标函数为柔性互联微电网系统的总运行成本最小,如式(9.1a)所示。

$$\min f_{MG} = f_1 + f_2 + f_3 + f_4 + f_5 \tag{9.1a}$$

(1)线路网损和互联网损成本:

$$f_1 = c_{loss} P_{loss}^{inside} + c_{loss} P_{loss}^{link} \tag{9.1b}$$

式中,c_{loss} 为网损成本系数,即单位功率网损成本;P_{loss}^{inside} 和 P_{loss}^{link} 分别为微电网内部网络损耗和互联装置损耗。

(2)柴发运行成本。

以二次曲线近似表示柴发的运行成本,如式(9.1c)所示:

$$f_2 = \sum_{j=1}^{N} (a + bP_{DGSj} + cP_{DGSj}^2) \tag{9.1c}$$

式中,N 为总节点数;P_{DGSj} 为节点 j 柴发输出的有功功率;a、b 和 c 为成本系数。

(3)储能系统充放电成本:

$$f_3 = c_{bat}(P_{ch} + P_{dis}) \tag{9.1d}$$

式中,P_{ch} 和 P_{dis} 分别为储能系统的充电功率和放电功率;c_{bat} 为充放电成本系数,即单位功率充放电成本。

(4)光伏单元削减成本：

$$f_4 = c_{ctl} \sum_{j=1}^{N} P_{ctl\,j} \tag{9.1e}$$

式中，$P_{ctl\,j}$ 为节点 j 光伏单元削减的有功功率；c_{ctl} 为削减成本系数，即单位功率削减成本。

(5)切负荷成本：

$$f_5 = c_{dec} \sum_{j=1}^{N} P_{dec\,j} \tag{9.1f}$$

式中，$P_{dec\,j}$ 为节点 j 切负荷有功功率；c_{dec} 为切负荷单位功率成本。

2)约束条件

(1)潮流约束。

潮流约束采用基于 DistFlow[2] 的支路潮流模型：

$$\begin{cases} \sum_{i:i \to j} (P_{ij} - R_{ij} I_{ij}^2) - P_j = \sum_{l:j \to l} P_{jl} \\ \sum_{i:i \to j} (Q_{ij} - X_{ij} I_{ij}^2) - Q_j = \sum_{l:j \to l} Q_{jl} \\ U_j^2 = U_i^2 - 2(R_{ij} P_{ij} + X_{ij} Q_{ij}) + (R_{ij}^2 + X_{ij}^2) I_{ij}^2 \end{cases} \tag{9.2a}$$

$$\begin{cases} P_j = P_{L\,j} - P_{dec\,j} - \overline{P}_{PV\,j} + P_{ctl\,j} - P_{DGS\,j} \\ Q_j = Q_{L\,j} - Q_{dec\,j} - Q_{PV\,j} - Q_{DGS\,j} \end{cases} \tag{9.2b}$$

$$I_{ij}^2 = \frac{P_{ij}^2 + Q_{ij}^2}{U_i^2} \tag{9.2c}$$

式中，I_{ij} 为从上游节点 i 向节点 j 流出的电流；U_i 和 U_j 为节点 i 和节点 j 的电压幅值；P_{ij}、Q_{ij} 为从上游节点 i 向节点 j 流出的有功功率和无功功率，节点间关系可表示为 $i \to j$；P_j 和 Q_j 为节点 j 净负荷的有功功率和无功功率；R_{ij} 和 X_{ij} 为节点 i 和节点 j 间线路的电阻值和电抗值；$P_{L\,j}$ 和 $Q_{L\,j}$ 为节点 j 负荷的有功功率和无功功率；$\overline{P}_{PV\,j}$ 为节点 j 光伏有功输出功率的最大功率点值；$Q_{PV\,j}$ 为节点 j 光伏的无功输出功率；$Q_{dec\,j}$ 为节点 j 切负荷无功功率；$Q_{DGS\,j}$ 为节点 j 柴发的无功输出功率。

(2) 节点电压约束。

对于不同电压等级的独立微电网，其电压水平应满足上下限约束：

$$U_1 = U_{\text{ref}} \tag{9.3a}$$

$$(1-\varepsilon)U_{\text{ref}} \leqslant U_j \leqslant (1+\varepsilon)U_{\text{ref}} \tag{9.3b}$$

式中，U_1 为区域首节点电压幅值；U_{ref} 为区域节点电压参考值；ε 为节点电压的最大允许偏差。

(3) 光伏单元运行约束：

$$Q_{\text{PV}j} \leqslant (\bar{P}_{\text{PV}j} - P_{\text{ctl}j})\tan\theta \tag{9.4}$$

式中，$\theta = \text{arccos}\,\text{PF}_{\text{min}}$ 对应最小功率因数 PF_{min} 时的角度。

(4) 储能系统约束：

$$0 \leqslant P_{\text{ch}} \leqslant P_{\text{ch}}^{\text{max}}\eta_{\text{ch}}\mu_{\text{ch}} \tag{9.5a}$$

$$0 \leqslant P_{\text{dis}} \leqslant P_{\text{dis}}^{\text{max}}\eta_{\text{dis}}\mu_{\text{dis}} \tag{9.5b}$$

$$\mu_{\text{ch}} + \mu_{\text{dis}} \leqslant 1 \tag{9.5c}$$

式中，$P_{\text{ch}}^{\text{max}}$ 和 $P_{\text{dis}}^{\text{max}}$ 分别为根节点储能系统的充电和放电功率最大值；η_{ch} 和 η_{dis} 分别为 ESS 充电和放电效率；逻辑变量 μ_{ch} 和 μ_{dis} 分别为 ESS 充电和放电标志，取 1 时表示储能系统运行在相应的状态，式 (9.5c) 保证了储能系统在同一时刻只运行在一种工作状态。

(5) 柴发运行约束。

柴发需要满足功率上下限约束、爬坡约束和备用约束：

$$P_{\text{DGS}j}^{\text{min}} < P_{\text{DGS}j} < P_{\text{DGS}j}^{\text{max}} \tag{9.6a}$$

$$P_{\text{DGS}j}^{t} - P_{\text{DGS}j}^{t-1} \leqslant U_{\text{DGS}j} \tag{9.6b}$$

$$P_{\text{DGS}j}^{t-1} - P_{\text{DGS}j}^{t} \leqslant D_{\text{DGS}j} \tag{9.6c}$$

$$\sum_{j=1}^{N} P_{\text{DGS}j}^{\text{max}} + \sum_{j=1}^{N} \bar{P}_{\text{PV}j} + P_{\text{dis}}^{\text{max}}\eta_{\text{dis}} \geqslant \sum_{j=1}^{N} P_{\text{L}j} + S_{\text{R}} \tag{9.6d}$$

式中，$P_{\text{DGS}j}^{\text{max}}$ 和 $P_{\text{DGS}j}^{\text{min}}$ 为节点 j 柴发有功功率出力的上下限；$U_{\text{DGS}j}$ 和 $D_{\text{DGS}j}$ 分别为

节点 j 柴发提高和降低功率输出的最大功率调节量；S_R 为运行备用容量。

(6)柔性互联装置约束。

柔性互联装置的两侧为交流环节，连接交流微电网，经变流器转化为中间直流环节。柔性互联装置的控制变量包括两个变流器的有功功率和无功功率。运行约束包括功率约束和容量约束。

①柔性互联装置有功功率约束：

$$P_m^{\text{link}} + P_n^{\text{link}} + P_m^{\text{link,loss}} + P_n^{\text{link,loss}} = 0 \tag{9.7a}$$

$$P_m^{\text{link,loss}} = A_m^{\text{link}} \sqrt{(P_m^{\text{link}})^2 + (Q_m^{\text{link}})^2} \tag{9.7b}$$

$$P_n^{\text{link,loss}} = A_n^{\text{link}} \sqrt{(P_n^{\text{link}})^2 + (Q_n^{\text{link}})^2} \tag{9.7c}$$

式中，P_m^{link}、Q_m^{link} 和 P_n^{link}、Q_n^{link} 分别为图 9.1 所示的柔性互联装置节点 m 和节点 n 输出的有功功率和无功功率；$P_m^{\text{link,loss}}$ 和 $P_n^{\text{link,loss}}$ 分别为对应的网损；A_m^{link} 和 A_n^{link} 为网损系数。由于变流器运行方式不同，上述功率值只有一侧是优化变量，另一侧只是计算变量。

②柔性互联装置无功功率约束：

$$\underline{Q}_m^{\text{link}} \leqslant Q_m^{\text{link}} \leqslant \overline{Q}_m^{\text{link}} \tag{9.8a}$$

$$\underline{Q}_n^{\text{link}} \leqslant Q_n^{\text{link}} \leqslant \overline{Q}_n^{\text{link}} \tag{9.8b}$$

式中，$\overline{Q}_m^{\text{link}}$、$\underline{Q}_m^{\text{link}}$ 和 $\overline{Q}_n^{\text{link}}$、$\underline{Q}_n^{\text{link}}$ 分别为柔性互联装置两侧节点 m 和节点 n 输出的无功功率的上下限。

③柔性互联装置容量约束：

$$\sqrt{(P_m^{\text{link}})^2 + (Q_m^{\text{link}})^2} \leqslant S_m^{\text{link}} \tag{9.9a}$$

$$\sqrt{(P_n^{\text{link}})^2 + (Q_n^{\text{link}})^2} \leqslant S_n^{\text{link}} \tag{9.9b}$$

式中，S_m^{link} 和 S_n^{link} 分别为柔性互联装置两侧节点 m 和节点 n 处变流器的容量。

柔性互联装置的网损约束和容量约束可以改写为如下所示的二阶锥形式：

$$\left\| \begin{matrix} P_m^{\text{link}} \\ Q_m^{\text{link}} \end{matrix} \right\| \leqslant \frac{P_m^{\text{link,loss}}}{A_m^{\text{link}}} \tag{9.10a}$$

$$\left\| \begin{matrix} P_n^{\text{link}} \\ Q_n^{\text{link}} \end{matrix} \right\| \leqslant \frac{P_n^{\text{link,loss}}}{A_n^{\text{link}}} \tag{9.10b}$$

$$\left\| \begin{matrix} P_m^{\text{link}} \\ Q_m^{\text{link}} \end{matrix} \right\| \leqslant S_m^{\text{link}} \tag{9.10c}$$

$$\left\| \begin{matrix} P_n^{\text{link}} \\ Q_n^{\text{link}} \end{matrix} \right\| \leqslant S_n^{\text{link}} \tag{9.10d}$$

式(9.10a)～式(9.10d)将柔性互联装置约束均转化为凸约束,可以被成熟的优化方法有效求解。

9.3 模型求解方法

9.3.1 交替方向乘子法

分布式优化算法需要在等式一致性约束 $x_1 = x_2 = \cdots = x_n$ 的限制下寻优,根据对其处理方法的不同,主要包括原始域算法、对偶域算法和原始-对偶算法等。基于交替方向乘子法(ADMM)的对偶分布式优化算法,将原始全局优化大问题分解为相对独立的规模较小的对等问题,能够通过对几组不同变量进行对偶迭代使得等式一致性约束得到满足,得到全局最优解,在电力系统分布式优化中有较好的应用[3],适用于求解本章的分区协调控制问题。

1. 增广拉格朗日乘子法简介

设 $\mathcal{U} \subset \mathbb{R}^n$ 是闭凸集, $\theta(\cdot): \mathbb{R}^n \to \mathbb{R}$ 是凸函数, $\mathcal{A} \in \mathbb{R}^{m \times n}$, $b \in \mathbb{R}^m$。具有线性约束的凸优化问题可用式(9.11)描述:

$$\min \left\{ \theta(u) \middle| \mathcal{A}u = b, u \in \mathcal{U} \right\} \tag{9.11}$$

引入拉格朗日乘子 λ,则其拉格朗日函数如下:

$$\mathcal{L}(u, \lambda) = \theta(u) - \lambda^{\text{T}}(\mathcal{A}u - b) \tag{9.12}$$

求解式(9.11)的一类经典方法是增广拉格朗日乘子法(augmented Lagrangian method, ALM)[4]。其中,第 k 步迭代从给定的 λ^k 开始,通过

$$u^{k+1} = \arg \min \left\{ L(u, \lambda^k) + \frac{\beta}{2} \left\| \mathcal{A}u - b \right\|^2 \middle| u \in \mathcal{U} \right\} \tag{9.13a}$$

$$\lambda^{k+1} = \lambda^k - \beta(\mathcal{A}u^{k+1} - b) \tag{9.13b}$$

求得新的迭代点 $\omega^{k+1} = (u^{k+1}, \lambda^{k+1})$，其中 β 是给定的常数。

2. 交替方向乘子法原理

工程中有些优化问题可以归结为如式 (9.14) 所示的一个有两个可分离算子的凸优化问题。

$$\min \left\{ \theta_1(x) + \theta_2(y) \big| Ax + By = b, x \in \mathcal{X}, y \in \mathcal{Y} \right\} \tag{9.14}$$

式 (9.14) 相当于在式 (9.11) 中，置 $n = n_1 + n_2$，$\mathcal{X} \subset \mathbb{R}^{n_1}$，$\mathcal{Y} \subset \mathbb{R}^{n_2}$，$\mathcal{U} = \mathcal{X} \times \mathcal{Y}$。目标函数分解为两个凸函数 $\theta(u) = \theta_1(x) + \theta_2(y)$，$\theta_1(x): \mathbb{R}^{n_1} \to \mathbb{R}$，$\theta_2(y): \mathbb{R}^{n_2} \to \mathbb{R}$。矩阵 $\mathcal{A} = (A, B)$，其中 $A \in \mathbb{R}^{m \times n_1}$，$B \in \mathbb{R}^{m \times n_2}$。

式 (9.14) 的增广拉格朗日函数如式 (9.15) 所示：

$$\mathcal{L}_\beta(x, y, \lambda) = \theta_1(x) + \theta_2(y) - \lambda^{\mathrm{T}}(Ax + By - b) + \frac{\beta}{2}\|Ax + By - b\|^2 \tag{9.15}$$

根据式 (9.13)，求解式 (9.14) 的 ALM 的第 k 步迭代从给定的 λ^k 开始，求得

$$(x^{k+1}, y^{k+1}) = \arg\min \left\{ \mathcal{L}_\beta(x, y, \lambda^k) \big| x \in \mathcal{X}, y \in \mathcal{Y} \right\} \tag{9.16a}$$

$$\lambda^{k+1} = \lambda^k - \beta(Ax^{k+1} + By^{k+1} - b) \tag{9.16b}$$

式 (9.16) 没有利用问题的可分离结构，子问题难以求解。因此考虑将子问题 (x, y) 通过松弛分开求解，得到交替方向乘子法。其中第 k 步迭代从给定的 (y^k, λ^k) 开始，通过式 (9.17a)～式 (9.17c) 得到，完成一次迭代。

$$x^{k+1} = \arg\min \left\{ \theta_1(x) - (\lambda^k)^{\mathrm{T}} Ax + \frac{\beta}{2}\|Ax + By^k - b\|^2 \big| x \in \mathcal{X} \right\} \tag{9.17a}$$

$$y^{k+1} = \arg\min \left\{ \theta_2(y) - (\lambda^k)^{\mathrm{T}} By + \frac{\beta}{2}\|Ax^{k+1} + By - b\|^2 \big| y \in \mathcal{Y} \right\} \tag{9.17b}$$

$$\lambda^{k+1} = \lambda^k - \beta(Ax^{k+1} + By^{k+1} - b) \tag{9.17c}$$

由此可以看出，交替方向乘子法实际上是处理可分离结构型优化问题式 (9.14) 的松弛了的 ALM。相似地，交替方向乘子法可以推广到多个目标函数之和的最值问题，应用于分布式优化算法领域。

交替方向乘子法收敛的条件可以通过判断原始残差和对偶残差大小来实现。原始变量定义为

$$r^{k+1} = Ax^{k+1} + By^{k+1} - b \tag{9.18a}$$

相应地，原始残差定义为原始变量的无穷范数。对偶变量定义为

$$s^{k+1} = \beta A^{\mathrm{T}} B(y^{k+1} - y^k) \tag{9.18b}$$

对偶残差定义为对偶变量的无穷范数。收敛条件为

$$\left\| \begin{matrix} r^{k+1} \\ s^{k+1} \end{matrix} \right\|_{\infty} \leqslant \varepsilon \tag{9.19}$$

式中，ε 为设定的残差阈值。

9.3.2　分布式协调优化求解流程

根据上述理论，以柔性互联装置的直流侧为界将互联微电网分区，即每个独立微电网加相连柔性互联装置的交流侧为一个控制区域，如图 9.1 所示。不同区域之间只需保证如式(9.7a)所示的有功平衡一致性约束即可，所以区域间的交换变量只有边界有功功率。式(9.7a)可以改写为

$$P_m^{\mathrm{link}} + P_m^{\mathrm{link,loss}} = P^{\mathrm{link}}, \quad P_n^{\mathrm{link}} + P_n^{\mathrm{link,loss}} = -P^{\mathrm{link}} \tag{9.20}$$

式中，P^{link} 为柔性互联装置两端有功功率的全局值。

本章采用 ADMM 实现区域间的分布式协调优化，对于图 9.1 所示柔性互联微电网系统，以 MG1 为例，令 λ^P 表示区域边界有功功率的拉格朗日乘子，ρ 表示惩罚因子，则式(9.1a)的增广拉格朗日函数可表示为

$$\mathscr{L}_{\mathrm{MG1}}^{\mathrm{ADMM}} = f_{\mathrm{MG1}} + \frac{\rho}{2}(P_m^{\mathrm{link}} + P_m^{\mathrm{link,loss}} - P^{\mathrm{link}})^2 + \lambda^P (P_m^{\mathrm{link}} + P_m^{\mathrm{link,loss}} - P^{\mathrm{link}}) \tag{9.21}$$

式中，f_{MG1} 为 MG1 的优化目标。

各个独立微电网根据微电网内部资源进行独立并行优化，得到储能系统充放电功率和柴发输出功率等的最优解，以及区域边界的有功功率，并与经柔性互联装置相连的相邻微电网交换区域边界有功功率信息，然后按照式(9.22)更新区域边界数据的全局值：

$$P^{\mathrm{link}(k+1)} = \left(P_m^{\mathrm{link}(k+1)} + P_m^{\mathrm{link,loss}(k+1)} - P_n^{\mathrm{link}(k+1)} - P_n^{\mathrm{link,loss}(k+1)} \right) \Big/ 2 \tag{9.22}$$

在得到柔性互联装置两侧有功功率全局值后，可以计算得到 ADMM 的原始残差和对偶残差，其表达式如下：

$$r_1^{k+1} = \left| P^{\text{link}(k+1)} + P_m^{\text{link}(k+1)} - P_m^{\text{link,loss}(k+1)} \right| \tag{9.23a}$$

$$s_1^{k+1} = \left| P^{\text{link}(k+1)} - P^{\text{link}(k)} \right| \tag{9.23b}$$

其中，r_1^{k+1} 和 s_1^{k+1} 分别为 MG1 第 $k+1$ 次迭代时的原始残差和对偶残差，$k \geq 0$。

此后，基于区域边界有功功率信息，各个区域按照式(9.24)更新区域边界数据的朗格朗日乘子：

$$\lambda^{P(k+1)} = \lambda^{P(k)} + \rho \left(P^{\text{link}(k+1)} - P_m^{\text{link}(k+1)} - P_m^{\text{link,loss}(k+1)} \right) \tag{9.24}$$

柔性互联微电网的分布式协调优化过程具体流程如下。

(1)初始化：将微电网运行的实测数据作为全局变量初始值，得到 $P^{\text{link}(0)}$，令初始拉格朗日乘子为 0，$k=0$。

(2)微电网自治优化：MG1 和 MG2 分别求解各自的优化模型式(9.1)~式(9.10)，得到决策变量和交互变量。此后，区域控制器 1 将虚拟有功负荷 $P_m^{\text{link}(k+1)}$ 和 $P_m^{\text{link,loss}(k+1)}$ 发送至区域控制器 2，同时接收后者发送的区域传输有功功率 $P_n^{\text{link}(k+1)}$ 和 $P_n^{\text{link,loss}(k+1)}$。

(3)全局变量和拉格朗日乘子更新：各区域控制器根据式(9.22)更新区域传输有功功率全局变量。之后，根据式(9.24)更新相应的拉格朗日乘子。

(4)残差更新及迭代终止判定：根据式(9.23)分别计算得到 MG1 和 MG2 优化问题的原始残差 r_1^{k+1}、r_2^{k+1} 和对偶残差 s_1^{k+1}、s_2^{k+1}，并发送各自的残差至相邻微电网区域控制器。若全局残差的无穷范数小于给定的收敛阈值，则停止迭代，得到最优解。否则，令 $k=k+1$，返回步骤(2)。

9.4　仿　真　案　例

为了验证上述柔性互联微电网系统优化调度方法的有效性，选取如图 9.2 所示互联微电网。两个独立微电网均为 IEEE 33 节点网络，分别在不同节点位置装设光伏单元、柴发和储能系统。储能系统接入节点即节点 1 为平衡节点。

选取某典型日进行调度仿真，负荷需求和光伏出力如图 9.3 所示。系统参数设置如表 9.1 所示。光伏单元和储能系统的成本系数由安装成本折算，柴发的成本系数用实验二次曲线近似表示，柔性互联装置的成本系数选择经验值，切负荷成本系数设定为 2.0。

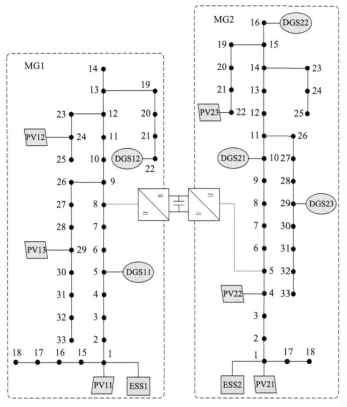

图 9.2　IEEE 33 节点网络构成的互联微电网系统

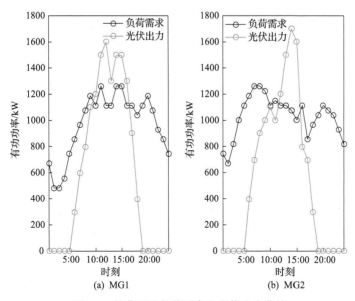

(a) MG1　　　　　　　　(b) MG2

图 9.3　某典型日负荷需求和光伏出力曲线

表 9.1　系统参数设置

设备	功率范围/kW，容量/(kV·A)	成本系数
PV 削减	0～800，800	1.0
DGS	30～540，600	$4\times10^{-4}/0.8/300$
ESS1	0～300，1000	0.5
柔性互联装置	0～500，500	0.014

调度结果如图 9.4～图 9.6 和表 9.2 所示。图 9.4 为柔性互联装置的传输功率，图 9.5 为系统各设备有功功率和无功功率，图 9.6 为残差收敛过程示例，表 9.2 为系统总运行成本。

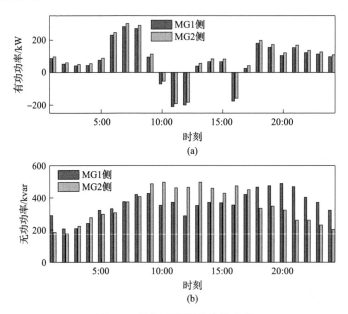

图 9.4　柔性互联装置传输功率

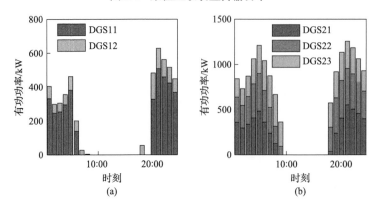

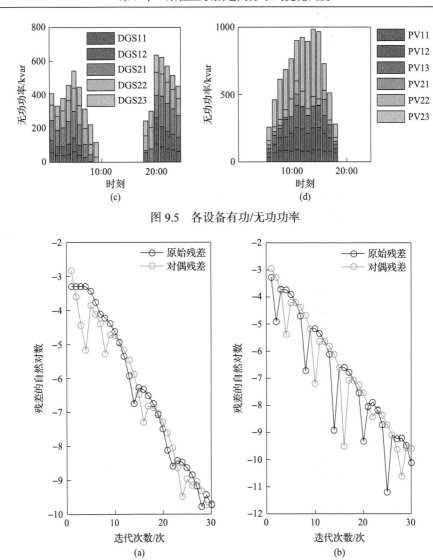

图 9.5　各设备有功/无功功率

图 9.6　残差收敛过程示例

表 9.2　典型日系统总运行成本　　　　　　　　　（单位：元）

时刻	损耗	柴发	储能系统充放电	光伏削减	切负荷	总成本
1:00	7.16	2645.14	0	0	0	2652.30
2:00	5.60	2423.45	0	0	0	2429.05
3:00	6.16	2572.27	0	0	0	2578.43
4:00	7.36	2825.84	0	0	0	2833.20
5:00	8.98	3103.12	0	0	0	3112.10

续表

时刻	损耗	柴发	储能系统充放电	光伏削减	切负荷	总成本
6:00	11.15	2649.94	0	0	0	2661.09
7:00	13.30	2028.34	0	0	0	2041.64
8:00	14.00	1807.50	0	0	0	1821.50
9:00	13.13	923.06	0	0	0	936.19
10:00	12.03	0	4.33	0	0	16.36
11:00	12.97	0	8.60	0	0	21.57
12:00	11.90	0	259.46	0	0	271.36
13:00	11.94	0	260.27	0	0	272.21
14:00	11.79	0	300.00	209.61	0	521.40
15:00	11.36	0	300.00	189.13	0	500.49
16:00	12.54	0	102.68	0	0	115.22
17:00	12.23	0	211.99	0	0	224.22
18:00	12.44	1763.55	300.00	0	0	2075.99
19:00	12.43	1753.90	300.00	0	1324.14	3390.47
20:00	11.82	3020.57	204.70	0	0	3237.09
21:00	11.26	3340.08	9.10	0	0	3360.44
22:00	10.02	3184.08	0	0	0	3194.10
23:00	9.11	2996.41	0	0	0	3005.52
24:00	7.94	2783.03	0	0	0	2790.97
总计	258.62	39820.28	2261.13	398.74	1324.14	44062.92

图 9.4(a)为柔性互联装置传输的有功功率，图 9.4(b)为无功功率。有功功率为正时表示由 MG2 向 MG1 输出功率，无功功率为正时表示发出无功。由于转换损耗等，柔性互联装置两侧存在有功功率差。装置两侧均作为无功源，向系统提供无功支持。

图 9.5(a)和(b)分别表示 MG1 和 MG2 中的柴发出力；图 9.5(c)和(d)分别表示系统柴发无功出力和光伏无功出力。可以看出，柴发出力基本与光伏出力互补，满足负荷需求。

图 9.6 表示 16h 和 19:00 优化迭代过程中原始残差和对偶残差的变化情况。可以看到，经过迭代后 ADMM 算法协调收敛，区域边界有功功率的原始残差和对偶残差都趋近于零，得到平衡后的柔性互联装置传输功率。

分析调度仿真结果可以发现，典型日中有如下几个场景。

(1)场景一：白天晴朗时，一个微电网光伏出力过剩，另一个光伏出力不足。此时柔性互联装置可以将一侧微电网多余的有功功率传输至缺额侧，避免启动柴油机组，如 10:00、11:00 和 16:00。

在 16:00，由图 9.3 可知 MG1 光伏出力大于负荷需求，剩余约 185.5kW，而 MG2 光伏出力小于负荷需求，缺额约 314.5kW。如果微电网独立运行，这种场景下 MG1 需要将全部的剩余功率储存起来，而 MG2 在储能放电的基础上仍需要启动柴发保证可靠供电。由于光伏发电成本低于柴发发电成本，经过柔性互联微电网系统的协调优化，MG1 在满足自身内部负荷需求后，将部分功率转移输送至 MG2 供能，如图 9.4 所示。MG1 输送的功率约为 176.6kW，MG2 接收的功率约为 158.7kW，多余的能量消耗在柔性互联装置内部的交直流转化过程中。此外，MG2 中储能放电功率约为 205.5kW，补充剩余的功率缺额。

(2)场景二：晴朗白天负荷需求较小时所有微电网光伏出力都过剩，储能系统充电，如果达到储能容量上限或超过充电功率上限则削减光伏有功，如 12:00、13:00、14:00 和 15:00。

在 12:00，由图 9.3 可知 MG1 和 MG2 的光伏出力均大于负荷需求，多余的能量储存在本地储能系统中，但 MG1 内部储能达到最大充电功率后仍有能量剩余，MG2 的储能充电功率还未达到最大值。因此，MG1 剩余的能量通过柔性互联装置向 MG2 输送 200.5kW，在输送过程中存在损耗约 17kW，如图 9.4 所示。

图 9.3 中，在 14:00 和 15:00，MG2 中光伏出力分别为 1700kW 和 1600kW，负荷需求为 1077.4kW 和 1003.1kW。此时，储能系统以最大充电功率 300kW 充电，MG2 向 MG1 传输功率 84.4kW 和 83.8kW，但是仍存在光伏出力剩余，因此存在约 209.6kW 和 189.1kW 的光伏削减。

(3)场景三：夜间无光或白天光伏出力不足，某微电网的柴发因故障无法运行，另一个微电网的柴发增加出力，柔性互联装置以最大容量传输能量，减少切负荷功率，如 19:00。

在 19:00，MG1 和 MG2 中储能系统均以最大放电功率 300kW 运行，但是仍无法满足用户负荷需求，因此需要启动柴发进行供电。如图 9.5 所示，MG1 中的柴发由于故障退出运行，因此 MG2 中的柴发以较大出力运行，多余部分通过柔性互联装置输送到 MG2，约 173kW，如图 9.4 所示。依靠柔性互联装置的功率支撑，MG1 切负荷由原来的 814.5kW 下降为 662.1kW。输送有功功率未达到柔性互联装置的最大容量，其原因在于柔性互联装置在 MG1 中柴发故障退出后，需要对 MG1 中的无功负荷进行补偿，占用了总传输容量。

(4)场景四：夜间无光或白天光伏出力不足，微电网内部储能系统放电，放电功率小于负荷需求时启动柴发供电，如其他时刻。

在 17:00，由图 9.3 可知 MG1 和 MG2 的光伏出力均小于负荷需求，但功率缺额较小，分别为 214.5kW 和 154.5kW，小于储能系统最大放电功率，此时储能系统放电即可满足需求；在 18:00~21:00，由于功率缺额较大，需要启动柴发，和储能系统一起供电；在 1:00～9:00 和 22:00～24:00，由于储能系统剩余容量不足，柔性互联微电网系统主要依靠柴发供电，如表 9.2 所示。

　　综上所述，场景一中柔性互联微电网系统中光伏出力过剩的微电网通过柔性互联装置输送功率，避免了光伏出力不足的微电网启用柴发，降低了运行成本；场景二中柔性互联微电网系统中光伏出力过剩的微电网通过柔性互联系统输送功率，虽然增加了损耗成本，但避免了光伏有功功率削减，增加的储能装置存储的能量可在光伏出力较低的其他时刻提供功率支撑；场景三中柴发正常工作的微电网通过柔性互联装置输送功率，可为柴发故障的微电网提供支撑，保障负荷供电，实现总运行成本降低。

9.5　本 章 小 结

　　为了提高微电网的供电可靠性和经济性，本章采用基于变流器的柔性互联方法连接独立微电网。每个微电网与相连的变流器交流侧单独构成一个控制区域，区域内部独立并行优化并交互区域边界有功功率，相连区域之间采用基于交替方向乘子法的分布式优化算法协调控制不同微电网内的资源，经过有限次迭代后收敛，得到各设备的控制量。多余的光伏出力可以充分储存，在需要柴发启用时可以充分利用低成本机组的容量，实现整体系统的安全经济运行。

参 考 文 献

[1]　Li X L, Guo L, Li Y W, et al. A unified control for the DC-AC interlinking converters in hybrid AC/DC microgrids[J]. IEEE Transactions on Smart Grid, 2018, 9 (6): 6540-6553.

[2]　Baran M E, Wu F F. Optimal capacitor placement on radial distribution systems[J]. IEEE Transactions on Power Delivery, 1989, 4 (1): 725-734.

[3]　Shi W, Ling Q, Yuan K, et al. On the linear convergence of the ADMM in decentralized consensus optimization[J]. IEEE Transactions on Signal Process, 2014, 62: 1750-1761.

[4]　何炳生. 我和乘子交替方向法 20 年[J]. 运筹学学报, 2018, 22 (1): 1-31.

第10章 氢能直流微电网多时间尺度优化调度

10.1 概 述

本章主要围绕氢-热-电直流互联系统在并网、非计划离网等多场景下的经济、可靠运行需求，开展能量调度策略研究。目前针对微电网能量调度策略的研究已较为丰富，但鲜有研究考虑微电网未来长周期运行的经济性和可靠性，尤其是考虑微电网运行过程中非计划离网场景下长周期可靠运行的研究更少。对于长周期运行调度问题，其核心难点在于两个层面：①长周期功率预测精度低，无法有效支撑长周期优化调度；②传统基于日前优化的调度策略无法计及未来长周期内源荷匹配失衡和潜在极端场景的影响，难以保障长周期运行的经济性和可靠性。为此，本章提出基于长周期跨时间尺度源荷功率/能量匹配特性评估的氢-热-电直流互联系统多场景经济调度方法，通过评估微电网未来长周期内的源荷匹配特性，动态优化微电网内电解水制氢、燃料电池、电化学储能等的调度方案和负荷动态平移方案，从而提升微电网运行经济性。

10.2 氢能直流微电网跨时间尺度源荷匹配及能量优化

10.2.1 氢能直流微电网架构

本章研究的氢能直流微电网的总体框架如图 10.1 所示，由可再生分布式电

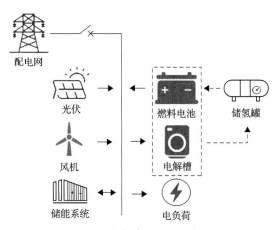

图 10.1 氢能直流微电网架构

源(包括光伏和风机)、储能系统、电负荷、燃料电池、电解槽和储氢罐组成。

10.2.2 源荷功率/能量匹配及多目标优化

本节从能量层面对未来长周期内的源荷匹配开展动态滚动评估。以风光发电和负荷能量预测的结果为基础,同时考虑设备相关运行约束,在最大化可靠供电概率、最小化电网交互电量和最小化负荷转移量等多个目标之间寻求平衡,通过评估第 $i \sim i+n$ 天的能量供需情况优化制定长周期能量分配方案。其中,n 表示和优化周期相关的参数,本章中设置为 7,即优化周期为 168h。

1)目标函数

目标函数如下:

$$\begin{cases} f_1 = \max \sum_{d=i}^{i+n} P_{i,d} \\ f_2 = \min \sum_{d=i}^{i+n} \left(E_{i,d}^{\text{buy}} - E_{i,d}^{\text{sell}} \right) \\ f_3 = \min \sum_{d=i}^{i+n} E_{i,d}^{\text{load,shift-in}} \end{cases} \quad (10.1)$$

式中,$P_{i,d}$ 为第 i 次长周期源荷匹配评估与优化中第 d 天的可靠供电概率;目标函数 f_1 为最大化长周期内的可靠供电概率之和;$E_{i,d}^{\text{buy}}$ 和 $E_{i,d}^{\text{sell}}$ 为第 d 天从配电网购买和出售的电量;目标函数 f_2 为最小化微电网与配电网的交互电量;$E_{i,d}^{\text{load,shift-in}}$ 为第 d 天的负荷转入量;目标函数 f_3 为最小化长周期内的负荷转移量。可靠供电概率 $P_{i,d}$ 由式(10.2)计算:

$$P_{i,d} = \Pr \left\{ \begin{array}{l} E_{i,d}^{\text{PV,p}} + E_{i,d}^{\text{PV,err}} + E_{i,d}^{\text{Wind,p}} + E_{i,d}^{\text{Wind,err}} + E_{i,d}^{\text{buy}} - E_{i,d}^{\text{sell}} + E_{i,d}^{\text{FC}} \geqslant \\ \Delta E_{i,d}^{\text{ESS,ch}} - \Delta E_{i,d}^{\text{ESS,dis}} + E_{i,d}^{\text{load,p}} + E_{i,d}^{\text{load,err}} + E_{1 \sim i-1,d}^{\text{load,shift}} + E_{i,d}^{\text{load,shift-in}} \\ - E_{i,d}^{\text{load,shift-out}} + E_{i,d}^{\text{EL}} \end{array} \right\}, \quad i \leqslant d \leqslant i+n$$

$$(10.2)$$

式中,等式右侧部分代表第 i 次长周期源荷匹配评估与优化中第 d 天能量供给大于能量需求的概率,反映出该天的源荷能量匹配度特征;$E_{i,d}^{\text{PV,p}}$、$E_{i,d}^{\text{Wind,p}}$ 和 $E_{i,d}^{\text{load,p}}$ 分别为第 d 天的光伏、风电和负荷能量预测值;$E_{i,d}^{\text{PV,err}}$、$E_{i,d}^{\text{Wind,err}}$ 和 $E_{i,d}^{\text{load,err}}$ 分别为第 d 天的光伏、风电和负荷能量预测误差,均为随机变量,其累计概率分布可根据历史数据拟合得到,用于反映源荷不确定性;$\Delta E_{i,d}^{\text{ESS,ch}}$ 和 $\Delta E_{i,d}^{\text{ESS,dis}}$ 分别为第 d

天储能系统的能量净增加量和净减少量；$E_{1\sim i-1,d}^{\text{load,shift}}$ 为第 i 次长周期源荷匹配评估与优化前第 d 天的负荷转移量；$E_{i,d}^{\text{load,shift-in}}$ 和 $E_{i,d}^{\text{load,shift-out}}$ 分别为第 d 天负荷转入量和转出量；$E_{i,d}^{\text{buy}}$ 和 $E_{i,d}^{\text{sell}}$ 分别为第 d 天的购电量和售电量；$E_{i,d}^{\text{FC}}$ 和 $E_{i,d}^{\text{EL}}$ 分别为第 d 天燃料电池放电量和电解槽的用电量。

为了便于求解，式(10.2)可改写为式(10.3)，认为 $E_{i,d}^{\text{PV,err}}$ 、$E_{i,d}^{\text{Wind,err}}$ 和 $E_{i,d}^{\text{load,err}}$ 相互独立，根据 $E_{i,d}^{\text{PV,err}}$ 、$E_{i,d}^{\text{Wind,err}}$ 和 $E_{i,d}^{\text{load,err}}$ 各自的累积分布函数可计算得到 $E_{i,d}^{\text{PV,err}} + E_{i,d}^{\text{Wind,err}} - E_{i,d}^{\text{load,err}}$ 的累积分布函数，因此式(10.3)可根据 $E_{i,d}^{\text{PV,err}} + E_{i,d}^{\text{Wind,err}} - E_{i,d}^{\text{load,err}}$ 的累积分布函数进行求解。

$$P_{i,d}=\text{Pr}\left\{\begin{array}{l} E_{i,d}^{\text{PV,err}} + E_{i,d}^{\text{Wind,err}} - E_{i,d}^{\text{load,err}} \geqslant \Delta E_{i,d}^{\text{ESS,ch}} - \Delta E_{i,d}^{\text{ESS,dis}} - E_{i,d}^{\text{PV,p}} - E_{i,d}^{\text{buy}} + E_{i,d}^{\text{sell}} \\ -E_{i,d}^{\text{FC}} + E_{i,d}^{\text{load,p}} + E_{1\sim i-1,d}^{\text{load,shift}} + E_{i,d}^{\text{load,shift-in}} - E_{i,d}^{\text{load,shift-out}} + E_{i,d}^{\text{EL}} \end{array}\right\},\quad i\leqslant d\leqslant i+n$$

$$(10.3)$$

第 i 次长周期源荷匹配评估与优化前第 d 天的负荷转移量 $E_{1\sim i-1,d}^{\text{load,shift}}$ 由式(10.4)计算：

$$E_{1\sim i-1,d}^{\text{load,shift}}=\begin{cases} 0, & i=1, d=i,i+1,\cdots,i+n \\ \displaystyle\sum_{j=\max(d-n,1)}^{i-1}\left(E_{j,d}^{\text{load,shift-in}} - E_{j,d}^{\text{load,shift-out}}\right), & i>1, d=i,i+1,\cdots,i+n-1 \\ 0, & i>1, d=i+n \end{cases}$$

$$(10.4)$$

式中，等式右侧第二行表明第 $i(i>1)$ 次长周期源荷匹配与评估时要同时考虑第 $1\sim i-1$ 次迭代时第 $d(d=i,i+1,\cdots,i+n-1)$ 天负荷转移策略的影响。例如，在第 1 次长周期源荷匹配与评估时，从第 1 天转移了部分负荷到第 2 天，在进行第 2 次长周期源荷匹配与评估时，需要在考虑从第 1 天转移到第 2 天的负荷能量的基础上，重新制定第 2~8 天的能量匹配计划。等式右侧第三行表明在第 $1\sim i-1$ 次长周期源荷匹配与评估中并未涉及第 i 次长周期源荷匹配评估中最后一天(第 $i+n$ 天)负荷能量的转入和转出。

2) 约束条件

(1)储能系统约束。

长周期源荷匹配评估与优化模型中不考虑储能系统在充放电过程中的能量损耗。储能系统的 SOC 约束可表示为

$$\text{SOC}_{i,d} - \text{SOC}_{i,d-1}=\frac{E_{i,d}^{\text{ESS,ch}} - E_{i,d}^{\text{ESS,dis}}}{E^{\text{ESS,cap}}} \tag{10.5}$$

$$\text{SOC}_{\min} \leqslant \text{SOC}_{i,d} \leqslant \text{SOC}_{\max} \tag{10.6}$$

式中，$\text{SOC}_{i,d}$ 为储能系统在第 d 天结束时的 SOC；$E^{\text{ESS,cap}}$ 为储能系统容量；$\text{SOC}_{\min}$、$\text{SOC}_{\max}$ 为储能系统的最小和最大 SOC。

储能系统运行约束可表示为

$$0 \leqslant E_{i,d}^{\text{ESS,ch}} \leqslant U_{i,d}^{\text{ESS}} E^{\text{ESS,cap}} \tag{10.7}$$

$$0 \leqslant E_{i,d}^{\text{ESS,dis}} \leqslant (1 - U_{i,d}^{\text{ESS}}) E^{\text{ESS,cap}} \tag{10.8}$$

式中，$U_{i,d}^{\text{ESS}}$ 为区分储能系统在第 d 天能量增加和减少的二进制变量，系统净能量增加 $U_{i,d}^{\text{ESS}} = 1$ 时，否则 $U_{i,d}^{\text{ESS}} = 0$。

(2) 氢能子系统约束。

氢能子系统的主要组成设备为燃料电池、电解槽和储氢罐。

① 燃料电池约束。

燃料电池消耗的氢气的物质的量和燃料电池放电量之间的关系如下：

$$n_{i,d}^{\text{FC}} = \frac{E_{i,d}^{\text{FC}}}{\eta_{\text{FC}} \text{LHV}_{\text{H}_2}} \tag{10.9}$$

式中，$n_{i,d}^{\text{FC}}$ 为燃料电池在第 d 天消耗的氢气的物质的量；$E_{i,d}^{\text{FC}}$ 为燃料电池在第 d 天的放电量；η_{FC} 为燃料电池的效率；LHV_{H_2} 为氢气的低热值，且 $\text{LHV}_{\text{H}_2} = 240.09\text{kJ/mol} = 6.67 \times 10^{-2} \text{kW} \cdot \text{h/mol}$。

② 电解槽约束。

电解槽生产的氢气的物质的量和电解槽用电量之间的关系如下：

$$n_{i,d}^{\text{EL}} = \frac{\eta_{\text{EL}} E_{i,d}^{\text{EL}}}{\text{LHV}_{\text{H}_2}} \tag{10.10}$$

式中，$n_{i,d}^{\text{EL}}$ 为电解槽在第 d 天生产的氢气的物质的量；$E_{i,d}^{\text{EL}}$ 为电解槽在第 d 天的用电量；η_{EL} 为电解槽的效率。

③ 储氢罐约束。

储氢罐的氢含量(LOH)定义为储氢罐的当前氢气的物质的量与额定容量的比值。其约束可表示为

$$\text{LOH}_{i,d} - \text{LOH}_{i,d-1} = \frac{n_{i,d}^{\text{EL}} - n_{i,d}^{\text{FC}}}{n_{\text{HST,cap}}} \tag{10.11}$$

$$\mathrm{LOH_{min}} \leqslant \mathrm{LOH}_{i,d} \leqslant \mathrm{LOH_{min}} \tag{10.12}$$

式中，$\mathrm{LOH}_{i,d}$ 为储氢罐在第 d 天结束时的 LOH；$n_{\mathrm{HST,cap}}$ 为储氢罐的额定容量；$\mathrm{LOH_{min}}$ 和 $\mathrm{LOH_{max}}$ 分别为储氢罐的最小和最大 LOH。

(3) 负荷能量转移约束。

在调度周期内，灵活性负荷总能量在转移前后保持不变，约束如下：

$$\sum_{d=i}^{i+n} E_{i,d}^{\mathrm{load,shift\text{-}in}} = \sum_{d=i}^{i+n} E_{i,d}^{\mathrm{load,shift\text{-}out}} \tag{10.13}$$

受负荷特性的影响，不可转移负荷不参加负荷转移计划的制定，因此每日负荷转移量不超过当天负荷能量预测值的某一范围：

$$0 \leqslant E_{i,d}^{\mathrm{load,shift\text{-}in}} \leqslant \kappa \delta_{i,d} E_{i,d}^{\mathrm{load,p}} \tag{10.14}$$

$$0 \leqslant E_{i,d}^{\mathrm{load,shift\text{-}out}} \leqslant \kappa (1 - \delta_{i,d}) E_{i,d}^{\mathrm{load,p}} \tag{10.15}$$

式中，κ 为最大负荷转移比例，其取值与灵活性负荷参与需求响应的比例有关；$\delta_{i,d}$ 为二进制变量，$\delta_{i,d} = 1$ 表示第 d 天有负荷转入，$\delta_{i,d} = 0$ 表示第 d 天有负荷转出。

(4) 购售电约束：

$$0 \leqslant E_{i,d}^{\mathrm{buy}} \leqslant U_{i,d}^{\mathrm{bs}} E_{\mathrm{max}}^{\mathrm{buy}} \tag{10.16}$$

$$0 \leqslant E_{i,d}^{\mathrm{sell}} \leqslant (1 - U_{i,d}^{\mathrm{bs}}) E_{\mathrm{max}}^{\mathrm{sell}} \tag{10.17}$$

式中，$E_{\mathrm{max}}^{\mathrm{buy}}$ 和 $E_{\mathrm{max}}^{\mathrm{sell}}$ 分别为每日购电量和售电量的最大值；$U_{i,d}^{\mathrm{bs}}$ 为二进制变量，$U_{i,d}^{\mathrm{bs}} = 1$ 表示第 d 天微电网向配电网购电，$U_{i,d}^{\mathrm{bs}} = 0$ 则表示第 d 天微电网向配电网售电。

10.2.3 求解方法

长周期源荷匹配评估与优化模型属于多目标优化问题，目前多目标优化求解大多通过加权求和转化为单目标优化问题，该方法受目标函数的量纲和数量级的影响较大。为避免上述问题，部分学者采用交互迭代的方法利用可行解之间的支配关系求解帕累托前沿集，但应用于求解计算规模较大的优化调度模型时，由于优化变量、约束条件和迭代次数较多而求解时间过长，无法满足电力系统调度实时性的要求。因此，本章采用多目标规划算法[1]求解长周期源荷匹配评估与优化过程中的多目标优化问题。

目标规划中决策者提前给出每个目标函数的理想值,然后将多目标优化问题转化为最小化目标函数向量和目标函数理想值向量之间距离的问题。根据各个目标函数的重要性,为每个目标函数设定不同的优先级,最后按照设定的优先级顺序制定策略以尽可能多地实现更多目标。目标规划模型基本形式如下:

$$
\begin{cases}
\min \sum_{k=1}^{p} A_k(\omega_k d_k^+ + \upsilon_k d_k^-) \\
\text{s.t. } f_k(x) + d_k^- - d_k^+ = b_k, \ k = 1, 2, \cdots, p \\
d_k^-, d_k^+ \geqslant 0 \\
g_l(x) \leqslant 0, \ l = 1, 2, \cdots, q
\end{cases} \tag{10.18}
$$

式中,A_k 为表征第 k 个目标函数重要性的优先因子;ω_k 和 υ_k 分别为第 k 个目标函数正偏差和负偏差的权重因子;x 为决策变量;b_k 为目标函数 $f_k(x)$ 的理想值,该值为只考虑目标函数 $f_k(x)$ 和所有约束得到的 $f_k(x)$ 的最优值;p 为目标函数个数;$g_l(x) \leqslant 0$ 为模型的其他约束;q 为其他约束的个数;d_k^+ 和 d_k^- 分别为目标函数 $f_k(x)$ 偏离理想值的正偏差和负偏差,可表示为如下形式:

$$
\begin{cases}
d_k^+ = \max(f_k(x) - b_k, 0) \\
d_k^- = \max(b_k - f_k(x), 0)
\end{cases} \tag{10.19}
$$

日前随机优化模型是一个混合整数线性规划问题,可通过成熟的商用求解器求解。

10.3　氢能微电网并网随机优化调度方法

在前述长周期源荷匹配评估与优化模型的基础上,本节建立了一种基于场景分析的氢-热-电直流互联系统日前随机优化模型,通过多场景分析来处理光伏、风电和负荷的不确定性,同时采用条件风险价值(CVaR)衡量光伏、风电和负荷的不确定性带来的调度风险成本。

10.3.1　场景生成及削减

根据各时段光伏、风电和负荷日前功率预测误差的累积分布函数,采用拉丁超立方采样法生成大量日前光伏、风电和负荷预测误差场景。拉丁超立方采样法[2]的详细步骤如下。

(1)将光伏、风电、负荷各时段功率预测误差的累积分布函数平均划分为 N_s 个区间。

(2)在每个区间随机取一个值，则第 i 个区间的抽样累积概率为

$$\text{Prob}_i = \frac{1}{N_s} r_i + \frac{i-1}{N_s} \tag{10.20}$$

式中，r_i 为均匀分布的随机数，且 $r_i \in [0,1]$。

(3)利用累积分布函数的反函数 F^{-1} 将 Prob_i 转换为实际采样值 x_i；

$$x_i = F^{-1}(\text{Prob}_i) \tag{10.21}$$

(4)从剩余的区间内继续采样，重复步骤(2)和(3)，直到抽样结束($i = N_s$)为止。

在制定调度策略的过程中考虑所有的场景虽然会提高结果的准确性，但同时增加了求解过程的复杂性。众所周知，场景集中存在大量的相似场景，因此本章在保证一定的计算精度和求解速度的前提下，采用后向缩减法减少场景的数量，最大限度地保持剩余场景对原始样本的拟合精度。假设通过拉丁超立方采样法生成的场景个数为 N_s，缩减后的目标场景个数为 n_s，后向缩减法的详细步骤如下。

(1)初始化每个场景的概率 $P_i = \dfrac{1}{N_s}$ 和初始场景个数 $n^* = N_s$。

(2)计算每对场景 (s_i, s_j) 之间的距离：

$$d(s_i, s_j) = \sum_{k=1}^{M_s} \sqrt{(P_{i,k}^{\text{err}} - P_{j,k}^{\text{err}})^2} \tag{10.22}$$

式中，$P_{i,k}^{\text{err}}$ 为第 i 个场景中第 k 个元素；M_s 为每个场景中元素的个数，本章中为 $M_s = 24 \times 2$。

(3)选择与指定场景 s_l 距离最小的场景 s_r，即 $d(s_l, s_r) = \min d(s_l, s_{m_l}), m_l \neq l$；并计算场景 s_r 的概率 P_r 与距离 $d(s_l, s_r)$ 的乘积 $P_r d(s_l, s_r)$。

(4)对于每一个场景重复步骤(3)，选择使 $P_r d(s_l, s_r)$ 最小的场景 s_l 并剔除该场景，同时令 $n^* = n^* - 1$，更新场景 s_r 的概率 $P_r = P_r + P_l$。

(5)重复步骤(2)～(4)，直到 $n^* = n_s$ 为止。

10.3.2　日前随机优化

1)目标函数

微电网日前随机优化模型的目标函数为综合调度成本最小，包含调度成本和风险成本，公式如下：

$$f = \min C_{\mathrm{E}} + \sigma C_{\mathrm{CVaR}} \tag{10.23}$$

式中，C_{E} 为所有场景的调度成本；C_{CVaR} 为风险成本；σ 为风险系数，用于权衡调度成本和风险成本之间的关系。

以电解槽、燃料电池、储氢罐、储能系统的退化成本反映其运行过程中寿命的损耗和循环能源成本，调度成本 C_{E} 包括电解槽退化成本 C_{EL}、燃料电池退化成本 C_{FC}、储氢罐退化成本 C_{HST}、储能系统退化成本 C_{ESS}、购售电成本 C_{EX}、弃光惩罚成本 C_{PV}、弃风惩罚成本 C_{Wind} 和失负荷惩罚成本 C_{Load}，按式(10.24)计算：

$$C_{\mathrm{E}} = C_{\mathrm{EL}} + C_{\mathrm{FC}} + C_{\mathrm{HST}} + C_{\mathrm{ESS}} + C_{\mathrm{EX}} + C_{\mathrm{PV}} + C_{\mathrm{Wind}} + C_{\mathrm{Load}} \tag{10.24}$$

各成本计算如下：

$$C_{\mathrm{EL}} = \sum_{t=1}^{24} K_{\mathrm{EL}} P_t^{\mathrm{EL}} \Delta t \tag{10.25}$$

$$C_{\mathrm{FC}} = \sum_{t=1}^{24} K_{\mathrm{FC}} P_t^{\mathrm{FC}} \Delta t \tag{10.26}$$

$$C_{\mathrm{HST}} = \sum_{t=1}^{24} K_{\mathrm{HST}} (n_t^{\mathrm{EL}} + n_t^{\mathrm{FC}}) \tag{10.27}$$

$$C_{\mathrm{ESS}} = \sum_{t=1}^{24} K_{\mathrm{ESS}} (P_t^{\mathrm{ch}} + P_t^{\mathrm{dis}}) \Delta t \tag{10.28}$$

$$C_{\mathrm{EX}} = \sum_{t=1}^{24} c_t P_t^{\mathrm{buy}} \Delta t - c_t P_t^{\mathrm{sell}} \Delta t \tag{10.29}$$

$$C_{\mathrm{PV}} = \sum_{s=1}^{S} \rho_s \left(\sum_{t=1}^{24} c_{\mathrm{PV}}^{\mathrm{loss}} P_{s,t}^{\mathrm{PV,loss}} \Delta t \right) \tag{10.30}$$

$$C_{\mathrm{Wind}} = \sum_{s=1}^{S} \rho_s \left(\sum_{t=1}^{24} c_{\mathrm{Wind}}^{\mathrm{loss}} P_{s,t}^{\mathrm{Wind,loss}} \Delta t \right) \tag{10.31}$$

$$C_{\mathrm{Load}} = \sum_{s=1}^{S} \rho_s \left(\sum_{t=1}^{24} c_{\mathrm{load}}^{\mathrm{loss}} P_{s,t}^{\mathrm{load,loss}} \Delta t \right) \tag{10.32}$$

式中，K_{EL} 为电解槽退化系数；P_t^{EL} 为 t 时刻电解槽功率；Δt 为调度时间间隔，本章中 $\Delta t = 1\mathrm{h}$；K_{FC} 为燃料电池退化系数；P_t^{FC} 为 t 时刻燃料电池功率；K_{HST} 为

储氢罐退化系数；n_t^{EL} 和 n_t^{FC} 分别为电池槽 t 时刻产生氢气的物质的量和燃料电池 t 时刻消耗的氢气的物质的量；K_{ESS} 为储能系统退化系数；P_t^{ch} 和 P_t^{dis} 分别为储能系统 t 时刻充电功率和放电功率；c_t 为 t 时刻电价；P_t^{buy} 和 P_t^{sell} 分别为 t 时刻微电网购电功率和售电功率；ρ_s 为场景 s 的概率；c_{PV}^{loss} 为单位弃光惩罚成本；$P_{s,t}^{PV,loss}$ 为场景 s 下 t 时刻弃光功率；c_{Wind}^{loss} 为单位弃风惩罚成本；$P_{s,t}^{Wind,loss}$ 为场景 s 下 t 时刻弃风功率；c_{load}^{loss} 为单位失负荷惩罚成本；$P_{s,t}^{load,loss}$ 为场景 s 下 t 时刻失负荷功率；S 为场景总数。

风险成本 C_{CVaR} 计算如下：

$$C_{CVaR} = \zeta + \frac{1}{1-\alpha}\sum_{s=1}^{S}\rho_s\left[C_s - \zeta\right]^+ \tag{10.33}$$

$$\begin{aligned}C_s = & C_{EL} + C_{FC} + C_{HST} + C_{ESS} + C_{EX}\\ & + \sum_{t=1}^{24}c_{PV}^{loss}P_{s,t}^{PV,loss}\Delta t + \sum_{t=1}^{24}c_{Wind}^{loss}P_{s,t}^{Wind,loss}\Delta t + \sum_{t=1}^{24}c_{load}^{loss}P_{s,t}^{load,loss}\Delta t\end{aligned} \tag{10.34}$$

式中，ζ 为辅助变量，其最优值为风险价值(value at risk, VaR)；α 为 CVaR 置信度；C_s 为场景 s 下的调度成本；$[x]^+ = \max(x,0)$ [3]。

2) 约束条件

(1) 功率平衡约束：

$$\begin{aligned}& \hat{P}_t^{PV} + \Delta\hat{P}_{s,t}^{PV} - P_{s,t}^{PV,loss} + \hat{P}_t^{Wind} + \Delta\hat{P}_{s,t}^{Wind} - P_{s,t}^{Wind,loss} + P_t^{buy} - P_t^{sell} + P_t^{FC}\\ & = P_t^{ESS,ch} - P_t^{ESS,dis} + \hat{P}_t^{load} + \Delta\hat{P}_{s,t}^{load} + P_t^{load,shift} - P_{s,t}^{load,loss} + P_t^{EL}\end{aligned} \tag{10.35}$$

式中，$\hat{P}_t^{PV}$、$\hat{P}_t^{Wind}$ 和 $\hat{P}_t^{load}$ 分别为 t 时刻光伏、风电和负荷功率预测值；$\Delta\hat{P}_{s,t}^{PV}$、$\Delta\hat{P}_{s,t}^{Wind}$ 和 $\Delta\hat{P}_{s,t}^{load}$ 分别为场景 s 下 t 时刻光伏、风电和负荷的功率预测误差；$P_{s,t}^{PV,loss}$、$P_{s,t}^{Wind,loss}$ 和 $P_{s,t}^{load,loss}$ 分别为场景 s 下 t 时刻的弃光功率、弃风功率和失负荷功率；P_t^{buy} 和 P_t^{sell} 分别为 t 时刻购电功率和售电功率；P_t^{FC} 和 P_t^{EL} 分别为 t 时刻燃料电池功率和电解槽功率；$P_t^{ESS,ch}$ 和 $P_t^{ESS,dis}$ 分别为 t 时刻储能系统的充电功率和放电功率；$P_t^{load,shift}$ 为 t 时刻负荷转移功率。

(2) 储能系统运行约束。

相邻时段的 SOC 需满足如下关系：

$$SOC_t - SOC_{t-1} = \frac{(P_t^{ESS,ch}\eta - P_t^{ESS,dis}/\eta)\Delta t}{E^{ESS,cap}} \tag{10.36}$$

式中，SOC_t 为储能系统 t 时段的荷电状态；η 为充放电效率。

储能系统运行过程中各时刻剩余容量需满足式(10.37)所示的上、下限约束：

$$\text{SOC}_{\min} \leqslant \text{SOC}_t \leqslant \text{SOC}_{\max} \tag{10.37}$$

此外，大电流充放电会缩短储能系统的寿命，因此在运行过程中储能系统的充放电功率需限制在如下范围内：

$$0 \leqslant P_t^{\text{ESS,ch}} \leqslant U_t^{\text{ESS}} \lambda^{\text{ESS}} E^{\text{ESS,cap}} \tag{10.38}$$

$$0 \leqslant P_t^{\text{ESS,dis}} \leqslant (1 - U_t^{\text{ESS}}) \lambda^{\text{ESS}} E^{\text{ESS,cap}} \tag{10.39}$$

式中，U_t^{ESS} 为表示储能系统充放电状态的二进制变量，$U_t^{\text{ESS}} = 1$ 表示储能系统处于充电状态，$U_t^{\text{ESS}} = 0$ 表示储能系统处于放电状态；λ^{ESS} 为储能系统的最大充放电倍率。

(3)氢能子系统约束。

燃料电池功率和电解槽功率与氢气的物质的量满足以下关系：

$$n_t^{\text{FC}} = \frac{P_t^{\text{FC}} \Delta t}{\eta_{\text{FC}} \text{LHV}_{\text{H}_2}} \tag{10.40}$$

$$n_t^{\text{EL}} = \frac{\eta_{\text{EL}} P_t^{\text{EL}} \Delta t}{\text{LHV}_{\text{H}_2}} \tag{10.41}$$

式中，n_t^{FC} 和 n_t^{EL} 分别为 t 时刻燃料电池消耗的氢气的物质的量和电解槽生产的氢气的物质的量。

由于储氢罐不能同时储存和释放氢气，因此燃料电池功率和电解槽功率需满足以下约束：

$$0 \leqslant P_t^{\text{FC}} \leqslant \delta_t^{\text{H}} P_{\text{FC,rate}} \tag{10.42}$$

$$0 \leqslant P_t^{\text{EL}} \leqslant (1 - \delta_t^{\text{H}}) P_{\text{EL,rate}} \tag{10.43}$$

式中，δ_t^{H} 为表示储氢罐状态的二进制变量，$\delta_t^{\text{H}} = 1$ 表示燃料电池消耗氢气，储氢罐释放氢气，$\delta_t^{\text{H}} = 0$ 表示电解槽生产氢气，储氢罐储存氢气；$P_{\text{FC,rate}}$ 和 $P_{\text{EL,rate}}$ 分别为燃料电池和电解槽的额定功率。

相邻时段储氢罐的 LOH 需满足如下关系：

$$\text{LOH}_t - \text{LOH}_{t-1} = \frac{n_t^{\text{EL}} - n_t^{\text{FC}}}{n_{\text{HST,cap}}} \tag{10.44}$$

储氢罐运行过程中各时刻 LOH 需满足上、下限约束：

$$\text{LOH}_{\min} \leqslant \text{LOH}_t \leqslant \text{LOH}_{\max} \tag{10.45}$$

（4）购售电约束。

并网运行期间购售电约束为

$$0 \leqslant P_t^{\text{buy}} \leqslant \delta_t^{\text{EX}} P_{\text{buy,max}} \tag{10.46}$$

$$0 \leqslant P_t^{\text{sell}} \leqslant (1 - \delta_t^{\text{EX}}) P_{\text{sell,max}} \tag{10.47}$$

式中，δ_t^{EX} 为表示购售电状态的二进制变量，$\delta_t^{\text{EX}} = 1$ 表示 t 时段微电网从配电网购电，$\delta_t^{\text{EX}} = 0$ 则表示 t 时段微电网向配电网售电；$P_{\text{buy,max}}$ 和 $P_{\text{sell,max}}$ 分别为购电和售电功率的最大值。离网运行期间购售电功率为 0。

（5）备用能量约束。

为保障未来几天出现极端天气状况时微电网具有足够的供电韧性，日前随机优化制定的调度策略在第 i 天调度结束时的备用能量应不低于第 i 次长周期源荷匹配评估与优化时第 $i+1 \sim i+n$ 天的备用能量。

$$\begin{aligned}
&\text{LOH}_{24} \cdot n_{\text{HST,cap}} \cdot \eta_{\text{FC}} \cdot \text{LHV}_{\text{H}_2} + \text{SOC}_{24} E_{\text{ESS,cap}} \\
&\geqslant \text{SOC}_{i,i} \cdot E_{\text{ESS,cap}} + \text{LOH}_{i,i} \cdot n_{\text{HST,cap}} \cdot \eta_{\text{FC}} \cdot \text{LHV}_{\text{H}_2}
\end{aligned} \tag{10.48}$$

式中，左侧部分为第 i 天调度结束时由氢能子系统和储能系统提供的备用能量；右侧部分对应第 i 次长周期源荷匹配评估与优化时第 $i+1 \sim i+n$ 天的备用能量。

10.4　氢能微电网离网长周期滚动优化

台风、地震等自然灾害导致配电网发生故障时，微电网会发生非计划离网，如若不加任何干预，非计划离网运行期间微电网可能因为储备能量不足、源荷匹配性差等造成大量负荷损失，影响离网供电可靠性。为此，本节在前述长周期源荷匹配评估与优化模型的基础上，进一步提出计及非计划离网风险的跨时间尺度源荷匹配评估与优化方法。考虑氢能直流微电网所在地台风等自然灾害，因此以台风过境期间氢-热-电直流互联系统的运行场景为例，通过建立离网风险评估模型，以气象部门预报的台风参数信息评估微电网离网概率和起止时间，并以此为依据在能量层级上开展长周期源荷匹配评估，为离网期间的可靠运行提前制定能量储备方案和负荷动态平移计划。此外，针对计划离网场景，因离网起止时间确定，所以其源荷匹配评估与优化模型与非计划离网场景类似，区别仅在于无须评估离网风险和潜在离网时间。

10.4.1 离网风险评估

由于配电网传输距离远、覆盖面积广，在受到较强台风影响时，其地表以上的电气设备如杆塔、传输线等经受着极端天气自然灾害的考验，面临故障失效的风险。在此场景下，微电网极易由并网运行状态转变为离网运行状态，无法利用大电网作为自身可靠经济运行的支撑。基于以上分析，本节通过分析台风对配电网网架结构的影响，建立微电网离网风险评估模型，以此作为台风期间微电网优化调度的基础。

根据 Batts 风场模型[4]，台风的衰减和台风中心与边缘的气压差值，即台风中心气压差相关。从台风登陆开始计时，台风中心气压差可以由式(10.49)求得：

$$\Delta H(t) = \Delta H_0 - 0.677[1 + \sin(\xi - \theta)]t \tag{10.49}$$

式中，t 为时刻；ΔH_0 为初始时刻台风中心气压差；$\Delta H(t)$ 为 t 时刻的台风中心气压差；ξ 和 θ 分别为海岸线、台风行进路径与正北方向的顺时针夹角。

根据台风中心气压差可求得台风最大风速半径和最大风速：

$$r_{\max}(t) = 1.119 \times 10^3 \Delta H(t)^{-0.805} \tag{10.50}$$

$$v_{r\max}(t) = 5.221\sqrt{\Delta H(t)} + 0.1389 v_{\mathrm{T}} \tag{10.51}$$

式中，$r_{\max}(t)$ 为 t 时刻的最大风速半径；$v_{r\max}(t)$ 为 t 时刻的最大风速；v_{T} 为台风移动速度。为便于分析，假定台风沿直线匀速移动。

在直角坐标系中考虑台风受灾区域，则台风中心的实时位置可由式(10.52)求得：

$$\begin{cases} x(t) = x_0 + v_{\mathrm{T}} \sin\theta \\ y(t) = y_0 + v_{\mathrm{T}} \cos\theta \end{cases} \tag{10.52}$$

式中，x_0、y_0 分别为台风中心初始位置，即台风登陆地点的横、纵坐标；$x(t)$ 和 $y(t)$ 分别为 t 时刻台风中心的横、纵坐标。

风场内任意一点 (x_d, y_d) 的实时风速可以表示为

$$v(t) = \begin{cases} v_{r\max}(t)[d(t)/r_{\max}(t)], & d(t) \leqslant r_{\max}(t) \\ v_{r\max}(t)[r_{\max}(t)/d(t)], & d(t) > r_{\max}(t) \end{cases} \tag{10.53}$$

式中，$d(t)$ 为 t 时刻点 (x_d, y_d) 与台风中心的距离。

台风的攻击模式见图 10.2，其中台风于海岸线登陆，而后以速度 v_T 沿角度 θ 行进，各时刻形成的圆形风场影响系统元件的正常运行。图中点 (x_d, y_d) 处的实时风速在 t_1 时刻为 $v_{rmax}(t_1)[r_{max}(t_1)/d(t_1)]$，在 t_2 时刻为 $v_{rmax}(t_2)[d(t_2)/r_{max}(t_2)]$。

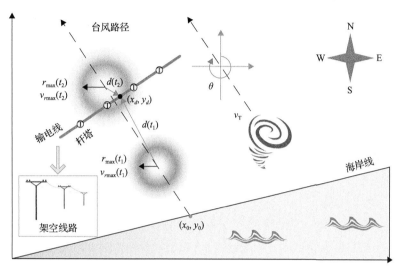

图 10.2　台风攻击模式示意图

台风登陆后其中心气压差逐渐衰减至 0，由此可以推算台风持续时间 T 为

$$T = \min\left(\frac{\Delta H_0}{0.677[1+\sin(\xi-\theta)]}, T_{max}\right) \tag{10.54}$$

式中，T_{max} 为台风持续时间上限。考虑到超过 10 天后，台风通常已经远离研究区域，T_{max} 在本章中设定为 240h。

台风通常难以破坏建筑物内的设施及埋在地下的元件，因此本章只考虑架空输配电线路在台风灾害下的受损情况。由图 10.2 可知，架空线路由一系列杆塔和将这些杆塔连接起来的输配电线组成。当台风穿过受灾区域时，根据架空线路各个构件的坐标(各段输配电线坐标设定为中点坐标)可得它们承受的实时风速，进而计算构件的失效概率。杆塔和线路基于实时风速的失效概率可表示为

$$\lambda_a(t) = \begin{cases} 0, & v_a(t) \in [0, v_{d,tw}) \\ \mathrm{e}^{\gamma[v_a(t)-2v_{d,tw}]}, & v_a(t) \in [v_{d,tw}, 2v_{d,tw}] \\ 1, & v_a(t) \in (2v_{d,tw}, \infty) \end{cases} \tag{10.55}$$

$$\lambda_b(t) = \exp\left[11 \times \frac{v_b(t)}{v_{d,l}} - 18\right]\Delta l \tag{10.56}$$

式中，$\lambda_a(t)$ 和 $\lambda_b(t)$ 分别为 t 时刻杆塔 a 和线路 b 的失效概率；$v_a(t)$ 和 $v_b(t)$ 分别为 t 时刻杆塔 a 和线路 b 承受的风速；$v_{d,tw}$ 和 $v_{d,l}$ 分别为杆塔和线路的设计风速；γ 为模型系数，可将其取为 0.4；Δl 为线路长度，假定杆塔等间距分布，则 Δl 为定值。

台风持续天数为 d_T 天，则 $d_T = \lceil T/24 \rceil$，台风持续期间第 $d \sim d_T$ 天架空线路构件的累积失效概率可利用微元法[5]求得：

$$\begin{cases} p_{a,d} = 1 - \exp\left\{-\sum_{k=1}^{N_d} [\lambda_a(k\Delta t)/(1-\lambda_a(k\Delta t))]\Delta t\right\} \\ p_{b,d} = 1 - \exp\left[-\sum_{k=1}^{N_d} \lambda_b(k\Delta t)\Delta t\right] \end{cases} \tag{10.57}$$

式中，$p_{a,d}$ 和 $p_{b,d}$ 分别为杆塔 a 和线路 b 的累积失效概率；N_d 为台风持续时间第 $d \sim d_T$ 天时间段的总数；$N_d = 24 \times (d_T - d + 1)$；$\Delta t$ 为时间段的长度。

同一条架空线路上的杆塔和线路组成了一个串联系统，因此第 $d \sim d_T$ 天架空线路 m 的累积失效概率 $p_{m,d}$ 可以表示为

$$p_{m,d} = 1 - \prod_{a \in m}(1-p_{a,d})\prod_{b \in m}(1-p_{b,d}) \tag{10.58}$$

式中，$a \in m$ 表示属于架空线路 m 的所有杆塔 a；$b \in m$ 表示属于架空线路 m 的所有线路 b。

认为配电网故障从第 d_{begin} 天开始，且 $d_{\text{begin}} = \min\left(\arg_m p_{m,d} > 0.8\right)$，表示失效概率大于80%时认为微电网发生非计划离网。考虑到维修人员的安全，在灾害期间失效元件一般不予修复，也就是台风造成的故障状态将持续到第 d_T 天台风结束，同时考虑到维修人员需要一定的时间处理故障元件，因此定义由台风造成的离网时间段为第 $d_{\text{begin}} \sim d_T + 1$ 天。

10.4.2 离网滚动优化

1. 计及离网风险的长周期源荷匹配特性评估与优化

本节同样从能量层面对未来长周期内的源荷匹配开展动态滚动评估。从感知到台风可能造成微电网被动孤岛开始，通过评估未来一段时间内的能量供需情况，优化微电网长周期能量分配方案，模型框架如图10.3所示。

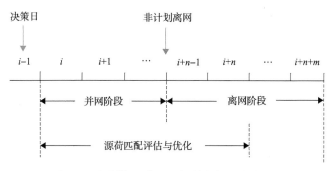

图 10.3　长周期源荷匹配评估与优化模型框架

在第 $i-1$ 天从气象部门获取气象信息，主要包括台风登陆地点、行进方向、初始中心气压差和移动速度，以此为基础，根据前述离网风险评估模型可以计算得到微电网非计划离网的起止时间，假定微电网从第 $i+n-1$ 天开始离网，一直持续到第 $i+n+m$ 天，则微电网的并网运行时间 $t_{并}$ 为第 i 天到 $i+n-2$ 天，离网运行时间 $t_{离}$ 为第 $i+n-1$ 天到 $i+n+m$ 天。值得注意的是，本章中源荷匹配评估周期为 7 天，若预计的并网和离网时间总和超过 7 天，则参照图 10.3 形式对 7 天内源荷匹配情况进行评估和优化，再通过滚动更新的形式完成全部离网阶段的能量优化。若并网和离网时间总和低于 7 天(即 $m<0$)，则无须对全部 7 天源荷匹配进行评估，仅考虑并离网时间段即可。以下详细介绍长周期源荷匹配评估与优化模型：

1)目标函数

具体目标函数如下：

$$
\begin{cases}
f_1 = \max \sum_{d=i}^{i+n} P_{i,d} \\
f_2 = \min \sum_{d=i}^{i+t_{并}-1} \left(E_{i,d}^{\mathrm{buy}} - E_{i,d}^{\mathrm{sell}} \right) \\
f_3 = \min \sum_{d=i}^{i+n} E_{i,d}^{\mathrm{load,shift\text{-}in}}
\end{cases}
\tag{10.59}
$$

评估期间的可靠供电概率 $P_{i,d}$ 由式(10.60)计算：

$$
P_{i,d} =
\begin{cases}
\Pr \left\{
\begin{array}{l}
E_{i,d}^{\mathrm{PV,p}} + E_{i,d}^{\mathrm{PV,err}} + E_{i,d}^{\mathrm{Wind,p}} + E_{i,d}^{\mathrm{Wind,err}} + E_{i,d}^{\mathrm{buy}} - E_{i,d}^{\mathrm{sell}} + E_{i,d}^{\mathrm{FC}} \geqslant \Delta E_{i,d}^{\mathrm{ESS,ch}} \\
- \Delta E_{i,d}^{\mathrm{ESS,dis}} + E_{i,d}^{\mathrm{load,p}} + E_{i,d}^{\mathrm{load,err}} + E_{1\sim i-1,d}^{\mathrm{load,shift}} + E_{i,d}^{\mathrm{load,shift\text{-}in}} - E_{i,d}^{\mathrm{load,shift\text{-}out}} + E_{i,d}^{\mathrm{EL}}
\end{array}
\right\}, & i \leqslant d \leqslant i+t_{并}-1 \\[3ex]
\Pr \left\{
\begin{array}{l}
E_{i,d}^{\mathrm{PV,p}} + E_{i,d}^{\mathrm{PV,err}} + E_{i,d}^{\mathrm{Wind,p}} + E_{i,d}^{\mathrm{Wind,err}} + E_{i,d}^{\mathrm{FC}} \geqslant \Delta E_{i,d}^{\mathrm{ESS,ch}} - \Delta E_{i,d}^{\mathrm{ESS,dis}} \\
+ E_{i,d}^{\mathrm{load,p}} + E_{i,d}^{\mathrm{load,err}} + E_{1\sim i-1,d}^{\mathrm{load,shift}} + E_{i,d}^{\mathrm{load,shift\text{-}in}} - E_{i,d}^{\mathrm{load,shift\text{-}out}} + E_{i,d}^{\mathrm{EL}}
\end{array}
\right\}, & i+t_{并} \leqslant d < i+n
\end{cases}
$$

$$\tag{10.60}$$

为便于求解,式(10.60)改写为式(10.61),根据 $E_{i,d}^{\mathrm{PV,err}} + E_{i,d}^{\mathrm{Wind,err}} - E_{i,d}^{\mathrm{load,err}}$ 的累积分布函数进行求解。

$$P_{i,d} = \begin{cases} \Pr \left\{ \begin{array}{l} E_{i,d}^{\mathrm{PV,err}} + E_{i,d}^{\mathrm{Wind,err}} - E_{i,d}^{\mathrm{load,err}} \geqslant \Delta E_{i,d}^{\mathrm{ESS,ch}} - \Delta E_{i,d}^{\mathrm{ESS,dis}} - E_{i,d}^{\mathrm{PV,p}} - E_{i,d}^{\mathrm{buy}} \\ + E_{i,d}^{\mathrm{sell}} - E_{i,d}^{\mathrm{FC}} + E_{i,d}^{\mathrm{load,p}} + E_{1\sim i-1,d}^{\mathrm{load,shift}} + E_{i,d}^{\mathrm{load,shift-in}} - E_{i,d}^{\mathrm{load,shift-out}} + E_{i,d}^{\mathrm{EL}} \end{array} \right\}, & i \leqslant d \leqslant i + t_{\text{并}} - 1 \\[4mm] \Pr \left\{ \begin{array}{l} E_{i,d}^{\mathrm{PV,err}} + E_{i,d}^{\mathrm{Wind,err}} - E_{i,d}^{\mathrm{load,err}} \geqslant \Delta E_{i,d}^{\mathrm{ESS,ch}} - \Delta E_{i,d}^{\mathrm{ESS,dis}} - E_{i,d}^{\mathrm{PV,p}} \\ - E_{i,d}^{\mathrm{FC}} + E_{i,d}^{\mathrm{load,p}} + E_{1\sim i-1,d}^{\mathrm{load,shift}} + E_{i,d}^{\mathrm{load,shift-in}} - E_{i,d}^{\mathrm{load,shift-out}} + E_{i,d}^{\mathrm{EL}} \end{array} \right\}, & i + t_{\text{并}} \leqslant d < i + n \end{cases}$$

$$(10.61)$$

2)约束条件

考虑非计划离网风险下的跨时间尺度源荷匹配评估与优化模型中,约束条件同样包含储能系统约束、氢能子系统约束、负荷能量转移约束、购售电约束,形式与 10.2.2 节并网经济调度模式相同,此处不再赘述。同时,计及非计划离网风险的日前优化调度模型与 10.3.2 节形式相似,区别在于并网阶段考虑微电网与配电网的交互功率优化,离网阶段则不存在与配电网的电量交互。

2. 离网长周期源荷匹配评估与优化

本小节以离网长周期可靠供电概率为核心的韧性评价指标,提出计及源荷不确定性及能量匹配失衡风险的长周期源荷匹配评估与优化方法,可实现对未来 168h 内源荷匹配失衡风险的预警,确定最优储氢、储电容量,提升氢能支撑直流微电网长周期运行的可靠性。

离网长周期源荷匹配评估与优化模型的目标函数如下:

$$\begin{cases} f_1 = \max \sum_{d=i}^{i+n} P_{i,d} \\ f_2 = \min \sum_{d=i}^{i+n} E_{i,d}^{\mathrm{load,shift-in}} \end{cases} \quad (10.62)$$

由式(10.62)可知,和并网长周期源荷匹配评估与优化模型相比,离网阶段的区别在于不考虑微电网与外部电网的购售电成本,仅以可靠供电概率最大化和负荷转移最小化为目标。其中,对可靠供电概率最大化目标赋予更高权重,以确保离网长周期运行的可靠性。在约束条件方面,同样忽略购售电量约束,其余与并网优化模型相同,此处不再赘述。此外,离网优化调度同样采用基于 CVaR 的随机优化调度模型。

1)目标函数

离网日前随机优化的目标函数为

$$f' = \min C'_{\mathrm{E}} + \sigma' C'_{\mathrm{CVaR}} \tag{10.63}$$

式中，C'_{E} 为所有场景的调度成本，和并网调度策略不同，在离网阶段不再以运行经济性为核心目标，调度成本重点考虑失负荷惩罚成本 C_{Load}，即

$$C'_{\mathrm{E}} = C_{\mathrm{Load}} = \sum_{s=1}^{S} \rho_s \left(\sum_{t=1}^{24} c_{\mathrm{load}}^{\mathrm{loss}} P_{s,t}^{\mathrm{load,loss}} \Delta t \right) \tag{10.64}$$

2)约束条件

功率平衡约束：

$$\begin{aligned}
&\hat{P}_t^{\mathrm{PV}} + \Delta \hat{P}_{s,t}^{\mathrm{PV}} - P_{s,t}^{\mathrm{PV,loss}} + \hat{P}_t^{\mathrm{Wind}} + \Delta \hat{P}_{s,t}^{\mathrm{Wind}} - P_{s,t}^{\mathrm{Wind,loss}} + P_t^{\mathrm{FC}} \\
&= P_t^{\mathrm{ESS,ch}} - P_t^{\mathrm{ESS,dis}} + \hat{P}_t^{\mathrm{load}} + \Delta \hat{P}_{s,t}^{\mathrm{load}} + P_t^{\mathrm{load,shift}} - P_{s,t}^{\mathrm{load,loss}} + P_t^{\mathrm{EL}}
\end{aligned} \tag{10.65}$$

储能系统运行约束与式(10.36)~式(10.39)相同，氢能子系统约束与式(10.40)~式(10.45)相同，备用能量约束与式(10.48)相同。

10.5　仿真案例

为了验证本章所提出的长周期源荷匹配评估与优化方法以及氢能微电网并网经济调度方法的有效性，本节以某实际工程为研究对象，结合工程所在地风、光资源和负荷特性调研数据，开展长周期运行优化仿真。示范工程设备运行参数如表 10.1 所示。跨时间尺度源荷匹配评估与优化模型以及日前随机优化调度模型均通过 IBM ILOG CPLEX 12.9 和 MATLAB R2020b 进行求解。

表 10.1　设备运行参数

设备	参数	参数值
储能系统	额定容量/(MW·h)	6
	最大 SOC	0.9
	最小 SOC	0.1
	充放电效率	0.95
	最大充放电倍率	0.5C*

续表

设备	参数	参数值
光伏	装机容量/MW	4
	单位弃光惩罚成本/[元/(kW·h)]	0.06
风机	装机容量/kW	400
	单位弃风惩罚成本/[元/(kW·h)]	0.06
负荷	最大负荷转移比例	0.3
	单位失负荷惩罚成本/[元/(kW·h)]	15
储氢罐	额定容量/(kg/mol)	1/500
	最大 LOH	0.8
	最小 LOH	0.2
燃料电池	额定功率/kW	240
	效率	0.6
	退化系数	0.06
电解槽	额定功率/kW	400
	效率	0.72
	退化系数	0.06

*C 表示容量。

仿真过程中，设定风险系数 $\sigma = 0.2$；CVaR 的置信度 $\alpha = 0.9$；跨时间尺度源荷匹配评估与优化模型中最大化可靠供电概率、最小化电网交互电量和最小化负荷转移量三个目标函数的优先因子分别为 100、1 和 10；三个目标函数正负偏差的权重因子分别为 10000、1 和 1。其他设备运行参数见表 10.1。配电网分时电价见表 10.2。

表 10.2 分时电价

时段	1:00~8:00	9:00~17:00	18:00~20:00	21:00~22:00	23:00~24:00
电价/[元/(kW·h)]	0.475	0.750	1.140	0.750	0.475

注："1:00"对应电价即 0:00~1:00 的电价。

10.5.1 并网运行优化调度

1. 跨时间尺度源荷匹配评估与优化结果

在不考虑外部电网购售电的前提下，微电网内连续 7 次长周期源荷匹配结果如图 10.4 所示。

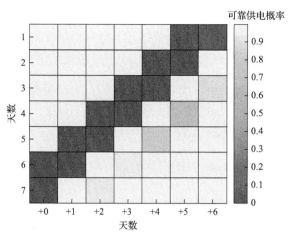

图 10.4　并网模式微电网内源荷匹配情况

图 10.4 中，纵坐标表示源荷匹配评估的起始日，横坐标对应未来 7 天，每一个方格对应一种源荷匹配度结果，代表当天风光发电总能量能够满足负荷能量需求的概率(可靠供电概率)。从图中可以明显看出，第 1 次评估中(对应评估时段为第 1~7 天)，第 6 天和第 7 天的风光发电水平较低，对应的可靠供电概率较低，反映出此时间段内微电网对外部电网或微电网内部能量储存的依赖性较强。同时，随着匹配评估的滚动，第 6 天和第 7 天的可靠供电概率依然维持在较低水平。以未来 168h 内的源荷匹配分析结果为依据，能够有效指导微电网的能量调度，提升微电网应对未来潜在极端场景的韧性。

在连续 7 次长周期源荷匹配评估与优化中，由于微电网运行于并网模式，每天的可靠供电概率均接近 1，其中第 1 次能量匹配评估与优化结果如图 10.5 所示。

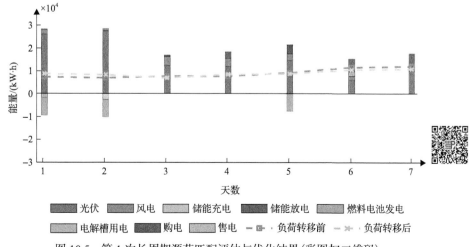

图 10.5　第 1 次长周期源荷匹配评估与优化结果(彩图扫二维码)

如图 10.5 所示，部分负荷从风光发电较低的第 3、5、6、7 天转移到风光出力较高的第 1、2 天，以优化源荷匹配度，提升微电网新能源就地消纳能力和运行经济性。第 1、2 天多余的能量通过电解水制氢和电储能充电储备能量。若储电和储氢仍无法储存多余的电量，则微电网向配电网售电。在风光出力较低时，通过电网购电、燃料电池发电和电储能放电补充负荷功率缺额。

2. 并网日前随机优化调度结果

并网期间连续 7 天日前随机优化结果如图 10.6 所示。对应储能系统 SOC 变化和储氢罐 LOH 变化如图 10.7 和图 10.8 所示。

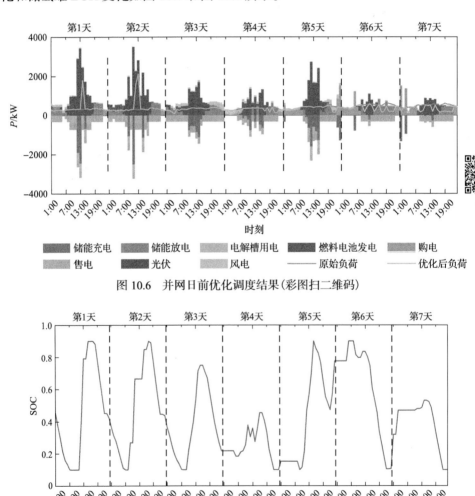

图 10.6　并网日前优化调度结果(彩图扫二维码)

图 10.7　并网日前调度 SOC 曲线

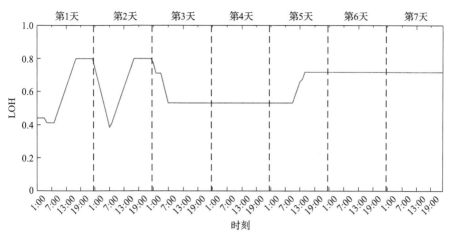

图 10.8　并网日前调度 LOH 曲线

从图 10.6 可以看出，长周期源荷匹配评估与优化阶段将未来一段时间内的负荷需求转移至第 1、2 天，提高新能源消纳率，减少弃电。同时，除供给负荷外光伏和风机多余的电量通过电储能充电和电解水制氢储存，并且在电价较高时段售电，在电价较低时段购电，以获取最大收益。第 6、7 天风光出力较低，购电量明显增加。此外由图 10.7 和 10.8 可知，在第 5 天调度结束时，储能系统 SOC 和储氢罐 LOH 均处于较高水平，这是因为在长周期源荷匹配阶段感知到了第 6、7 天风光出力可能较低，从而提前在电价较低时段或者风光出力富余时段以更低的成本预留系统备用能量，以避免在第 6、7 天电价高峰时段购电。

为了验证所提长周期并网经济调度策略的优势，定义如下两个案例。

案例 1：采用所提方法制定 7 天的调度策略。

案例 2：采用传统的日前调度方法[6]制定 7 天的调度策略，该策略仅依据光伏、风机和负荷日前预测结果以最小化成本为目标制定调度策略，不考虑长周期源荷匹配情况。

表 10.3 为两种案例新能源弃电量对比；表 10.4 为两种案例调度策略的运行成本对比。

表 10.3　两种案例新能源弃电量对比　　　　（单位：kW·h）

案例	第 1 天	第 2 天	第 3 天	第 4 天	第 5 天	第 6 天	第 7 天	总计
1	9579.83	8324.18	4263.37	2709.53	2754.73	2394.73	2522.22	32548.59
2	15638.16	16247.78	4984.55	2585.18	4974.39	2384.89	2423.23	49238.18

表 10.4　　两种案例运行成本对比　　　　　　　　　（单位：元）

案例	第 1 天	第 2 天	第 3 天	第 4 天	第 5 天	第 6 天	第 7 天	总计
1	−2911.41	−2676.83	−4281.72	−3303.37	−548.70	−1110.70	−499.83	−15332.56
2	−3540.84	−1901.76	−3039.69	−2207.35	−2062.84	3482.38	2227.93	−7042.17

由表 10.3 可以看出，案例 2 仅以风、光、负荷日前预测结果制定调度策略，单纯追求日前调度的成本最小化（收益最大化），并没有从长周期角度考虑新能源的消纳问题，在第 1、2 天由于受到电网上送功率约束，新能源弃电量较高。案例 1 引入了长周期能量匹配，将风光出力较低时段的负荷转移到风光出力较高的时段，并且将多余的电量储存，在其他天电价较高时段出售，以获得最大收益，相比于案例 2 新能源弃电量减少了约 33.9%（16689.59kW·h），提高了新能源消纳率。表 10.4 中，案例 2 在第 6、7 天为了满足负荷需求，需要付出更高的购电成本，案例 1 相比于案例 2 运行收益提升了约 117.7%（8290.39 元）。

此外，为了进一步验证所提方法的优越性，利用实际光伏和负荷数据，针对两个案例制定的调度策略进行了模拟运行。表 10.5 给出了两种策略模拟运行的供需偏差绝对值之和。

表 10.5　　两种策略模拟运行的供需偏差绝对值之和　　　　（单位：kW·h）

案例	供需偏差绝对值之和
1	63496.39
2	73727.97

如表 10.5 所示，相比于案例 2，案例 1 供需偏差的绝对值之和减少了大约 10231.58kW·h，因此案例 1 制定的调度策略比案例 2 更优。

综上所述，所提出的并网长周期经济调度方法具有更高的运行经济性和新能源利用率。

10.5.2　计及非计划离网风险的运行优化调度

1. 离网风险评估

台风对本节所研究的氢能直流微电网接入的配电网影响示意图如图 10.9 所示。图中所示杆塔为具有代表性的杆塔，代表杆塔之间的其他杆塔呈直线排列，其他杆塔间距设为 500m。微电网经由杆塔 1、4、5、8、9、10 与上级变电站连接。台风从海岸线登陆，在运动过程中逐渐影响微电网与上级变电站之间的连接线路，台风、杆塔、线路参数如表 10.6 所示。

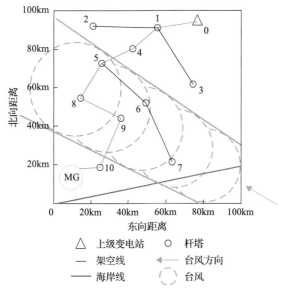

图 10.9 台风对配电网的影响示意图

表 10.6 台风、杆塔、线路参数

对象	参数	数值
台风	登陆地点坐标/km	(96,16)
	行进角度(与正北方向夹角度数)/(°)	-60
	初始中心气压差/hPa	50
	移动速度/(km/h)	8
杆塔	模型系数	0.4
	设计风速/(km/h)	25
线路	设计风速/(km/h)	30

结合前述离网风险评估模型,台风过境期间杆塔、线路、配电网失效概率如表 10.7 所示。

表 10.7 台风期间各设备失效概率

天数	杆塔	线路	配电网
第 1 天	0.6680	0.7706	0.9238
第 2 天	0.6680	0.7735	0.9248

由表 10.7 可知,台风登陆后的第 1 天配电网失效概率为 0.9238,大于设定阈

值 0.8,因此台风造成微电网的离网时长为 2 天,考虑维修人员检查恢复配电网运行耗时 1 天,因此微电网总计离网运行 3 天。从气象部门提前 2 天获取台风信息,因此本算例并网运行时间 $t_{并} = 2$ 天,离网运行时间 $t_{离} = 3$ 天。

2. 源荷匹配评估及能量优化

在 5 次长周期源荷匹配评估与优化中,每天的可靠供电概率均大于 0.9,其中第 1 次匹配与优化结果如图 10.10 所示。

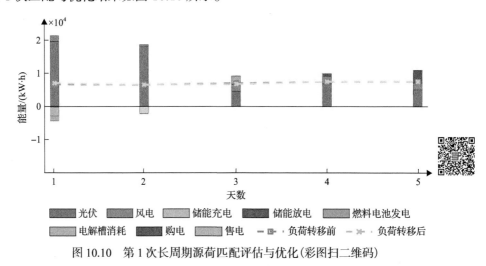

图 10.10　第 1 次长周期源荷匹配评估与优化(彩图扫二维码)

从图 10.10 中可以看出,在离网期间风光发电较低时,部分负荷转移到并网阶段,以保证可靠供电概率最大。例如,图 10.10 中部分负荷从第 3 天转移到第 1 天。由于案例中新能源装机容量相比于负荷较大,因此在能量优化时无须从配电网购电就足以保证可靠供电概率处于较高水平。并网期间多余的能量通过电解水制氢和电池储能充电以储备能量,如图 10.10 中第 1、2 天所示,在离网期间风光出力较低时,通过燃料电池和储能系统补充负荷功率缺额,如图 10.10 中第 3、4、5 天所示。

3. 日前滚动优化调度

优化周期内各天的日前随机优化调度结果如图 10.11 所示。对应储能系统 SOC 变化和储氢罐 LOH 变化如图 10.12 和 10.13 所示。

从图 10.11 可以看出,第 1 天风光出力较高,离网阶段的部分负荷需求转移至第 1 天,以提高风光消纳能力。同时,在风光出力较高时,除供给负荷外多余的新能源电量通过储能系统和电解水制氢储存,并且在电价较高时段售电(如第 1 天 18:00～22:00、第 2 天 18:00～20:00),在电价较低时段购电(如第 1 天和第 2

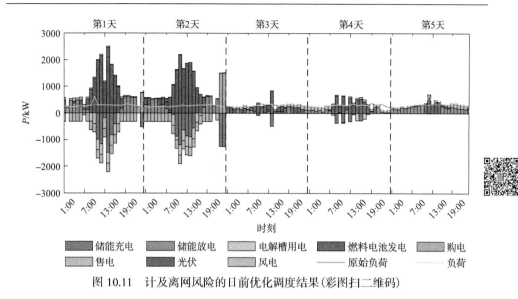

图 10.11　计及离网风险的日前优化调度结果(彩图扫二维码)

天的 23:00~0:00)，以获取最大收益。此外，由图 10.12 和图 10.13 可知，在第 1 天和第 2 天调度结束时，储能系统 SOC 和储氢罐 LOH 均处于较高水平，这是因为能量管理策略评估第 3 天存在较大离网风险，且离网期间风光发电水平较低，所以在并网阶段(第 1、2 天)以最经济的方式提升储电、储氢水平，保障离网期间可靠供电。同时，第 2 天调度结束时储能系统 SOC 高于第 1 天，这是由于第 2 次长周期源荷匹配时基于最新的预测信息，感知到未来第 3~5 天新能源出力的预测结果相比于第 1 次长周期源荷匹配时更低，必须留取更多的备用能量。在离网运行的第 3~5 天，储能系统、氢能子系统保障微电网负荷用电，且在光伏出力较高时段，优先将多余的电力储存到储能系统中而不是储氢罐以减少能量储存过程中的损耗。

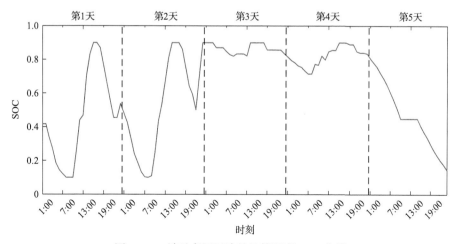

图 10.12　计及离网风险的日前调度 SOC 曲线

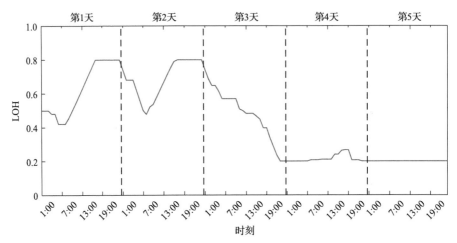

图 10.13　计及离网风险的日前调度 LOH 曲线

本节定义了如下三个案例来验证本章所提方法的优势。

案例 1：采用本章所提方法制定 5 天的调度策略。

案例 2：采用传统的日前调度方法制定 5 天的调度策略。

案例 3：感知到台风造成第 3～5 天微电网离网，在第 2 天调度结束时保证储能系统 SOC 和储氢罐 LOH 达到上限，第 3～5 天按照案例 2 所提传统日前调度方法制定调度策略。

表 10.8 为三种案例调度策略的负荷损失对比。

表 10.8　不同案例负荷损失对比　　　　　　　　　（单位：kW·h）

案例	第 1 天	第 2 天	第 3 天	第 4 天	第 5 天	总计
1	1.84	45.25	48.63	316.34	2.06	414.12
2	1.15	45.81	1837.29	851.14	1872.24	4607.63
3	1.65	47.60	9.10	0.72	1757.94	1817.01

由表 10.8 可知，案例 2 没有提前感知到台风造成的离网风险，在并网运行期间没有针对性地预留备用能量，导致离网第 3～5 天相比于案例 1 和案例 3 均具有较高的负荷损失。案例 1 和案例 3 在并网运行期间均为第 3～5 天预留了充足的备用能量，但案例 1 在制定日前调度策略之前通过长周期源荷匹配评估与优化提前评估了未来的能量供需匹配状况，使能量分配更加合理。虽然案例 3 第 3～4 天相比于案例 1 负荷损失较低，但是其并没有考虑到第 5 天的源荷匹配情况，导致第 5 天负荷损失量较大。从 5 天的负荷总损失来看，案例 1 制定的调度计划更优。

同样地，利用实际光伏和负荷数据，针对三个案例制定的调度策略进行样本外测试。表 10.9 给出了三种策略模拟运行的供需偏差绝对值之和。

表 10.9　三种策略模拟运行的供需偏差绝对值之和　（单位：kW·h）

案例	供需偏差绝对值之和
1	44942.83
2	52268.25
3	45708.46

如表 10.9 所示，相比于案例 2 和案例 3，案例 1 供需偏差的绝对值之和分别减少了大约 7325.42kW·h 和 765.63kW·h，因此案例 1 制定的调度策略比案例 2 和案例 3 更优。

综上所述，本章所提出的计及非计划离网风险的氢能微电网优化调度方法具有更高的供电可靠性。

10.5.3　离网滚动优化调度

这里以全年风光发电最低的连续 168h 时段为例，分析所提方法的有效性。其中，168h 的负荷需求如表 10.10 所示。

表 10.10　离网期间负荷需求

对象	第 1 天	第 2 天	第 3 天	第 4 天	第 5 天	第 6 天	第 7 天
电动车数量/辆	17	50	22	34	37	24	50
电量/(kW·h)	326.4	960.0	422.4	652.8	710.4	460.8	960.0
最低总负荷/(kW·h)	3832.96	4466.56	3928.96	4159.36	4216.96	3967.36	4466.56

7 天总风光出力之和约 42471kW·h，总负荷为 53906kW·h。在离网模式下，微电网连续 7 次长周期源荷匹配结果如图 10.14 所示。

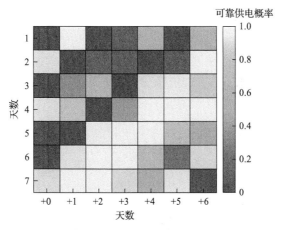

图 10.14　极端场景下微电网 7 次长周期源荷匹配情况

从图 10.14 中可以明显看出,第 1 次评估中(对应评估时段为第 1～7 天),第 2 天、第 5 天和第 7 天的风光发电水平较高,对应的可靠供电概率相对较高,其余时段较差,反映出极端场景时段内微电网对内部能量储存的依赖性较强。

由于选取的 7 天情况较为恶劣,能量优化时可靠供电概率整体处于较低水平,第 1 次能量优化中第 5～7 天可靠供电概率均小于 15%。同时,由于风光出力较低,每天均需通过燃料电池和储能系统补充负荷功率缺额。第 1 次长周期源荷匹配与优化结果如图 10.15 所示,其中,部分负荷从风光出力较低的第 1、3、6 天转移到风光出力相对较高的第 2、5、7 天,以优化源荷匹配度,最大化可靠供电概率。

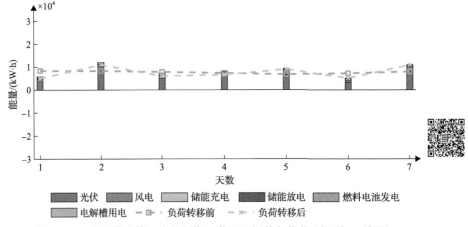

图 10.15　离网模式第 1 次长周期源荷匹配评估与优化(彩图扫二维码)

优化周期内 168h 日前随机优化调度结果如图 10.16 所示。电池储能系统 SOC 变化和储氢罐 LOH 变化如图 10.17 和图 10.18 所示。

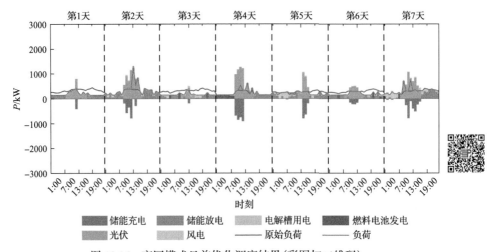

图 10.16　离网模式日前优化调度结果(彩图扫二维码)

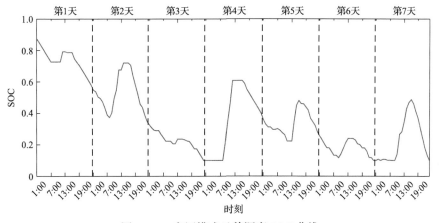

图 10.17　离网模式日前调度 SOC 曲线

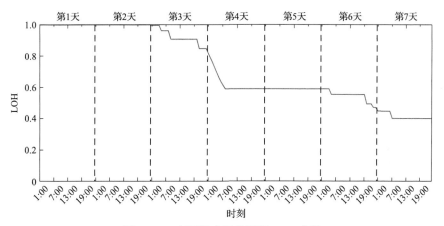

图 10.18　离网模式日前调度 LOH 曲线

从图 10.16 可以看出，每天中午时段风光出力相对较高，除供给负荷外多余的新能源电量优先通过储能系统储存，晚上通过储能系统、氢能子系统中的能量补充负荷功率缺额，以减少失负荷电量。此外，由图 10.17 和图 10.18 可知，在第 7 天调度结束时，电池储能和氢储能中的能量均处于最低水平，表明极端场景下需要调用储能系统和储氢罐中的全部能量以保障重要负荷可靠供电。

为了验证所提方法的有效性，对所提方法与传统日前优化调度方法进行对比。定义案例 1 为本章所提方法仿真结果，案例 2 为日前优化调度方法仿真结果。表 10.11 为两种案例调度策略的负荷损失对比。

在第 1 天之前，案例 1 和案例 2 均为第 1~7 天预留了充足的备用能量，但案例 1 在制定日前调度策略之前通过长周期源荷匹配评估，优化能量供需匹配状况，对风险抵御能力更强，且通过将风光发电极低时段的负荷转移至未来风光发电水平相对较高的时段，整体失负荷比例显著降低。

表 10.11　离网负荷损失对比　　　　　　　　　（单位：%）

案例	第 1 天	第 2 天	第 3 天	第 4 天	第 5 天	第 6 天	第 7 天
1	7.27	14.03	3.98	30.43	7.25	5.87	10.61
2	7.27	38.90	16.74	36.29	33.06	22.07	32.78

10.6　本章小结

首先，本章结合某实际氢-热-电直流互联系统工程在并网模式下的经济运行需求，提出了跨时间尺度源荷匹配评估与优化方法。在此基础上，提出计及循环能源成本的并网经济调度方法，通过评估未来 168h 的源荷匹配情况，优化新能源汽车等灵活性负荷的用能计划，同时考虑电解水制氢、燃料电池、储能系统等的循环能源成本，优化各单元在长周期内的调度计划，从而提升 168h 内微电网运行的经济性，减少弃风弃光。案例结果表明所提方法相比于传统日前优化调度方法，在模拟的 168h 内新能源弃电量减少了约 33.9%，运行收益提升了约 117.7%，显著提高了氢-热-电直流互联系统的新能源消纳能力和长周期运行经济性。

其次，本章针对该实际工程可能面临的计划/非计划离网场景，结合离网风险评估和源荷匹配优化，提出了计及离网风险的氢能微电网滚动优化策略。在此基础上，提出基于源荷匹配的氢能微电网滚动调度策略。基于所提出的方法，微电网能够以最经济的方式提前优化储能系统的备用能量，从而提升微电网应对非计划离网风险的韧性及离网期间的供电可靠性。

参 考 文 献

[1] Ho H P. The supplier selection problem of a manufacturing company using the weighted multi-choice goal programming and MINMAX multi-choice goal programming[J]. Applied Mathematical Modelling, 2019, 75: 819-836.

[2] Shi L, Luo Y, Tu G Y. Bidding strategy of microgrid with con-sideration of uncertainty for participating in power market[J]. International Journal of Electrical Power & Energy Systems, 2014, 59: 1-13.

[3] Guo Q, Nojavan S, Lei S, et al. Economic-environmental analysis of renewable-based microgrid under a CVaR-based two-stage stochastic model with efficient integration of plug-in electric vehicle and demand response[J]. Sustainable Cities and Society, 2021, 75: 103276.

[4] Batts M E, Cordes M R, Russell L R, et al. Hurricane wind speeds in the United States[J]. Journal of the Structural Division, 1980, 106(124): 1-29.

[5] Liu X, Hou K, Jia H, et al. A planning-oriented resilience assessment framework for transmission systems under typhoon disasters[J]. IEEE Transactions on Smart Grid, 2020, 11(6): 5431-5441.

[6] Farzin H, Fotuhi-Firuzabad M, Moeini-Aghtaie M. Stochastic energy management of microgrids during unscheduled islanding period[J]. IEEE Transactions on Industrial Informatics, 2017, 13(3):1079-1087.